高等职业教育土建施工类专业系列教材
"1+X"职业等级证书系列教材

建筑工程识图

主　编　王　觅　王成平　李　蕾
副主编　谢　超　霍晓琴　胡小勇

西安交通大学出版社
XI'AN JIAOTONG UNIVERSITY PRESS
国家一级出版社
全国百佳图书出版单位

图书在版编目(CIP)数据

建筑工程识图 / 王觅主编. —西安：西安交通大
大学出版社，2022.5
ISBN 978-7-5693-2591-1

Ⅰ.①建… Ⅱ.①王… Ⅲ.①建筑制图-识图-高等
职业教育 教材 Ⅳ.①TU204.21

中国版本图书馆 CIP 数据核字(2022)第 072497 号

书　　名　建筑工程识图
　　　　　Jianzhu Gongcheng Shitu
主　　编　王　觅　王成平　李　蕾
副 主 编　谢　超　霍晓琴　胡小勇
责任编辑　曹　昳

出版发行　西安交通大学出版社
　　　　　(西安市兴庆南路1号　邮政编码 710048)
网　　址　http://www.xjtupress.com
电　　话　(029)82668357　82667874(市场营销中心)
　　　　　(029)82668315(总编办)
传　　真　(029)82668280
印　　刷　西安五星印刷有限公司

开　　本　787 mm×1092 mm　1/16　印张 10.75　字数 268 千字
版次印次　2022 年 5 月第 1 版　2022 年 5 月第 1 次印刷
书　　号　ISBN 978-7-5693-2591-1
定　　价　42.00 元

如发现印装质量问题，请与本社市场营销中心联系、调换。
订购热线：(029)82665248　(029)82667874
投稿热线：(029)82668804
读者信箱：phoe@qq.com

目录

CONTENTS

第一部分

搭建投影体系

项目一 形体的效果表达

任务一　投影的基本知识

通过总结光线、物体和影子之间的变化规律,掌握投影的方法,区分不同的投影类型(图1.1.1)。

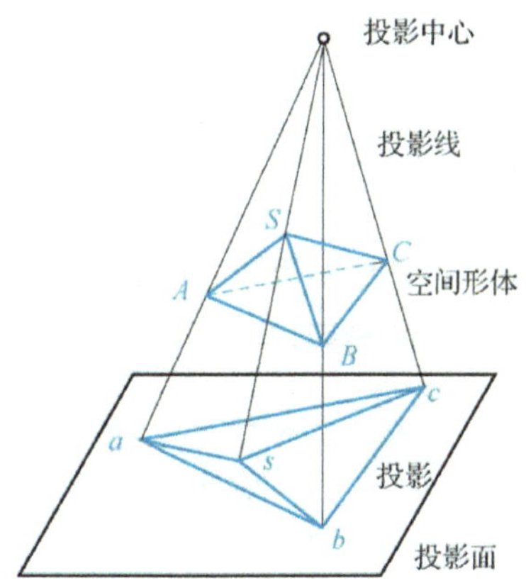

图 1.1.1　投影的基本知识

知识目标:

(1)理解投影法的概念;

(2)掌握投影法的分类;

(3)了解建筑工程中常见的投影类型;

(4)了解投影的性质。

能力目标:

(1)掌握投影的方法;

(2)能区别中心投影与平行投影;

(3)能画出简单的平面图形的正投影;

(4)培养动手实践能力,发展空间想象能力。

学习性任务：

(1)投影法的概念；

(2)投影法的分类；

(3)建筑工程中常见的投影类型；

(4)投影的一般性质；

(5)平行投影的特殊性质。

【习题 1】 判断图 1.1.2 和图 1.1.3 哪一个是正投影？哪一个是斜投影？二者的区别是什么？

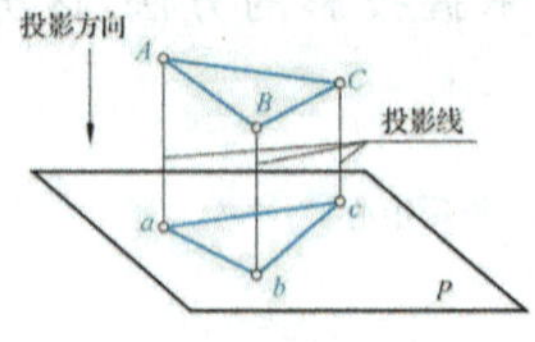

图 1.1.2 投影图(a)

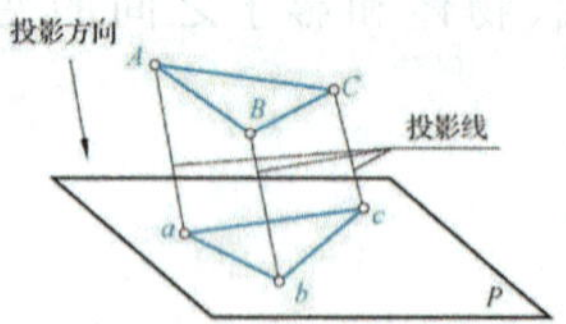

图 1.1.3 投影图(b)

【习题 2】 把正六棱柱如图 1.1.4 所示放置，光线竖直向下照射，请画出正六棱柱的投影。A 为正六棱柱表面上一点，请画出 A 的投影；B 为正六棱柱边上一点，请画出 B 的投影。

图 1.1.4 绘制正六棱柱的投影

学生以小组的形式进行练习。

班级		组号	组长	组长学号	指导老师	
小组成员	姓名		学号		解题思路	
	姓名		学号		解题思路	
	姓名		学号		解题思路	
	姓名		学号		解题思路	
	姓名		学号		解题思路	

任务实施

引导问题 1:影子是如何形成的?

引导问题 2:投影法分为__________和平行投影两大类。平行投影又分为__________和__________。

引导问题 3:正投影和斜投影的形成原理是什么?

引导问题 4:当直线或者平面沿着投射线方向时,其投影积聚于一点或者一条直线,这是投影的__________性。

引导问题 5:线(直线或曲线)上的点的投影在__________的投影上。

引导问题 6:当空间两直线互相平行时,在同一投影面上的投影是否相互平行?

引导问题 7:平行投影的定比性体现在直线上两线段直线长度之比等于其__________长度之比;两平行线段长度之比等于其__________长度之比。

引导问题 8:当直线或者平面与投影面__________时,其投影反映实长或者实形,这种投影的性质称为实形性。

任务评价

习题答案 1

(1)左图是正投影;

(2)右图是斜投影;

(3)二者的区别:投影线与投影面形成的角度不同,正投影(法)投影线与投影面成直角,斜投影(法)投影线倾斜于投影面。

习题答案 2

(图 1.1.5):

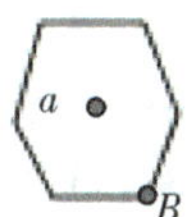

图 1.1.5　正六棱柱的投影

评价反馈

评价表

姓名		学号		组号	
评价项目	评价标准			分值	得分
掌握正投影	掌握正投影各投影面的投影特征			10	
掌握斜投影	写投影的图形特征及形成原理			10	
描述正投影和斜投影的区别	根据平行投影的形成原理，掌握正投影和斜投影各自的特征			10	
绘制正六棱柱的正投影	正确画出正六棱柱的正投影			20	
确定点	正确画出点 A、B 的投影 a、b 的位置			20	
工作效率	认真高效地完成习题			10	
工作质量	结果正确、图线清晰、图面整洁			10	
团队协作	积极认真地参与小组习题讨论			10	

习题点睛

(1)投影法分为中心投影和平行投影。平行投影又分为正投影和斜投影。

(2)工程图一般都采用正投影原理，因为可以反映物体的真实形状和大小。

(3)投影法的积聚性。正六棱柱的六个侧面积聚为六条线段。

(4)投影法的从属性。点 B 的投影在点 B 所在直线的投影上。

(5)投影法的定比性。点 A 在正六棱柱上表面的位置，和点 A 的投影 a 在正六棱柱的投影上的位置应是一致的。

(6)投影法的平行性。正六棱柱的上表面是正六边形，六个边是两两平行，正六棱柱的投影中六个边也是两两平行。

拓展练习

【练习题 1】请判断图 1.1.6～图 1.1.8 中图形属于哪一种投影类型？

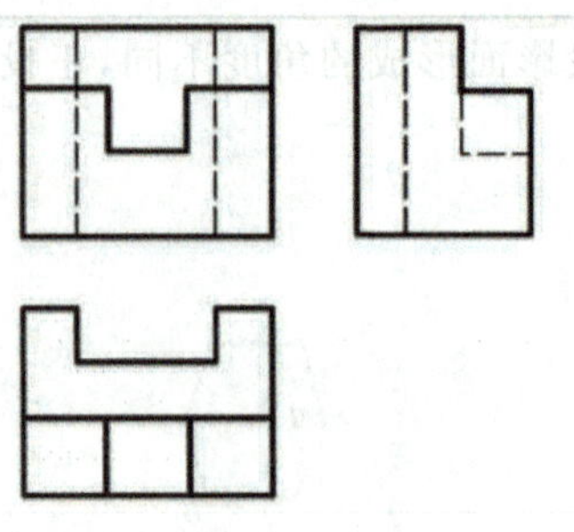

图 1.1.6 图形 1

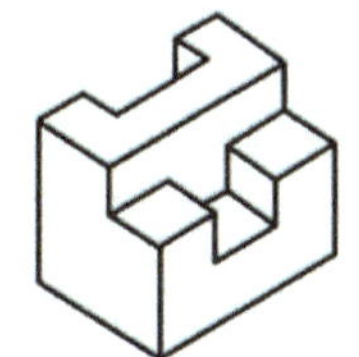

图 1.1.7　图形 2

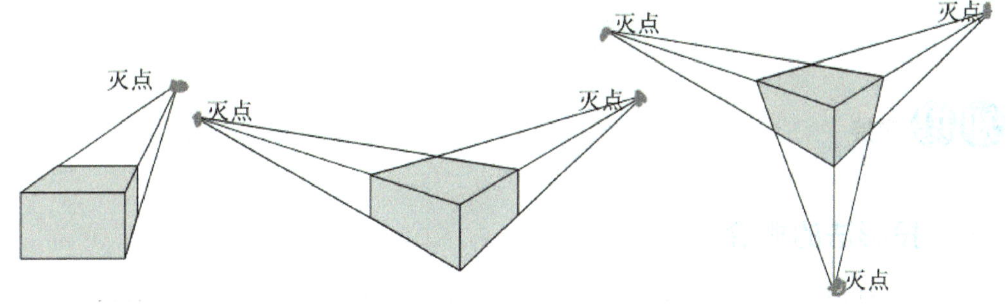

图 1.1.8　图形 3

【练习题 2】请判断图 1.1.9～图 1.1.12 中图形所描述的投影性质？

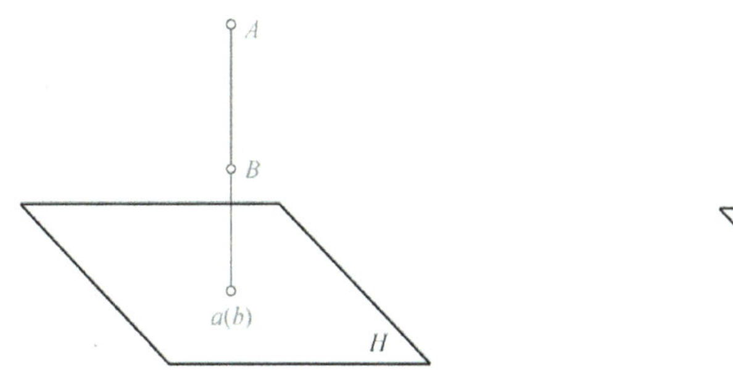

图 1.1.9　图形 4

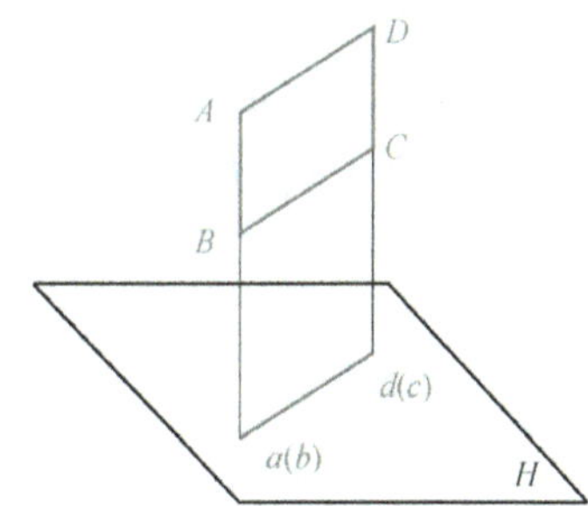

图 1.1.10　图形 5

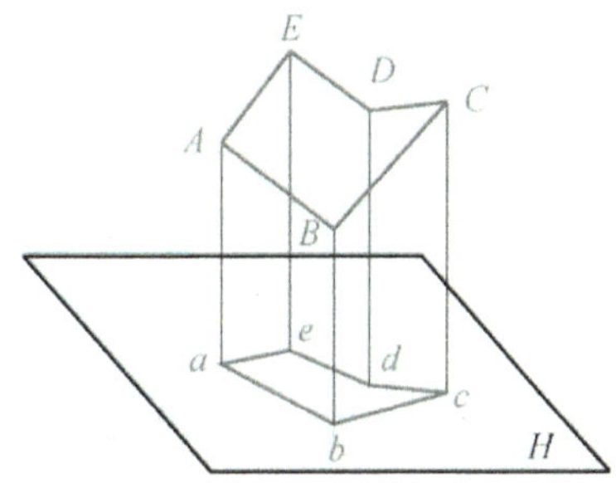

图 1.1.11　图形 6

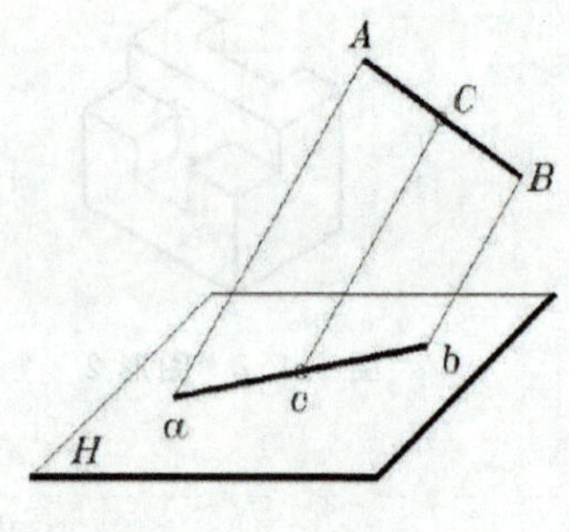

图 1.1.12　图形 7

一、投影法的概念

在日常生活中，灯光和阳光照射物体时，会在地面、墙面上产生与物体类似的图像，即影子。通过总结光线、物体和影子之间的变化规律，人们掌握了用平面图形表达或反映空间形体的方法，即投影法。

1. 影子的启示

物体在阳光或者灯光的照射下，会在地面或者墙面上留下影子，影子只反映物体的外轮廓，不反映物体真实的形状、大小和内部情况(图 1.1.13)。

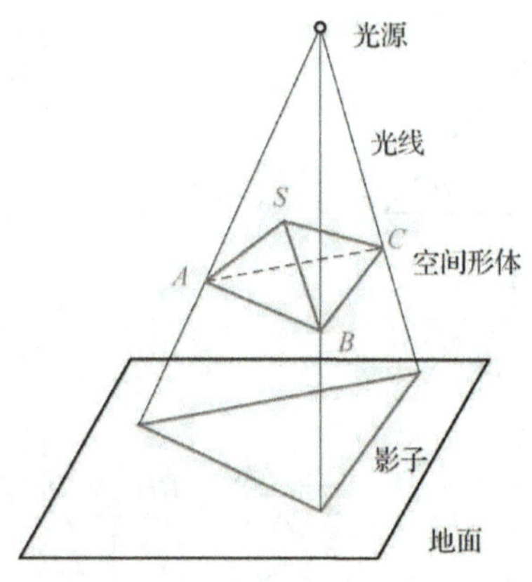

图 1.1.13　影子的启示

2. 投影的形成

仿照影子的形成，同时假设光线能够透过形体而不能透过形体的各个棱线，此时形成的影子称为投影。投影既能反映物体的外形，也能反映物体上部和内部的情况(图 1.1.14)。

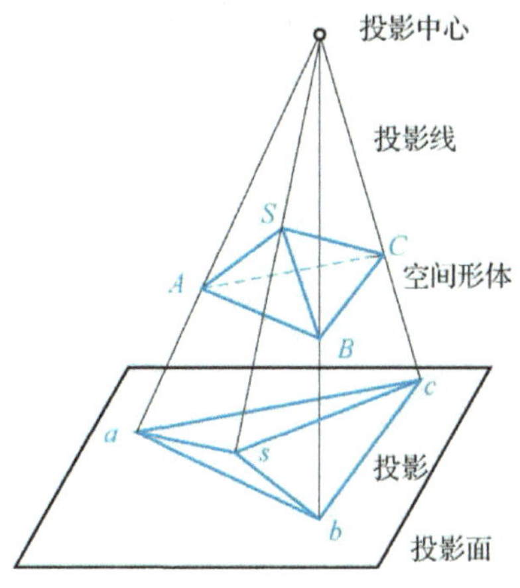

图 1.1.14　投影的形成

能够产生光线的光源称为投影中心，光线称为投影线，投影平面称为投影面，用投影表达物体形状和大小的方法称为投影法，用投影法画出的物体的图形称为投影图。

二、投影法的分类

投影分中心投影和平行投影两大类。

1. 中心投影

当投影中心在有限的距离内时，所有投影线都汇交于一个空间点 S，这种投影方式称为中心投影法，S 称为投影中心，用中心投影法得到的投影称为中心投影(图 1.1.15)。

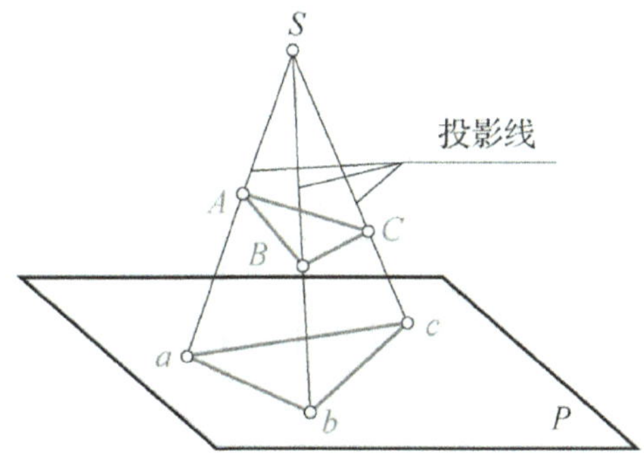

图 1.1.15 中心投影

2. 平行投影

当投影中心 S 趋于无穷远处时，所有投影线将趋于平行，这种投影方式称为平行投影(图 1.1.16)。

平行投影的投影线互相平行，得到的投影大小与物体离投影中心的距离无关。

按照投影线与投影面形成的角度不同，平行投影法又分为正投影（法）和斜投影（法）。当投影线与投影面成直角时，投影方式称为正投影（法）。当投影线倾斜于投影面时，投影方式称为斜投影（法）。

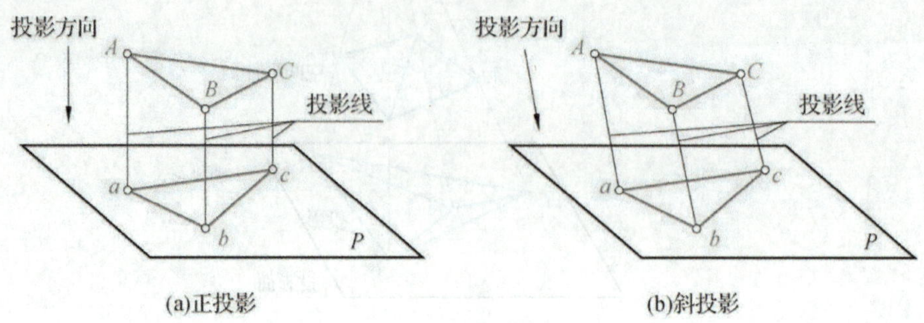

图 1.1.16 平行投影

综上，投影（法）的分类如下：

投影（法）
- 中心投影（法）
- 平行投影（法）
  - 正投影（法）
  - 斜投影（法）

工程图一般都采用正投影原理进行绘制，因为在正投影的条件下形成的投影反映物体的真实形状和大小。

三、建筑工程中常见的投影类型

1. 多面正投影图

用正投影法把物体向两个或者两个以上的相互垂直的投影面进行投影所得到的图样称为多面正投影图，简称正投影图（图 1.1.17）。

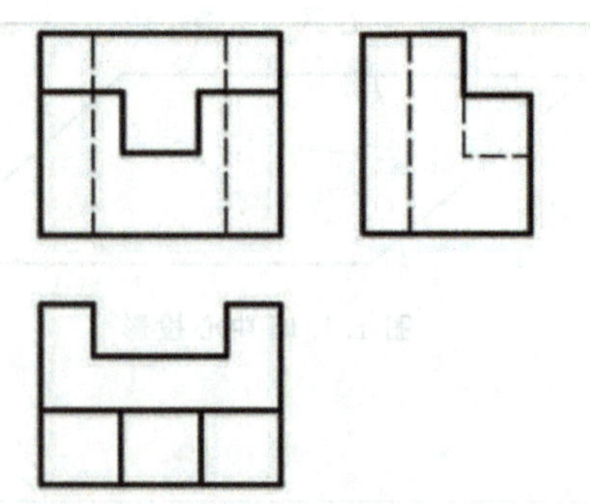

图 1.1.17 多面正投影图

多面正投影图的优点是能准确地反映物体的形状和大小，作图方便，度量性好，在工程中应用最广；缺点是立体感差，不易看懂，需要有一定的投影知识才能看懂。

2. 轴测投影图

轴测投影图简称轴测图，它是用平行投影法绘制的（图 1.1.18）。

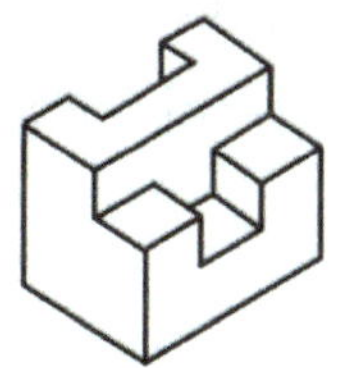

图 1.1.18 轴测投影图

轴测投影图的优点是立体感强，缺点是度量性较差，作图方法复杂，常作为工程中的辅助性图。

3. 透视投影图

透视投影图简称为透视图，它是用中心投影法绘制的（图 1.1.19）。这种图的优点是图形逼真，立体感强，符合视觉规律，缺点是不能直接度量，绘图过程比较复杂，常用于建筑物效果表现图（图 1.1.20）及工业产品的展示图。

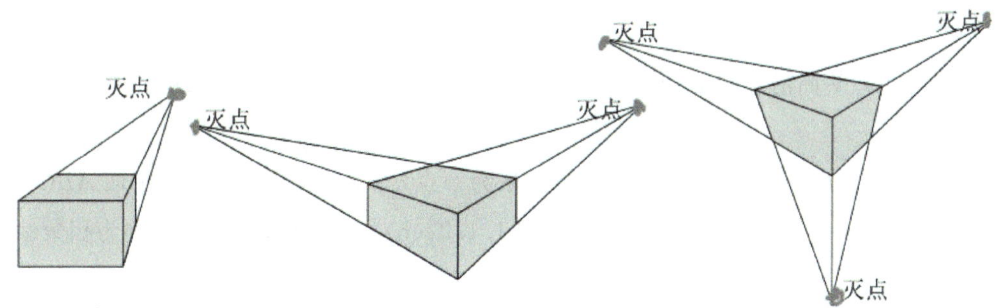

图 1.1.19 透视投影图

图 1.1.20 建筑物效果表现图

4. 标高投影图

标高投影图是一种带有数字标记的单面正投影图(图 1.1.21)。它用正投影反映物体的长度和宽度,其高度用数字标注。作图时将间隔相等而高程不同的等高线投影到水平的投影面上,并标注出各等高线的高程,即为标高投影图。它常用来绘制地形图、建筑总平面和道路等方面的平面布置图样。

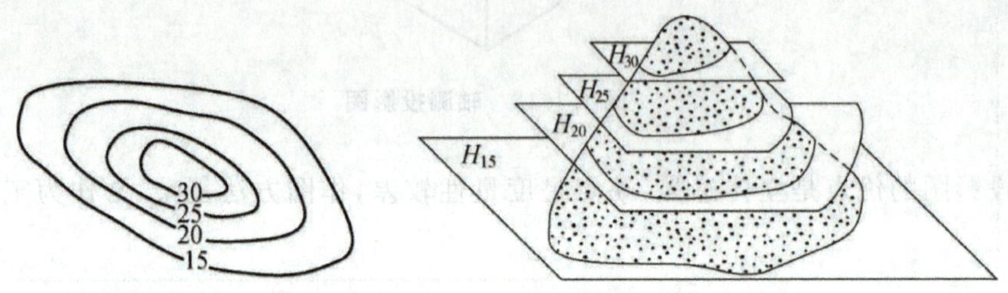

图 1.1.21 标高投影图

四、投影的一般性质

即中心投影和平行投影的共性。

1. 积聚性

当直线或者平面沿着投射线方向时,其投影积聚于一点或者一条直线,这样的投影称为积聚投影。

例如,直线 AB 平行于投影线,其投影积聚为一点 $a(b)$[图 1.1.22(a)];平面 $ABCD$ 平行于投影线,其投影积聚为一条直线 $a(b)d(c)$[图 1.1.22(b)]。这种投影的性质称为积聚性。

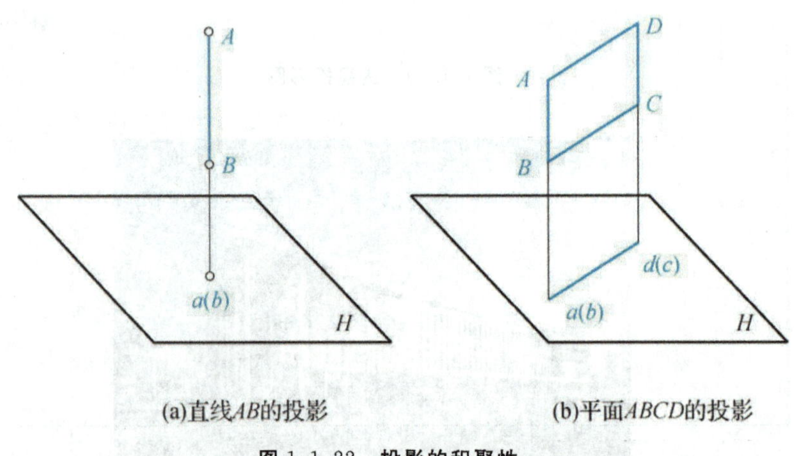

(a)直线AB的投影　(b)平面$ABCD$的投影

图 1.1.22 投影的积聚性

2. 从属性

线(直线或曲线)上的点的投影在该线的投影上,这种投影性质称为投影的从属性

(图 1.1.23)。

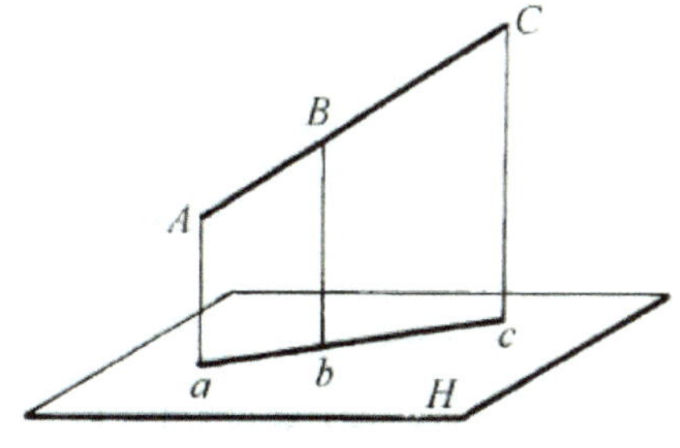

图 1.1.23　投影的从属性

五、平行投影的特殊性质

1. 平行性

当空间两直线互相平行时,它们在同一投影面上的平行投影仍互相平行,这种投影性质称为平行投影的平行性。

例如,空间两直线 $AB /\!/ CD$,则其投影 $ab /\!/ cd$(图 1.1.24)。

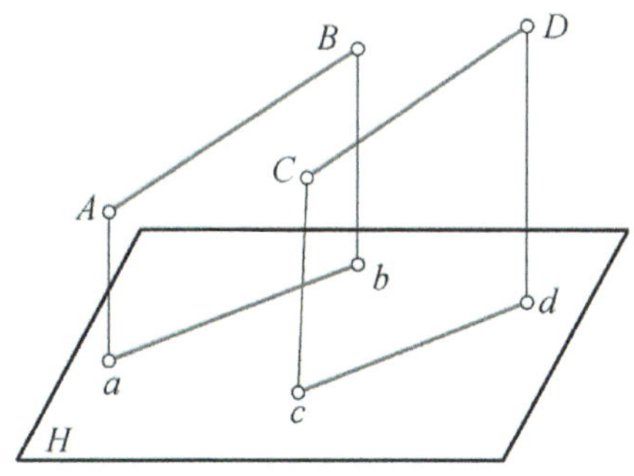

图 1.1.24　平行投影的平行性

2. 定比性

直线上两线段直线长度之比等于其平行投影长度之比,即 $AC:CB=ac:cb$(图 1.1.25)。这种投影性质称为平行投影的定比性。

两平行线段长度之比等于其平行投影长度之比,即 $AB:CD=ab:cd$(图 1.1.24)。这种投影性质称为平行投影的定比性。

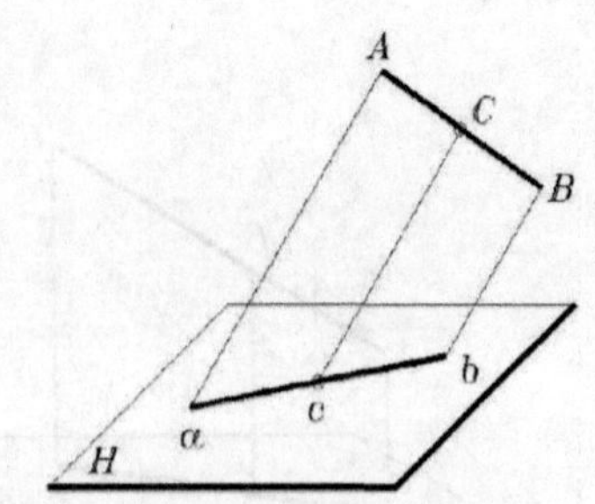

图 1.1.25 平行投影的定比性

3. 实形性

当直线或者平面与投影面平行时，其平行投影反映实长或者实形，这种投影的性质称为平行投影的实形性。

例如，直线 AB 平行于 H 面，其平行投影 ab 反映 AB 的实长[图 1.1.26(a)]；平面 $ABCD$ 平行于 H 面，其平行投影反映实形[图 1.1.26(b)]。

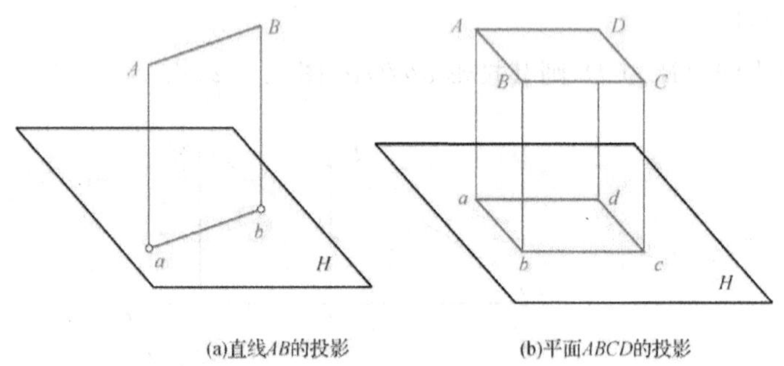

图 1.1.26 平行投影的实形性

4. 类似性

当直线倾斜于投影面时，在该投影面上的平行投影短于实长；当平面倾斜于投影面时，其平行投影比实形小(图 1.1.27)。

这种情况下，直线和平面的投影不反映其实长或实形，其投影形状是空间形状的类似形，这种投影的性质称为平行投影的类似性。

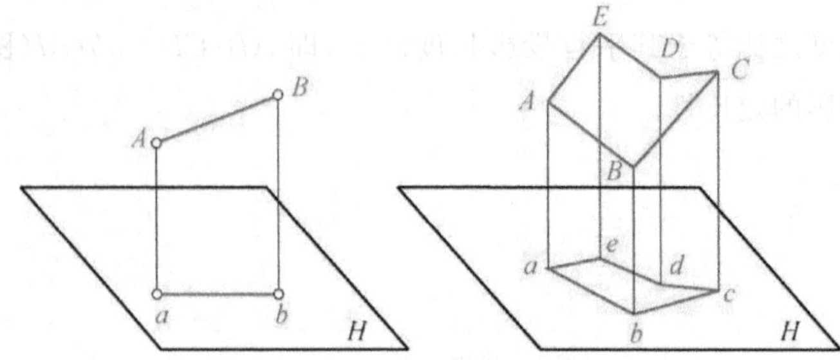

图 1.1.27 平行投影的类似性

任务二　绘制轴测投影图

任务描述

通过轴测投影图(图 1.2.1)的形成原理,了解轴测投影图的基本概念,掌握正等轴测图和斜二轴测图的作图方法。

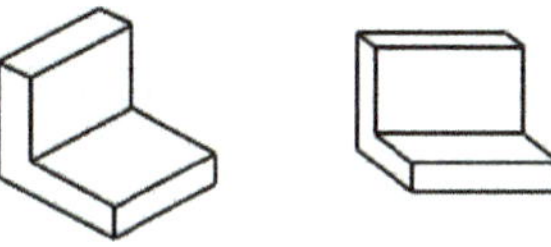

图 1.2.1　轴测投影图

知识目标

(1)掌握轴测投影图的基础知识;

(2)掌握正等轴测投影图的作图方法;

(3)掌握斜二轴测投影图的作图方法。

能力目标

(1)能画出简单形体的正等轴测投影图;

(2)能画出简单形体的斜二轴测投影图;

(3)培养动手实践能力,发展空间想象能力。

学习性任务

(1)轴测投影图的形成;

(2)轴测投影图的参数;

(3)轴测投影图的特性;

(4)轴测投影图的分类;

(5)绘制简单形体的正等轴测投影图;

(6)绘制简单形体的斜二轴测投影图。

任务书

【习题】　根据形体的正投影图(图 1.2.2),画出形体的正等轴测图。

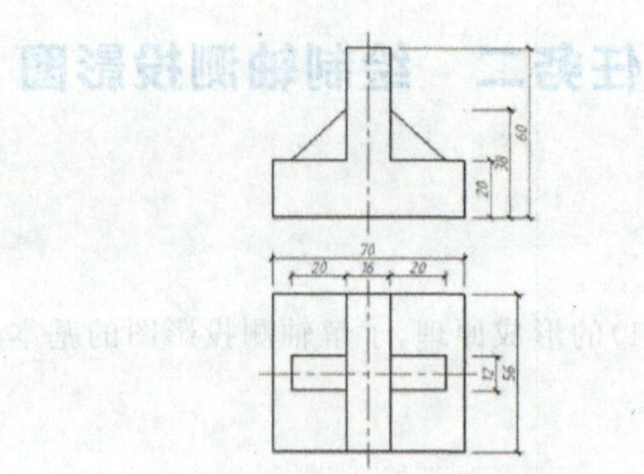

图 1.2.2 形体的正投影图

任务准备

学生以小组的形式进行练习。

<table>
<tr><td colspan="2">班级</td><td>组号</td><td>组长</td><td>组长学号</td><td colspan="2">指导老师</td></tr>
<tr><td colspan="2"></td><td></td><td></td><td></td><td colspan="2"></td></tr>
<tr><td rowspan="5">小组成员</td><td>姓名</td><td></td><td>学号</td><td></td><td>解题思路</td><td></td></tr>
<tr><td>姓名</td><td></td><td>学号</td><td></td><td>解题思路</td><td></td></tr>
<tr><td>姓名</td><td></td><td>学号</td><td></td><td>解题思路</td><td></td></tr>
<tr><td>姓名</td><td></td><td>学号</td><td></td><td>解题思路</td><td></td></tr>
<tr><td>姓名</td><td></td><td>学号</td><td></td><td>解题思路</td><td></td></tr>
</table>

任务实施

引导问题 1:轴测投影属于____________投影的一种,把空间形体连同确定其空间位置的直角坐标系一起,沿不平行于任一坐标轴 OX、OY 和 OZ 的方向,用____________投影法将其投射在单一投影面上所得到的图形称为轴测投影图。

引导问题 2:轴测投影图的参数有____________、____________、____________。

引导问题 3:轴测投影图的特性有____________、____________、____________、____________。

引导问题 4:根据投射方向对轴测投影面的相对位置不同,轴测投影图分为____________和____________。

引导问题 5:正等轴测投影图是怎么形成的?

引导问题 6:正等轴测投影图的画法步骤。

第一步,在视图上建立____________;

第二步,画出正等测____________;

第三步，按坐标关系画出物体的轴测图。

任务评价

习题答案见图 1.2.3。

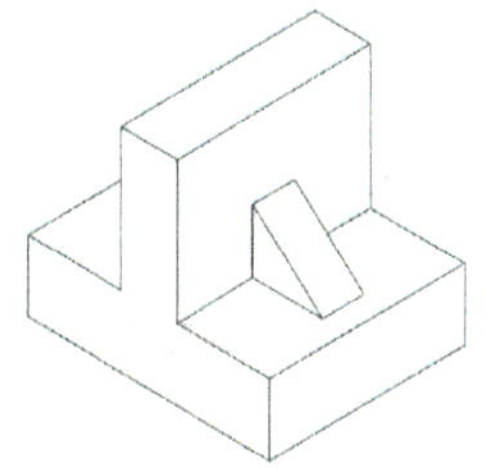

图 1.2.3 形体的正等轴测图

评价反馈

任务评价表

班级		姓名		学号	

评价项目	评价标准	分值	得分
确定坐标系	正确建立坐标系	10	
确定轴测轴	正确画出轴测轴	10	
确定轴间角	正确画出轴间角	10	
确定轴测图	正确画出正等轴测图	10	
补充细节	正确画出加深的可见轮廓线	10	
完成时间	按照规定时间完成习题	10	
完成数量	解出全部题目	10	
工作效率	认真高效地完成习题	10	
工作质量	结果正确、无误，图线清晰、图面整洁	10	
团队协作	积极认真地参与小组习题讨论	10	

习题点睛

(1)正等轴测图的形成。用正投影法形成的轴测图，通过调整物体与投影面的相对位置形成正轴测图(图 1.2.4)。

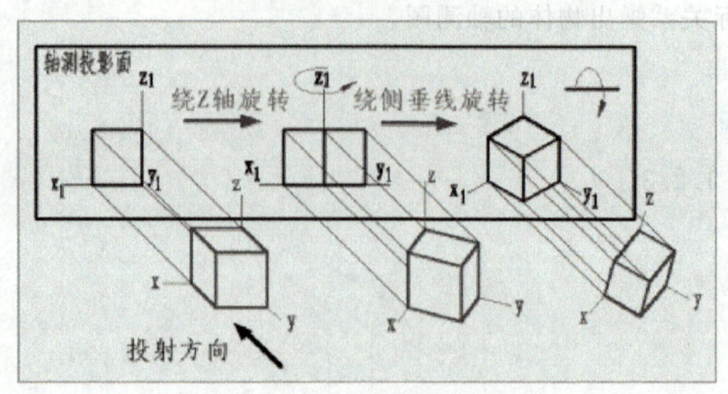

图 1.2.4　正等轴测图的形成

(2)轴测轴的几何意义。建立在物体上的坐标轴在投影面上的投影叫作轴测轴(图 1.2.5)，即 O_1X_1 轴、O_1Y_1 轴与 O_1Z_1 轴。

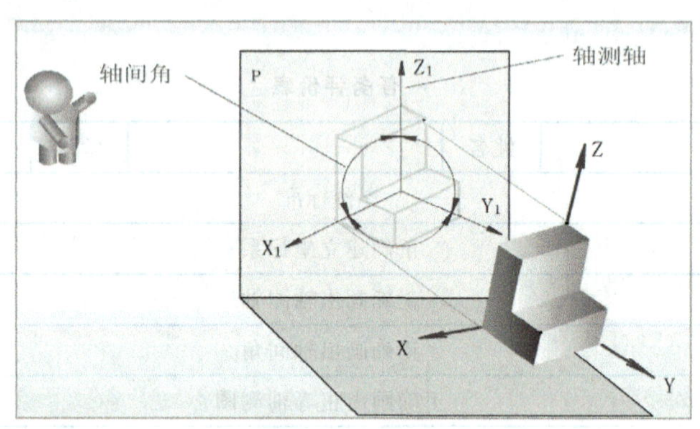

图 1.2.5　轴测轴

(3)掌握轴间角的几何意义。轴测轴间的夹角叫作轴间角(图 1.2.6)。正等测图的轴间角都是 120°；斜二测图的轴间角，$O_1X_1 \perp O_1Z_1$ 轴，O_1Y_1 与 O_1X_1、O_1Z_1 的夹角均为 135°。

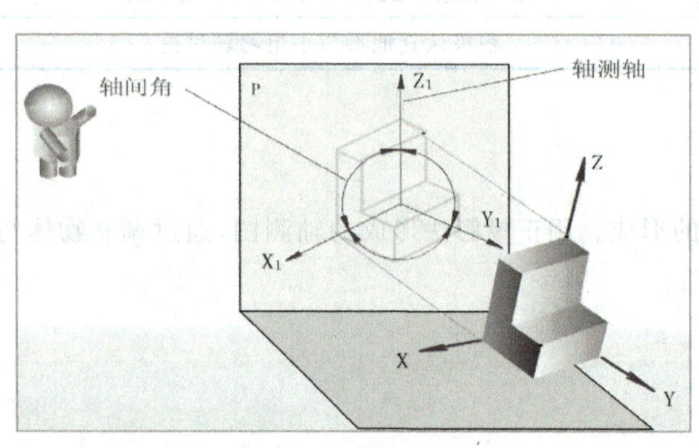

图 1.2.6　轴间角

(4)轴向伸缩系数的几何意义。物体上平行于坐标轴的线段在轴测图上的长度与实际长度之比叫作轴向伸缩系数(图 1.2.7)。可采用简化系数,正等轴测图 $p=q=r=1$;斜二测图的三个轴向伸缩系数分别为 $p_1=r_1=1,q_1=0.5$。

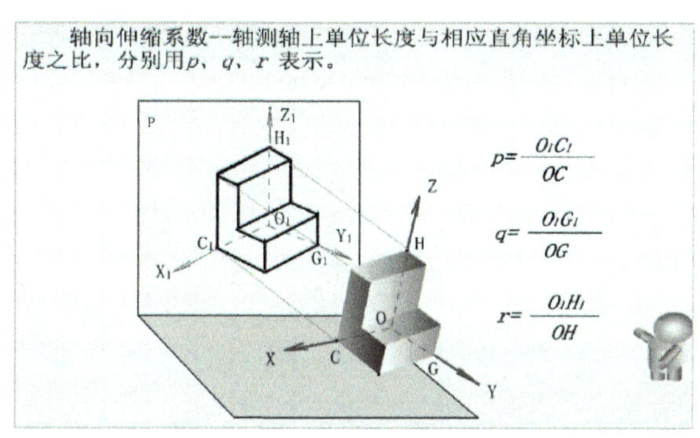

图 1.2.7 轴向伸缩系数

(5)轴测图的特性。

①平行性。互相平行的直线其轴测投影仍平行。

②度量性。当轴向伸缩系数时为 1 时,形体上与对应坐标轴平行的直线的长度可以在图上直接量取。

③变形性。形体上与坐标轴不平行的直线,其投影会缩短或变长,不能在图上直接量取,而是要先定出直线的两个端点的位置,再画出该直线的轴测投影。

④定比性。直线的分段比例在轴测投影中的比例仍不变。形体上与三个坐标轴平行的直线尺寸,在轴测图中均可沿轴的方向测量。

(6)掌握轴测图的画法步骤。

第一步,在视图上建立坐标系;

第二步,画出正等(测)轴测轴;

第三步,按坐标关系画出物体的轴测图。

【练习题 1】已知四棱台的两视图(图 1.2.8),请作出四棱台的斜二测图。

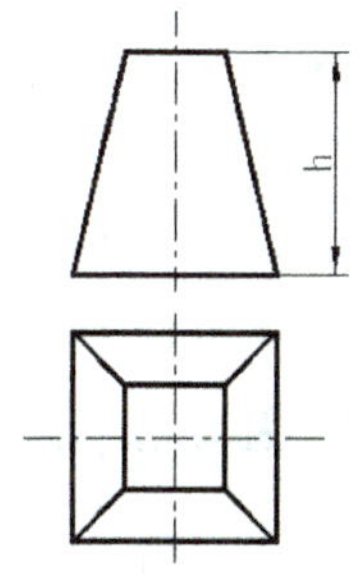

图 1.2.8 四棱台的两视图

【练习题 2】已知组合体的两视图(图 1.2.9),请作出组合体的正等轴测图。

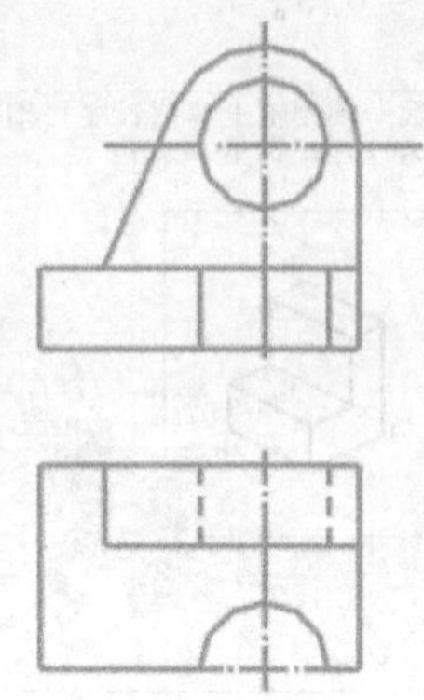

图 1.2.9　组合体的两视图

【练习题 3】已知组合体的三视图(图 1.2.10),请作出组合体的正等轴测图。

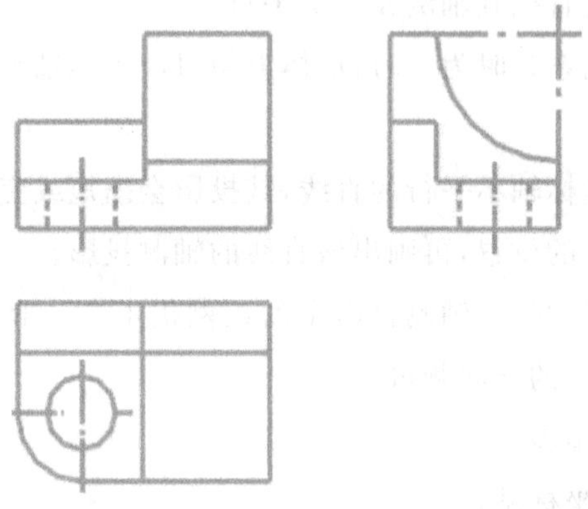

图 1.2.10　组合体的三视图

【练习题 4】已知组合体的两视图(图 1.2.11),请作出组合体的斜二轴测图。

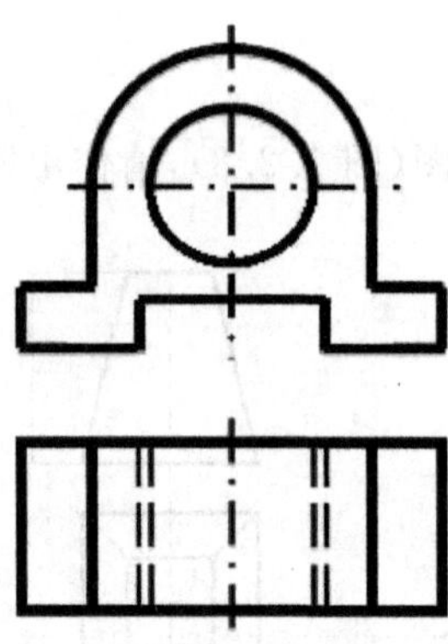

图 1.2.11　组合体的两视图

【练习题5】 已知组合体的两视图(图1.2.12),请作出组合体的斜二等测轴测图。

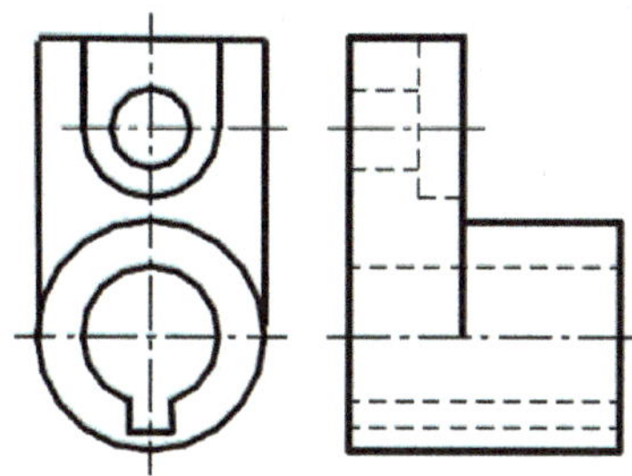

图1.2.12 组合体的两视图

一、轴测投影图

当形体较复杂时,其投影图就很难看懂。为了辅助看图,工程上常采用轴测投影图作为辅助图样,它能在一个投影面上反映出形体的形状,有较强的立体感。在给排水和采暖通风等专业图中常用轴测投影图表达各种管道系统;在其他专业图中,还可用来表达局部构造,直接用于生产。

1.轴测投影图的形成

轴测投影属于平行投影的一种,把空间形体连同确定其空间位置的直角坐标系一起,沿不平行于任一坐标轴 OX、OY 和 OZ 的方向,用平行投影法将其投射在单一投影面上所得到的图形称为轴测投影图(图1.2.13)。

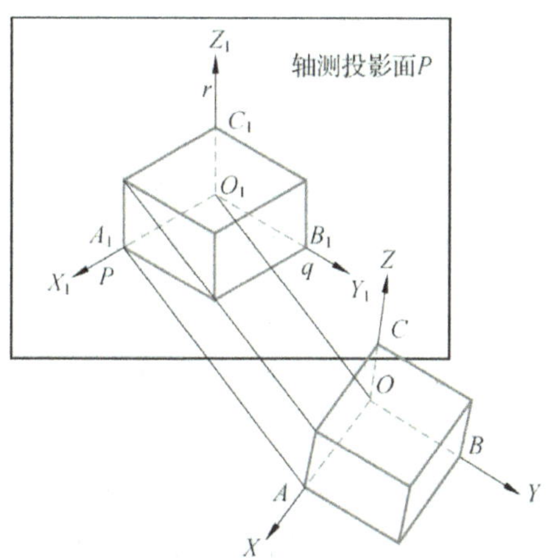

图1.2.13 轴测投影图的形成

2.轴测投影图的参数

(1)轴测轴:建立在物体上的坐标轴在投影面上的投影叫做轴测轴。表示空间形体长、宽和高三个方向的直角坐标轴的轴测投影,O_1X_1、O_1Y_1 和 O_1Z_1 为轴测轴(图 1.2.14)。

(2)轴间角:相邻两个轴测轴之间的夹角$\angle X_1O_1Z_1$、$\angle X_1O_1Y_1$ 和$\angle Y_1O_1Z_1$ 称为轴间角,三个轴间角之和为 360°(图 1.2.14)。

(3)轴向伸缩系数:轴测轴上的投影长度与其实长之比称为轴向伸缩系数。O_1X_1、O_1Y_1 和 O_1Z_1 轴上的伸缩系数分别用 p、q 和 r 表示(图 1.2.14)。

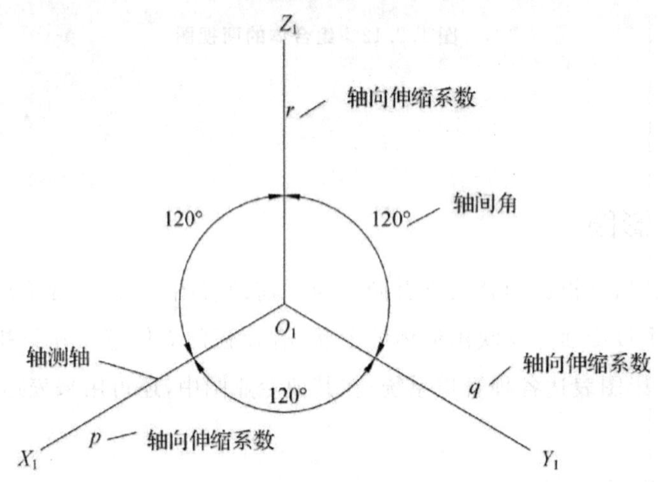

图 1.2.14 轴测坐标系

3.轴测投影图的特性

轴测投影具有平行投影的投影特性。

(1)平行性。互相平行的直线其轴测投影仍平行。

(2)度量性:形体上与三个坐标轴平行的直线尺寸,在轴测图中均可沿轴的方向测量。

(3)变形性:形体上与坐标轴不平行的直线,其投影会缩短或变长,不能在图上直接量取,而是要先定出直线的两个端点的位置,再画出该直线的轴测投影。

(4)定比性:直线的分段比例在轴测投影中的比例仍不变。

4.轴测投影图的分类

(1)根据投射方向对轴测投影面的相对位置不同,分为以下两类。

①正轴测投影图。轴测投影的投射方向垂直于轴测投影面。

②斜轴测投影图。轴测投影的投射方向倾斜于轴测投影面。

(2)根据三个轴向伸缩系数是否相等,轴测图可分为以下三类。

①正(斜)等轴测投影。三个轴向伸缩系数都相等,即 $p=q=r$。

②正(斜)二轴测投影。任意两个轴向伸缩系数相等,即 $p=q\neq r$ 或 $p=r\neq q$ 或 $q=r\neq p$。

③正(斜)三轴测投影。三个轴向伸缩系数都不相等,即 $p\neq q\neq r$。

5.常用的轴测图

常用的轴测图有正等轴测图(图 1.2.15)和斜二轴测图(图 1.2.16)等。

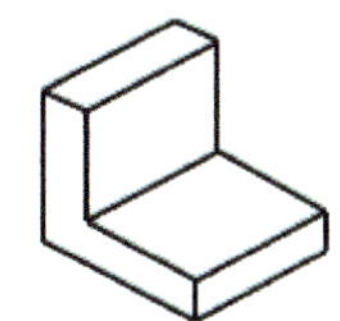

图 1.2.15 正等轴测图

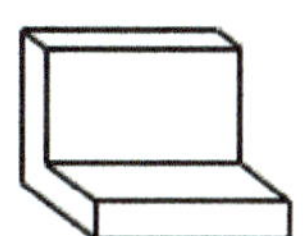

图 1.2.16 斜二轴测图

二、正等轴测投影图(正等测)的应用

1.轴间角

正等轴测投影图的轴间角相等,均为 120°。在画图时,通常将 OZ 轴垂直放置,OX 轴和 OY 轴与水平方向成 30°夹角(图 1.2.17)。

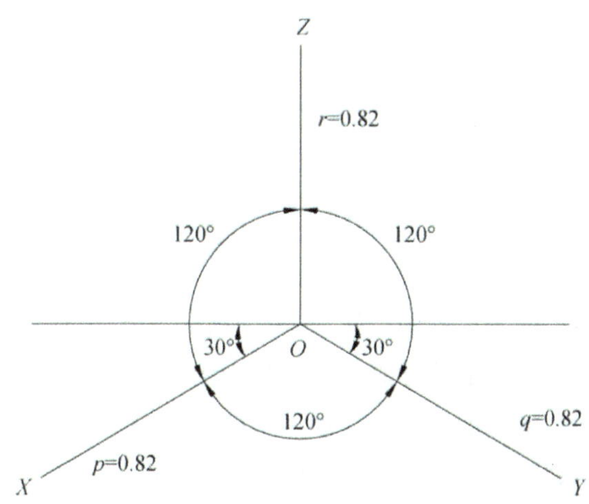

图 1.2.17 正等轴测坐标系

2.轴向伸缩系数

物体上平行于坐标轴的线段在轴测图上的长度与实际长度之比叫作轴向伸缩系数。

正等轴测投影图的轴向伸缩系数也相等,即 $p=q=r=0.82$(图 1.2.18(a))。

为了作图方便,可将正等轴测投影图的三个轴向伸缩系数简化,即 $p=q=r=1$,这样在作图时,可直接在图上量取实际尺寸。使用简化系数画出的正等轴测投影图的形状没有改变,只是将图放大了 1/0.82=1.22 倍(图 1.2.18(b))。

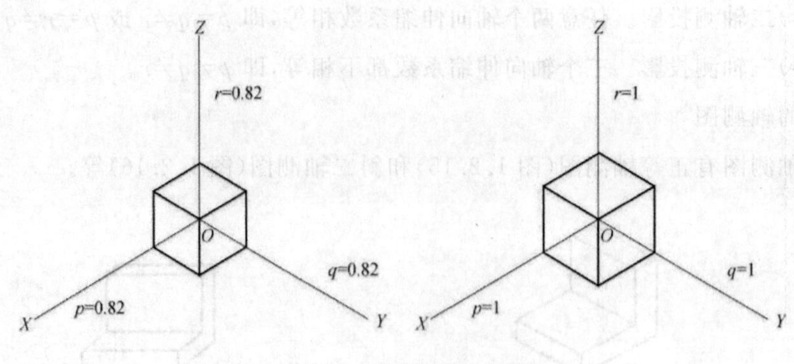

图 1.2.18 正等轴测投影实例

3.正等轴测投影图的画法

【例题】已知形体的两面投影(图 1.2.19),请作出其正等测。

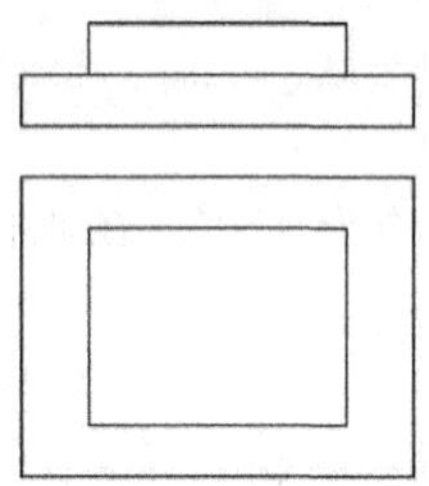

图 1.2.19 形体的两面投影

【解】分析:从投影图[图 1.2.20(a)]中可以看出,这是一个由两个长方形叠加而成的形体,画图时,从下而上进行绘制即可。

作图步骤:

(1)先在投影面上确定好坐标轴的位置,因为是画正等测,所以各轴的轴向伸缩系数可取简化后的,这样直接在投影图上量取尺寸画到轴测投影图上即可(图 1.2.20(b))。

(2)在正等测轴上先将下面的长方体投影图上的长、宽和高的尺寸画到图上,再过各点作相应投影轴的平行线,即得到了长方体[图 1.2.20(c)]。

(3)用同样的方法在轴测轴上找到相应的位置即可绘制出上面长方体的轴测图[图 1.2.20(d)]。

(4)对照投影图和轴测图进行检查,没有错误后擦去多余的作图线,加深可见图线,即完成了该形体的正等测[图 1.2.20(e)]。

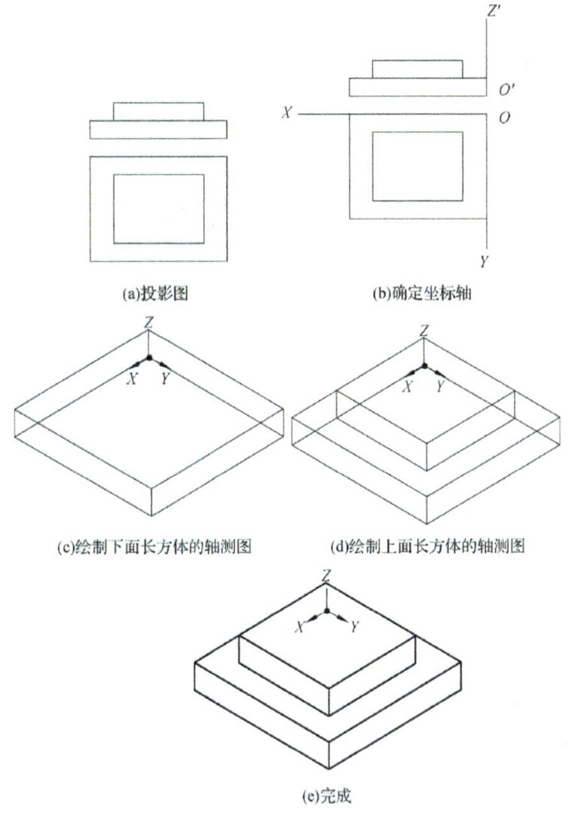

图 1.2.20　形体的正等测画法

三、斜二轴测投影图的应用

1.斜二测图的形成

如果使物体的 XOZ 坐标面对轴测投影面处于平行的位置，采用平行斜投影法也能得到具有立体感的轴测图，这样所得到的轴测投影就是斜二等测轴测图，简称斜二测图(图 1.2.21)。

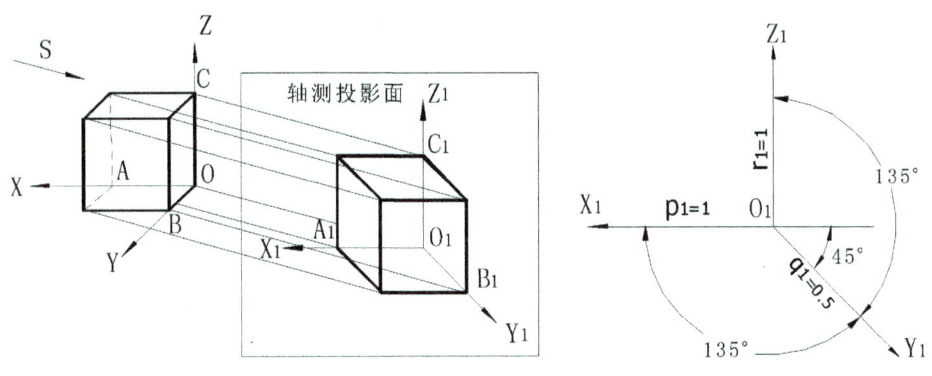

图 1.2.21　斜二轴测图的形成

2.参数

斜二测图中，$O_1X_1 \perp O_1Z_1$ 轴，O_1Y_1 与 O_1X_1、O_1Z_1 的夹角均为 135°，三个轴向伸缩系数分别为 $p_1=r_1=1$，$q_1=0.5$。

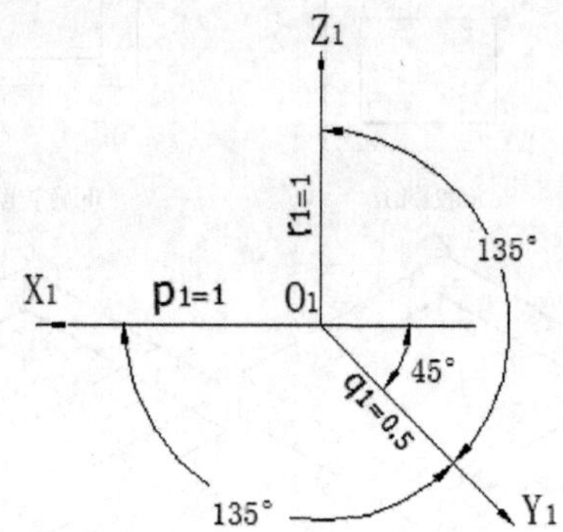

图 1.2.22 斜二轴测图的参数

3.斜二测图的画法

已知四棱台的两个正投影图，如图 1.2.23 所示，作出四棱台的斜二测图。

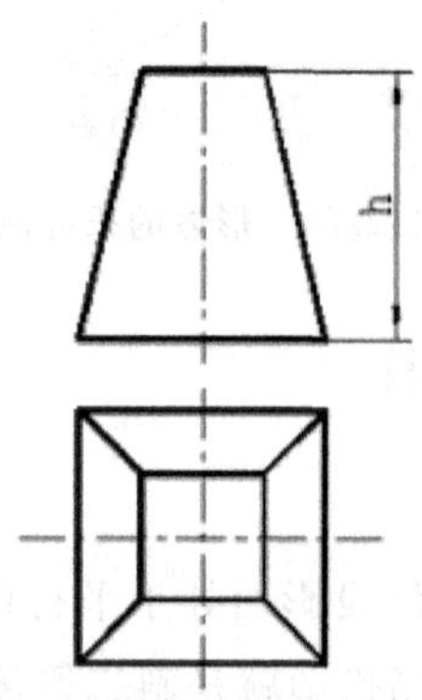

图 1.2.23 四棱台的正投影图

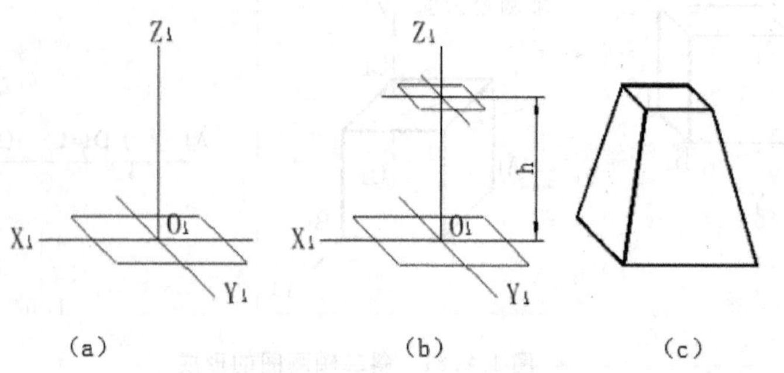

图 1.2.24 四棱台的斜二测图

作图方法与步骤(图 1.2.24)

(1)画出轴测轴 O_1X_1、O_1Y_1、O_1Z_1。

(2)作出底面的轴测投影:在 O_1X_1 轴上按 1∶1截取,在 O_1Y_1 轴上按 1∶2截取[图 1.2.24(a)]。

(3)在 O_1Z_1 轴上量取正四棱台的高度 h,作出顶面的轴测投影[图 1.2.24(b)]。

(4)依次连接顶面与底面对应的各点得侧面的轴测投影,擦去多余的图线并描深,即得到正四棱台的斜二测[图 1.2.24(c)]。

任务三　绘制透视投影图

任务描述

掌握透视图的原理,了解透视图(图 1.3.1)的画法。

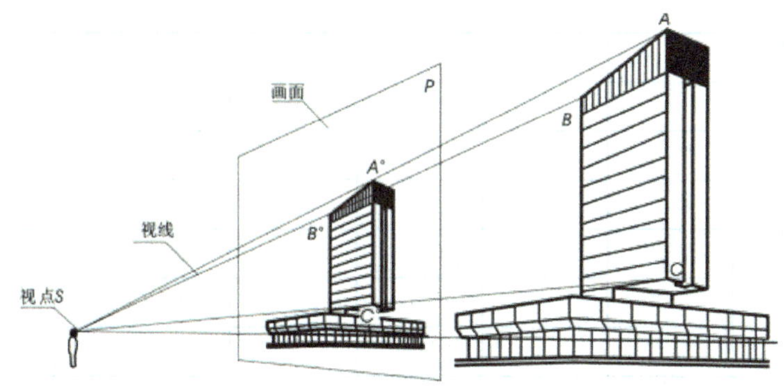

图 1.3.1　透视投影图

知识目标

(1)掌握透视图的原理;

(2)掌握透视图的分类;

(3)掌握透视图的画法。

能力目标

(1)能画出简单形体的透视图;

(2)培养动手实践能力,发展空间想象能力。

学习性任务

(1)透视图的基本知识;

(2)透视图的应用。

任务书

【习题】 已知形体的两面投影(图 1.3.2),作出形体的一点透视图。

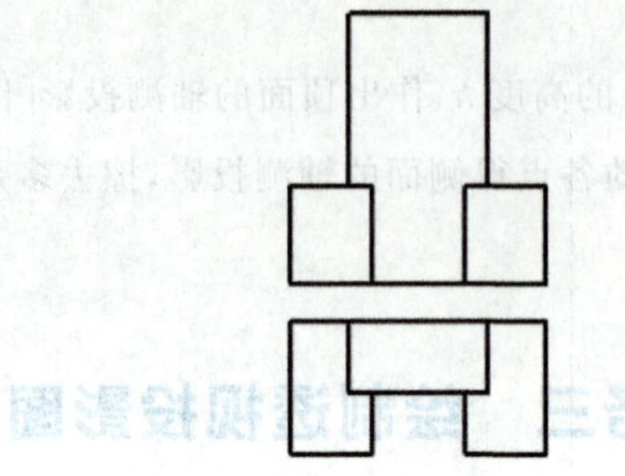

图 1.3.2 形体的两面投影

任务准备

学生以小组的形式进行练习。

<table>
<tr><td colspan="2">班级</td><td>组号</td><td>组长</td><td>组长学号</td><td colspan="2">指导老师</td></tr>
<tr><td colspan="2"></td><td></td><td></td><td></td><td colspan="2"></td></tr>
<tr><td rowspan="5">小组成员</td><td>姓名</td><td></td><td>学号</td><td></td><td>解题思路</td><td></td></tr>
<tr><td>姓名</td><td></td><td>学号</td><td></td><td>解题思路</td><td></td></tr>
<tr><td>姓名</td><td></td><td>学号</td><td></td><td>解题思路</td><td></td></tr>
<tr><td>姓名</td><td></td><td>学号</td><td></td><td>解题思路</td><td></td></tr>
<tr><td>姓名</td><td></td><td>学号</td><td></td><td>解题思路</td><td></td></tr>
</table>

任务实施

引导问题 1:当人们站在玻璃窗内用____只眼睛观看室外的建筑物时,无数条________线与玻璃窗相交,把各________点连接起来的图形即为透视图。

引导问题 2:透视图的特点有________________、________________、________________、________________。

引导问题 3:物体上的主要立面(长度和高度方向)与画面平行,宽度方向的直线垂直于画面所作的透视图只有________个灭点,称为一点透视。

引导问题 4:物体上的主要表面与画面倾斜,但其上的铅垂线与画面平行,所作的透视图有________个灭点,称为两点透视。

引导问题 5:物体上长、宽、高三个方向与画面均不平行时,所作的透视图有________个灭点,称为三点透视。

引导问题 6：透视图的画法方法常用有：__________、__________、__________。

引导问题 7：透视图的画法步骤有哪些？

任务评价

习题答案见图 1.3.3。

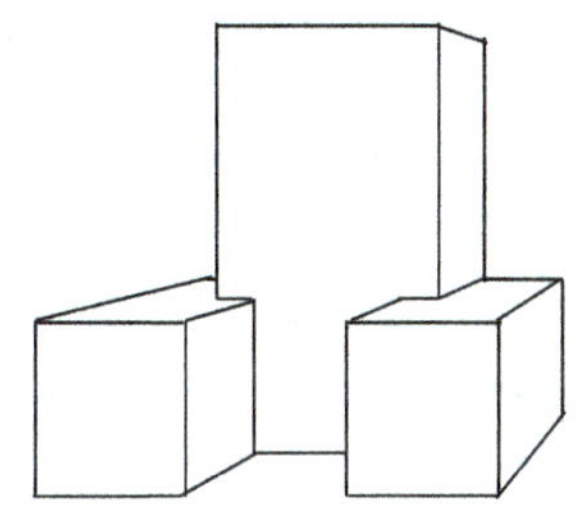

图 1.3.3　形体的一点透视图

评价反馈

任务评价表

班级		姓名		学号	

评价项目	评价标准	分值	得分
透视角度	正确选择画面与物体的相对位置	10	
确定视心	正确画出视心	10	
确定平面	正确画出平面透视	10	
确定高度	正确画出物体高度	10	
补充细节	正确画出两个基本体之间的交线，正确画出加深的可见轮廓线	10	
完成时间	按照规定时间完成习题	10	
完成数量	解出全部题目	10	
工作效率	认真高效地完成习题	10	
工作质量	结果正确、图线清晰、图面整洁	10	
团队协作	积极认真地参与小组习题讨论	10	

习题点睛

画建筑物的透视时，先画透视平面图，再确定各部分的透视高度。步骤参考如下：

(1)首先找出视心，即主灭点 VC；

(2)绘制平面透视；

(3)绘制画面上的物体高度；

(4)绘制画面后的物体——将物体的棱面延伸到画面上，获得物体的真高；

(5)绘制两个基本体之间的交线；

(6)加深可见轮廓线。

拓展练习

【练习题 1】根据图 1.3.4 中给出的已知条件，求形体的透视图。

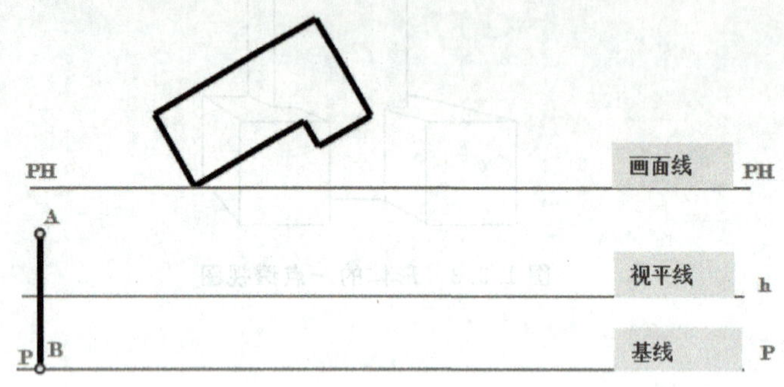

图 1.3.4　形体 1

【练习题 2】已知形体的两面投影(图 1.3.5)，作出形体的两点透视图。

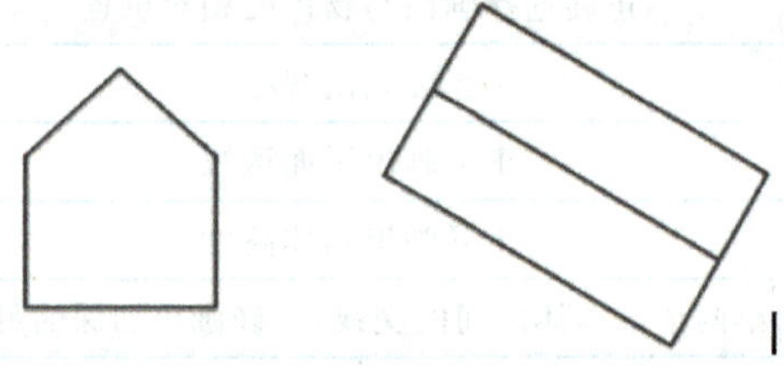

图 1.3.5　形体的两面投影

【练习题 3】已知台阶的两面投影(图 1.3.6)，作出台阶的两点透视图。

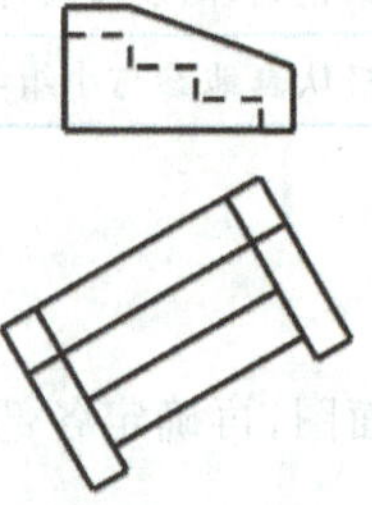

图 1.3.6　台阶的两面投影

【练习题 4】已知房屋的三个视图(图 1.3.7)，请作出房屋的透视图。

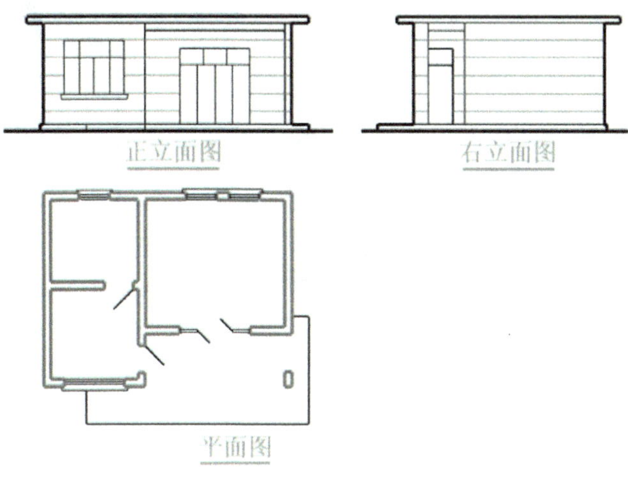

图 1.3.7　房屋的投影图

一、透视图的基本知识

1. 透视图的形成

当人们站在玻璃窗内用一只眼睛观看室外的建筑物时，无数条视线与玻璃窗相交，把各交点连接起来的图形即为透视图，如图 1.3.8 所示。

透视投影相当于以人的眼睛为投影中心的中心投影，符合人们的视觉形象，富有较强的立体感和真实感，如图 1.3.9 所示。

图 1.3.8　透视图的效果

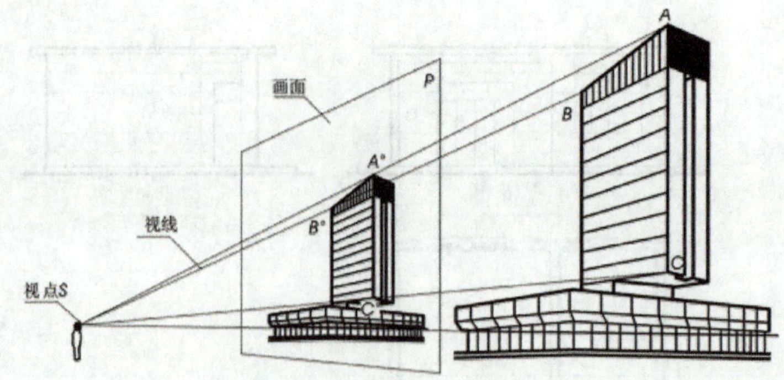

图 1.3.9 透视投影过程

2. 透视图的特点

(1)近大远小。

(2)近高远低。

(3)近疏远密。

(4)互相平行的直线的透视汇交于一点。

3. 透视图的分类

根据物体与画面的不同位置，透视图可分为一点透视、两点透视和三点透视。

(1)一点透视：物体的主要立面(长度和高度方向)与画面平行，宽度方向的直线垂直于画面所作的透视图只有一个灭点(在透视投影中，一束平行于投影面的平行线的投影可以保持平行；不平行投影面的平行线的投影会聚集到一个点，这个点称为灭点。)，称为一点透视(图 1.3.10)。

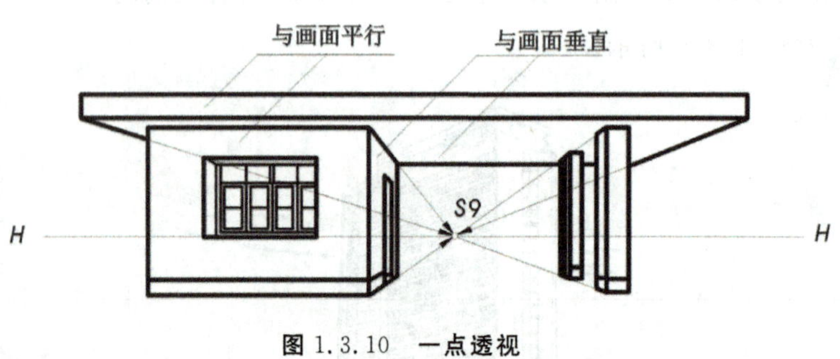

图 1.3.10 一点透视

(2)两点透视：物体的主要表面与画面倾斜，但其上的铅垂线与画面平行，所作的透视图有两个灭点，称为两点透视(图 1.3.11)。

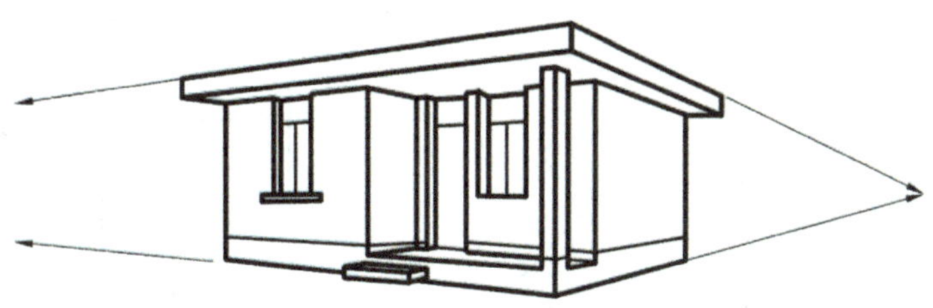

图 1.3.11 两点透视

(3)三点透视:物体上长、宽、高三个方向与画面均不平行时,所作的透视图有三个灭点,称为三点透视(图 1.3.12)。

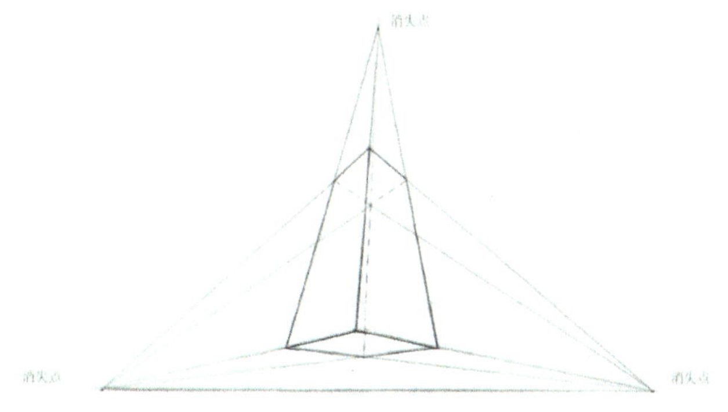

图 1.3.12 三点透视

在这三种透视图中,两点透视应用最多,三点透视因作图复杂,很少采用。

二、透视图的应用

1. 一点透视

1)视线法

视线法即利用视线的水平投影来确定点的透视的作图方法。

视线法的作图原理:中心投影——过投影中心作一系列视线与实物上各点相连,这些视线与画面即投影面相交,得到个投影点,将各投影点相连而成的图形就是该物体的透视图。图 1.3.13 展示了用视线法求基面上点 A 的和透视 A_0。左图中,H 是基面,P 是画面,V_p 视点是人眼所在位置(即投影中心),s 是人站的位置,p-p 是 H 和 P 的交线(即基线),h-h 是视平线。右图中,HL 是视平线,GL 是基线。

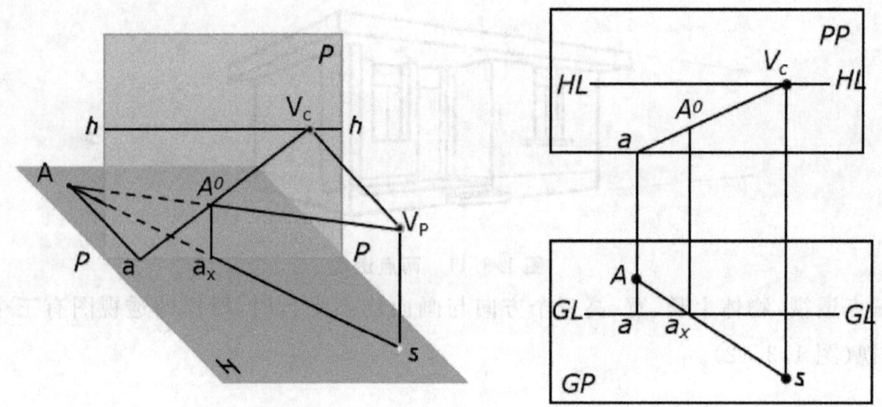

图 1.3.13 视线法的作图原理

(2)视线法作一点透视方法(图 1.3.14)。

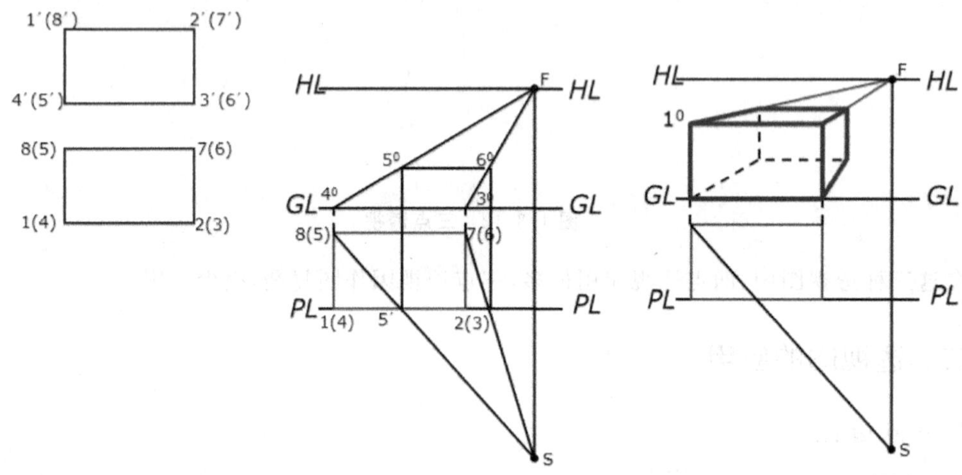

图 1.3.14 视线法作一点透视方法

2)量点法(距点法)

所谓量点法,就是利用量点求作透视长度的作图方法。

(1)量点法作图原理。

①灭点 F 到量点 M 的距离等于灭点到视点的距离。因此,在实际绘图中,量点 M 的求法:在视平线上过灭点 F 量取长度为视点到灭点的距离处即为量点 M(图 1.3.15,图 1.3.16)。

②在平行透视(即一点透视)中,量点与灭点的距离恰好就是视距,所以,平行透视中的量点通常为距点,利用它来作图也就是距点法。

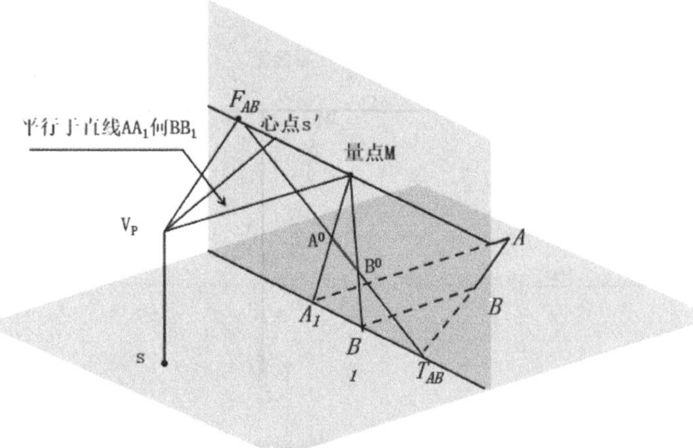

图 1.3.15 量点法作图原理

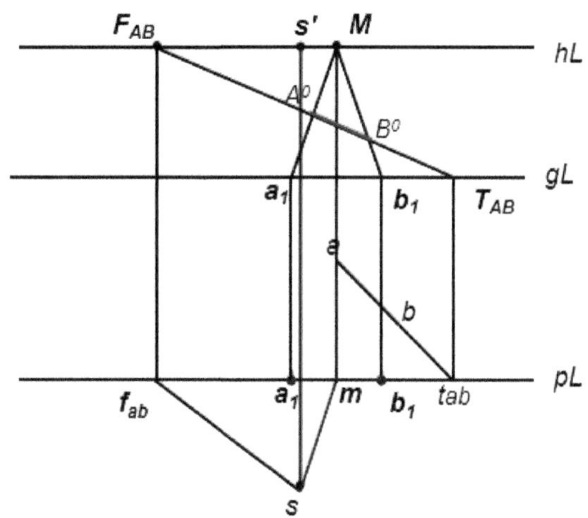

图 1.3.16 量点法作图示意

2. 两点透视

画一个立方体的两点透视。

1)视线法

第一步:画一个立方体的平面图,交视平线 HL 于点 C,从点 C 向下作垂线并任取一个视点 E_0,从 E_0 任意作两条斜线交 HL 于 VP_1、VP_2,然后从 E_0 引线连接点 A、B,交 HL 于点 D、E。在视点 E_0 与视平线 HL 之间定出基线 GL,把立面图放置在 GL 上(图 1.3.17)。

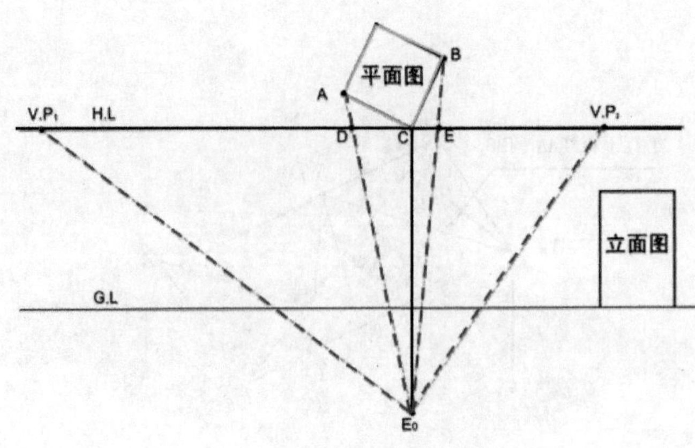

图 1.3.17　两点透视视线法第一步

第二步：从立面图引真高线交线 CE_0 线于点 F，同时从点 D、E 向下作垂线与 F - VP_1 和 F - VP_2 相交，连接这些交点并作透视线，即求出该立方体的两点透视(图 1.3.18)。

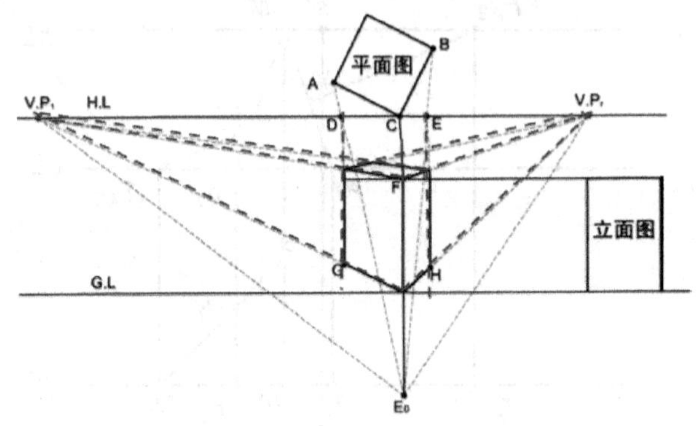

图 1.3.18　两点透视视线法第二步

2)量点法

建筑物长 3m，宽 2m，高 2m，以此为例作建筑两点透视图。

第一步：选择建筑平面中的一个直角，与画面(PP)相交于 O'。以 O'为圆心旋转所要表现的建筑主立面，并确定视点 E_0，得到理想的透视角度。

在透视作图面上确定视高，得到 GL 和 HL。通过视点作平行于建筑边缘的两条线，交 PP 于点 VP_1'和 VP_2'，分别从这两个点向下引垂线交 HL 于点 VP_1 和 VP_2。从 O'作垂线交 GL 于点 O，连接 O 与 VP_1 和 VP_2(图 1.3.19)。

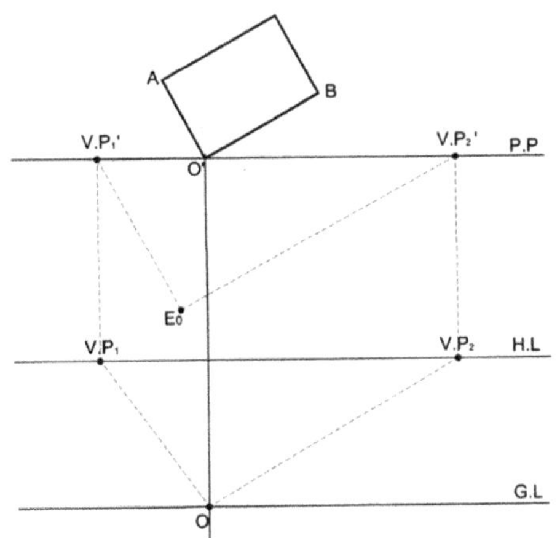

图 1.3.19 两点透视量点法第一步

第二步：以 O' 为圆心，$O'A$ 和 $O'B$ 为半径画圆，在线 PP 上交得 A_0 和 B_0；同样，分别以 VP_1' 和 VP_2' 为圆心，以各点到 E_0 的距离为半径画圆，在线 PP 上就求得了量点 M_1 和 M_2（图 1.3.20）。

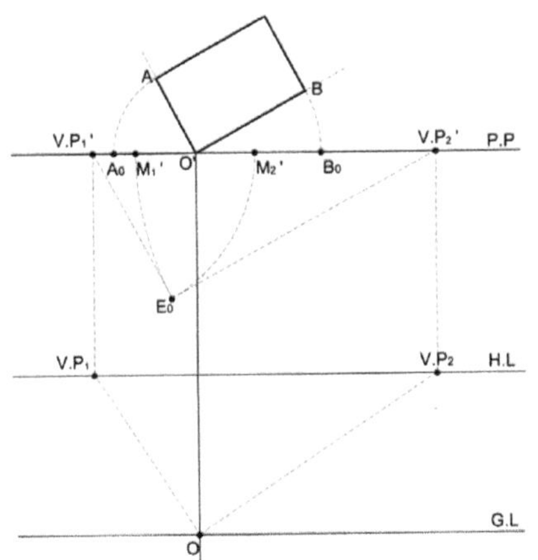

图 1.3.20 两点透视量点法第二步

第三步：从 $A0'$ 和 $B0'$ 作垂线，在 GL 上交得 A_0 和 B_0，同样在 HL 上求得 M_1 和 M_2。连接 A_0 和 M_2，与 $O-VP_1$ 交于点 a，同理求得点 b。画出建筑立面图并置于 GL 上，从立面图引真高线交 $O-O'$ 于点 C，OC 即为该建筑透视图中的真高线。从 C 向 VP_1 和 VP_2 连线（透视线），分别与点 a、b 引出的垂线相交，连接这些交点就作出了建筑的俯视角度透视图（图 1.3.21）。

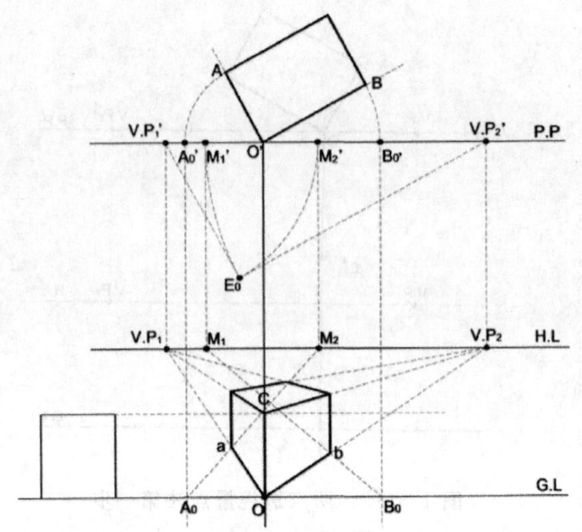

图 1.3.21　两点透视量点法第三步

第四步：求出建筑的仰视透视图。拉高基线，调整与视平线的高差，画出 GL′线，在 GL′线上搁置立面图，从立面图引真高线并与灭点 VP_1 和 VP_2 连接，得到建筑的透视线。这些透视线与点 a、b 引出的垂线相交，连接这些交点就得出了该建筑的仰视透视图(图 1.3.22)。

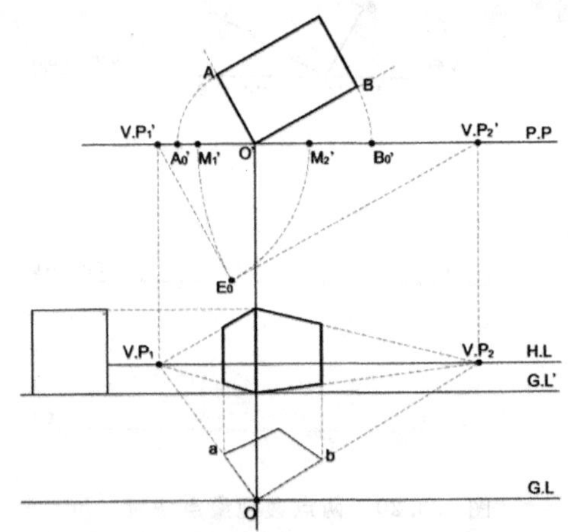

图 1.3.22　两点透视量点法第四步

3)快速作图法步骤

第一步：绘制一条水平线，确定为视平线 HL，在 HL 线上画一条垂线 AB，并在 AB 线的两侧，HL 线上一远一近确定两个灭点 VP_1 和 VP_2。从 VP_1 向点 A、B 分别引线并延伸，同样由 VP_2 向点 A、B 引线并延伸，这样就画出了地面线及天棚线(图 1.3.23)。

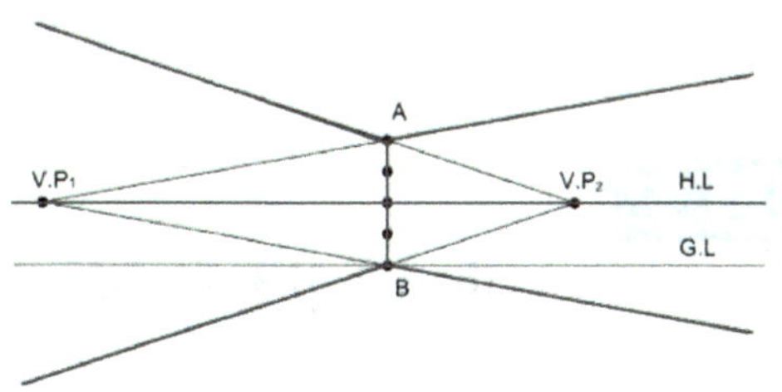

图 1.3.23　两点透视快速作图法第一步

第二步：由天棚线向地面线作两条垂线 DC 和 EF，确定 DC 线和 EF 线位置的原则为，使 ABCD 和 ABFE 在视觉上看起来像两个相等的正方形。四等分 AB，再通过这些等分点向 VP_1 和 VP_2 连线，与 ABCD 的对角线交于点 1、2、3，过这些点作垂线与 BC 相交，从点 VP_2 向这些交点引线并延伸；同理求得 BF 线上的交点，得出一个正方体的透视网格（图 1.3.24）。

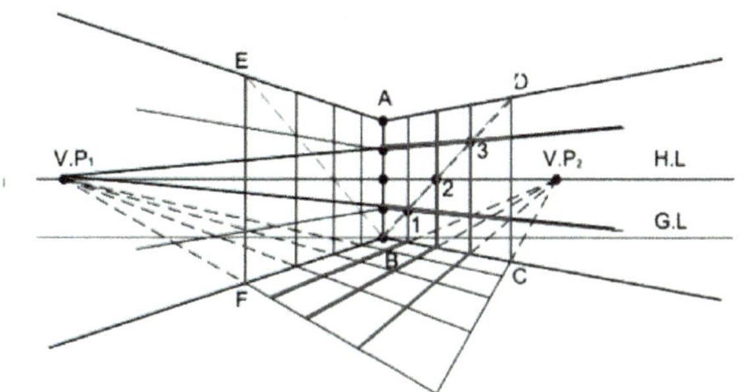

图 1.3.24　两点透视快速作图法第二步

项目二 形体的真实表达

任务一 绘制点、线、面、体的投影

任务描述

理解正投影图的形成，掌握正投影图的作图方法、三面正投影图的分析方法，掌握点、线、面、体的投影(图 2.1.1)规律、作图方法和步骤，培养空间想象力。

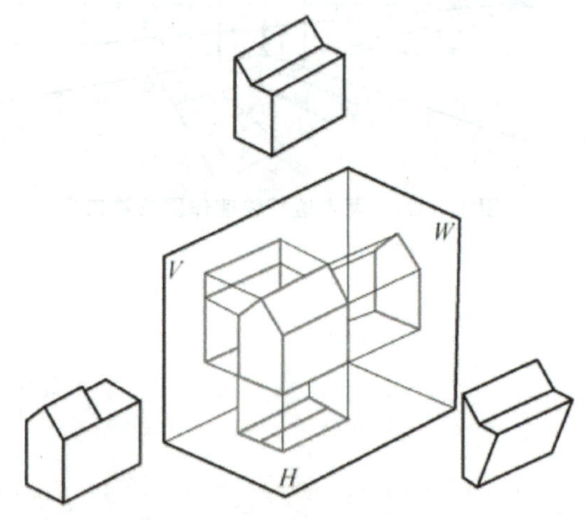

图 2.1.1　体的三面投影

知识目标

(1)掌握正投影和三面投影的概念、形成及绘制方法；

(2)了解点投影的形成和点的坐标与投影的关系；

(3)熟练掌握点的三面投影规律及作图方法；

(4)能够根据三面投影判别两点的相对位置；

(5)了解重影点的特性；

(6)掌握各种位置直线的投影规律及作图方法；

(7)掌握各种位置平面的投影规律及作图方法；

(8)掌握各种位置投影面的判别。

能力目标

(1)能够应用点、线、面的投影规律进行建筑工程制图；

(2)能够将点、直线、平面的投影规律熟练应用于建筑工程识图过程中。

学习性任务

(1)绘制点的三面投影；

(2)绘制直线的三面投影；

(3)绘制平面的三面投影。

任务书

【习题 1】 如何绘制立体上的点的三面投影(图 2.1.2)?

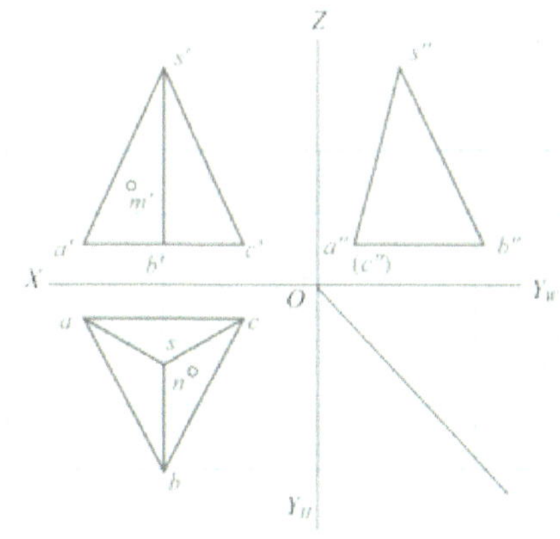

图 2.1.2 点的三面投影

任务准备

学生以小组的形式进行练习。

<table>
<tr><td colspan="2">班级</td><td>组号</td><td>组长</td><td>组长学号</td><td colspan="2">指导老师</td></tr>
<tr><td colspan="2"></td><td></td><td></td><td></td><td colspan="2"></td></tr>
<tr><td rowspan="5">小组成员</td><td>姓名</td><td></td><td>学号</td><td></td><td>解题思路</td><td></td></tr>
<tr><td>姓名</td><td></td><td>学号</td><td></td><td>解题思路</td><td></td></tr>
<tr><td>姓名</td><td></td><td>学号</td><td></td><td>解题思路</td><td></td></tr>
<tr><td>姓名</td><td></td><td>学号</td><td></td><td>解题思路</td><td></td></tr>
<tr><td>姓名</td><td></td><td>学号</td><td></td><td>解题思路</td><td></td></tr>
</table>

任务实施

引导问题1:正立投影面简称________,用符号________表示;水平投影面简称________,用符号________表示;侧立投影面简称________,用符号________表示。

引导问题2:物体的主视图反映了物体的________和________;物体的左视图反映了物体的________和________;物体的俯视图反映了物体的________和________。

引导问题3:画三视图时,看得见的轮廓线通常画成________,看不见的部分通常画成________。

引导问题4:点的三面投影是怎样形成的?三面投影体系是如何展开成一个平面的?

引导问题5:点的投影特性是什么?

引导问题6:线的投影特性是什么?

引导问题7:面的投影特性是什么?

任务评价

学生自评表

评价点	10	8	6	4	2
找出点所在的平面					
分析投影的可见性					
正确作出点的三面投影					
加粗轮廓线					

评价反馈

任务评价表

班级		姓名		学号	
评价项目	评价标准			分值	得分
完成时间	按照规定时间完成习题			10	
完成数量	解出全部题目			10	
工作效率	认真高效也完成习题			10	
工作质量	结果正确、图线清晰、图面整洁			10	
团队协作	积极认真地参与小组习题讨论			10	
完成时间	小组首先完成习题			10	
完成数量	小组完成全部绘图			10	
工作效率	小组认真高效的完成习题			10	

班级		姓名		学号	
工作质量	结果正确、无误，图线清晰、图面整洁			10	
团队协作	小组全员互相帮助、协作完成习题任务			10	

习题点睛

(1)正确判断点的可见性；

(2)正确绘制点的三面投影；

(3)绘图注意加粗立体轮廓线，根据空间图形做最后的校核。

拓展练习

【习题 1】已知点 A 的正面与水平投影(图 2.1.3)，求点 A 的侧面投影。

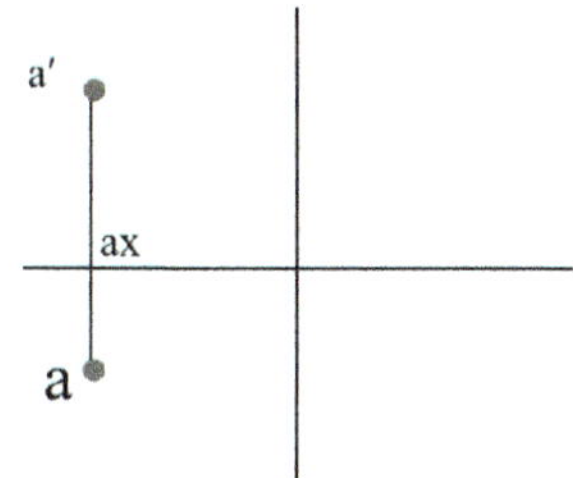

图 2.1.3 点的侧面投影绘制

【习题 2】已知点 A、B、C 的两面投影(图 2.1.4)，求点的第三面投影。

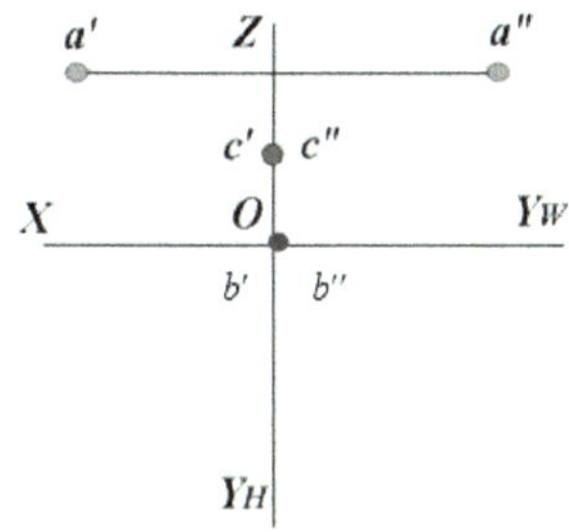

图 2.1.4 点的第三面投影的绘制

【习题 3】已知形体的立体图和投影图(图 2.1.5)，试在投影图上标记各主要点的投影和重影关系。

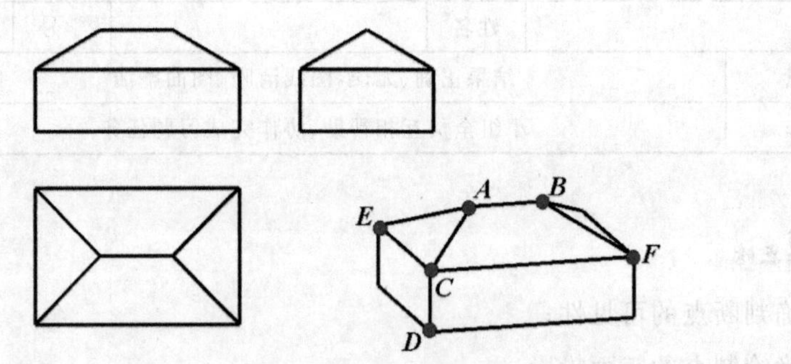

图 2.1.5　点的投影和重影的标注

【习题 4】已知线段 AB 的投影图(图 2.1.6),试将 AB 分成 1∶2 两段,求分点 K 的投影 k、k'。

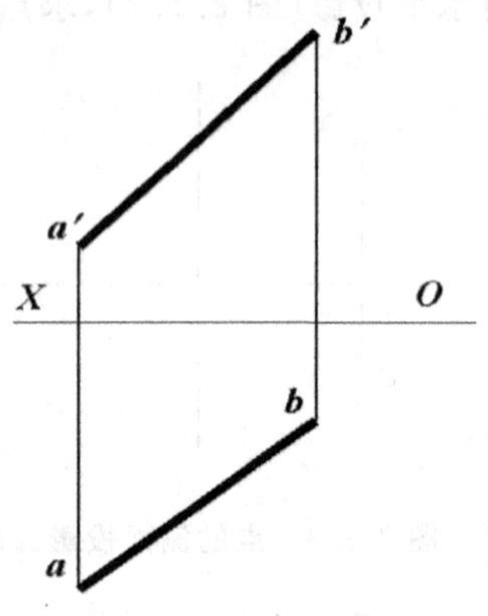

图 2.1.6　求分点的投影

【习题 5】试判断直线 AB、CD(图 2.1.7)是否平行?

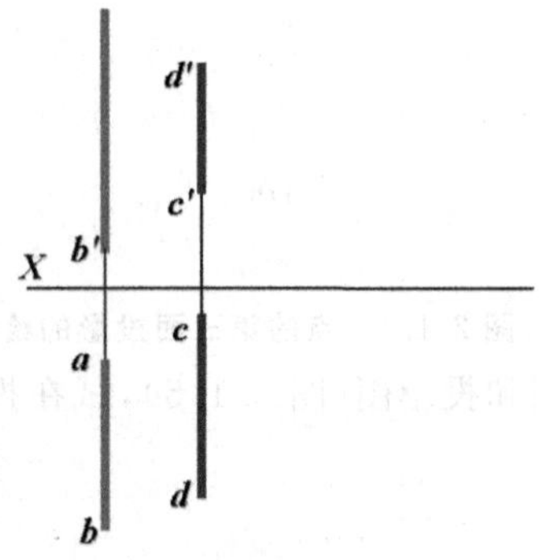

图 2.1.7　两直线平行的判断

【习题 6】判断两直线(图 2.1.8)的相对位置。

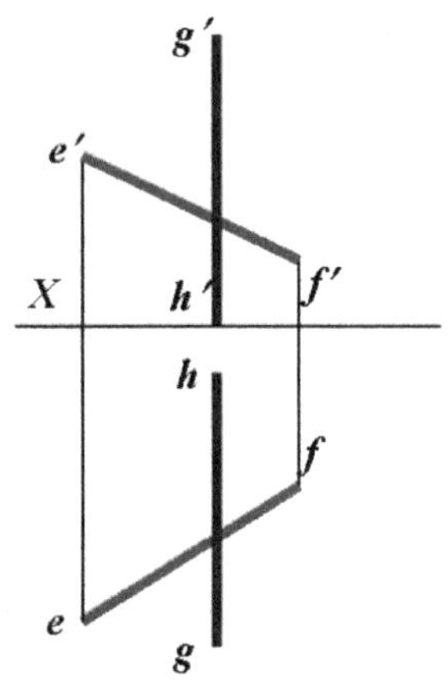

图 2.1.8 两直线相对位置的判断

【习题 7】已知△SBC 的两面投影(图 2.1.9),求平面上线段 EF 及点 D 的 H 投影。

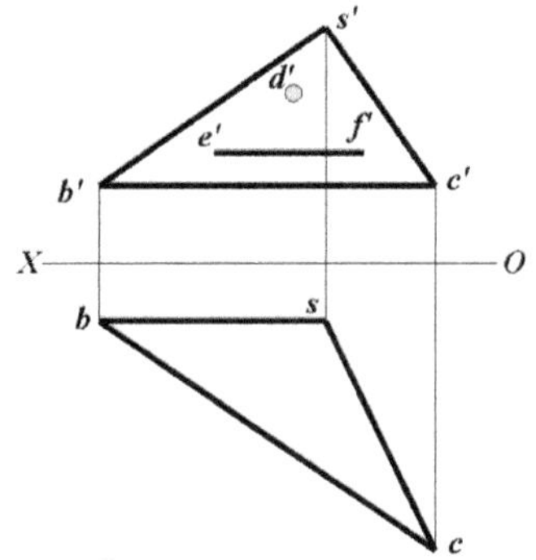

图 2.1.9 平面上线段及点的投影的判断

【习题 8】已知△ABC 给定一平面(图 2.1.10),试过点 A 作属于该平面的水平线,过点 C 作属于该平面的正平线。

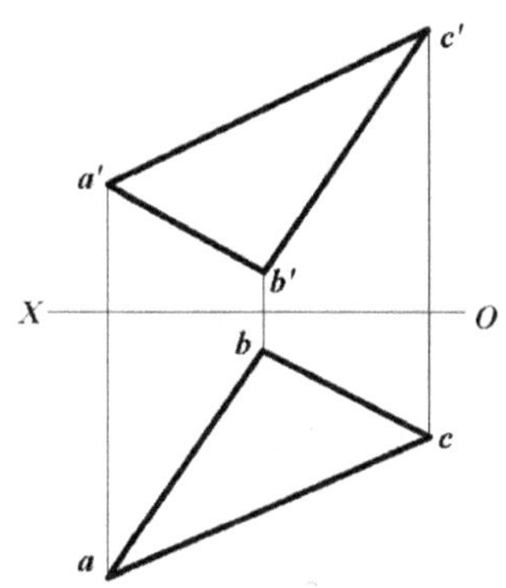

图 2.1.10 做过给定点的线的投影

【习题 9】已知△ABC 平面内点 K 的 V 面投影 k'(图 2.1.11),求作 K 的 H 面投影。

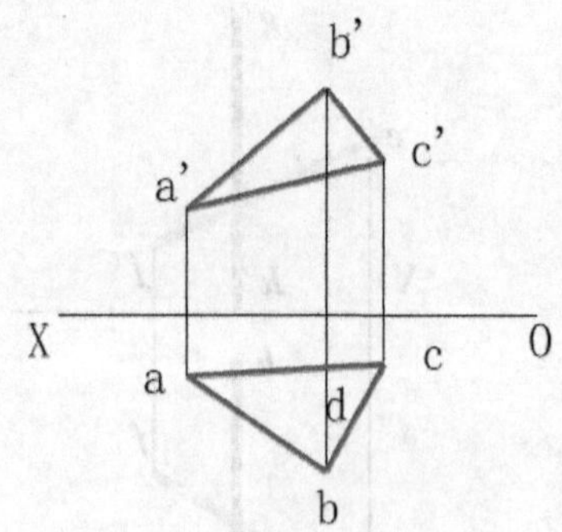

图 2.1.11　做平面内点的投影

【习题 10】已知三棱锥 S-ABC 表面上点 M 的正面投影 m' 、点 N 的正面投影 n' 及棱线 SA 上点 K 的水平面投影 k(图 2.1.12)，求作 M、N、K 点的其余投影。

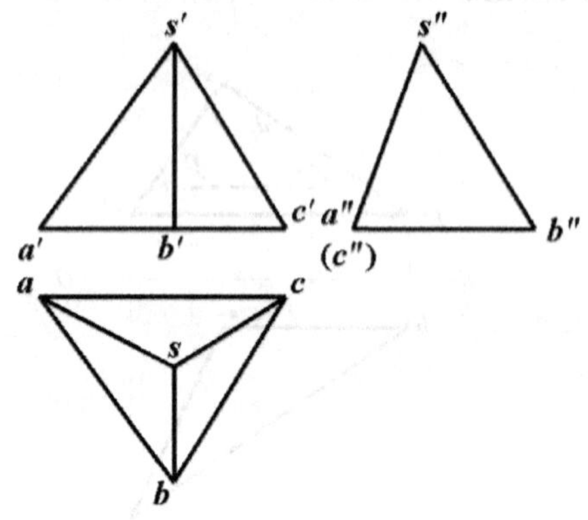

图 2.1.12　求平面体上点的投影

【习题 11】已知三棱锥上线段 HMN 的正面投影 $h'm'n'$(图 2.1.13)，求作线段 HMN 的其余投影。

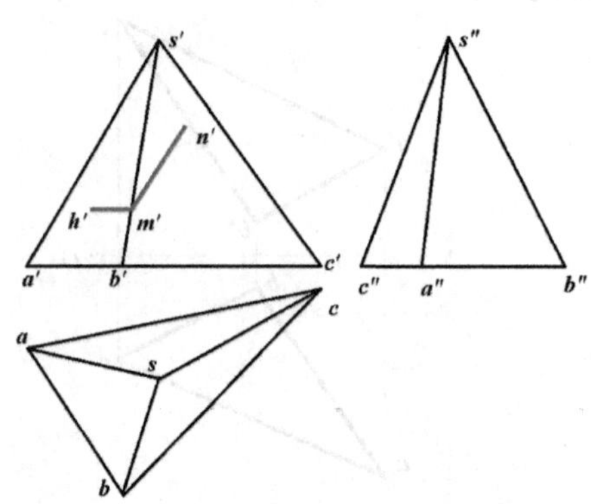

图 2.1.13　求平面体上线的投影

一、三面投影

图样是施工的依据，因此它应尽可能地反映形体各部分的形状和大小。如果一个形体只向一个投影面投影，则只能反映它一个面的形状和大小。空间两个不同的形体，它们向同一个投影面投影，虽然其投影图是相同的(图 2.1.14)，但该投影不能反映两个形体的真实形状和大小。

空间中有三个不同的形体，它们同向两个投影面投影，即使其中的两个投影图都是相同的(图 2.1.15)，也不能反映出三个形体的真实形状。

只有将形体放在三个互相垂直的投影面之间，得到三个不同方向的正投影(图 2.1.16)，才能唯一确定形体的形状。本书也主要讲三面投影。

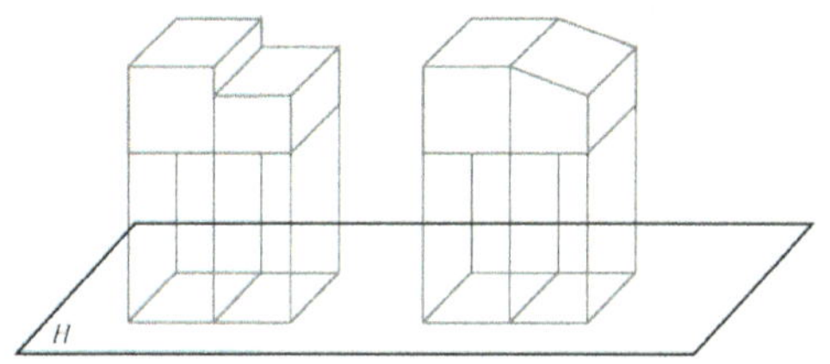

图 2.1.14 形体的一面投影

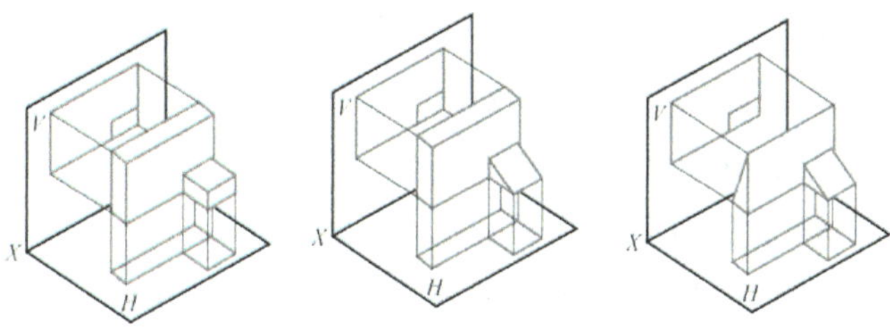

图 2.1.15 形体的两面投影

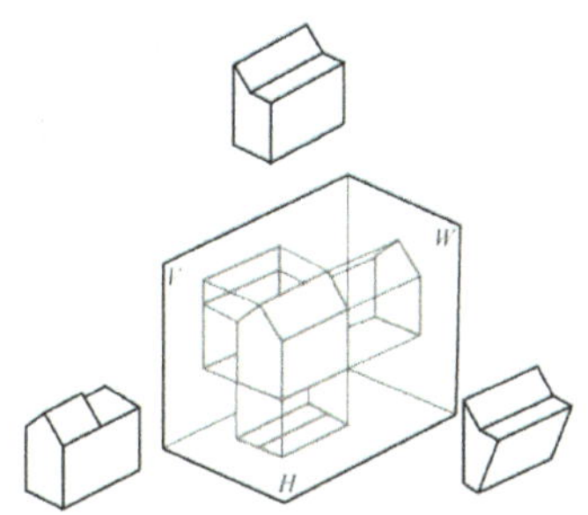

图 2.1.16 形体的三面投影

(一)三面投影的形成

1.三面投影体系

三个相互垂直的投影面,构成了三面投影体系(图 2.1.17)。在三面投影体系中,水平投影面用字母 H 表示,简称 H 面,形体在 H 面上产生的投影称为 H 面投影,也称为水平投影;正立面投影面用字母 V 表示,简称 V 面,形体在 V 面上产生的投影称为 V 面投影,也称为正面投影;侧立面投影面用字母 W 表示,简称 W 面,形体在 W 面上产生的投影称为 W 面投影,也称为侧面投影。任意两个投影面的交线称为投影轴,用 X 轴、Y 轴、Z 轴表示,它们互相垂直。三个投影轴相交于一点 O,称为原点。

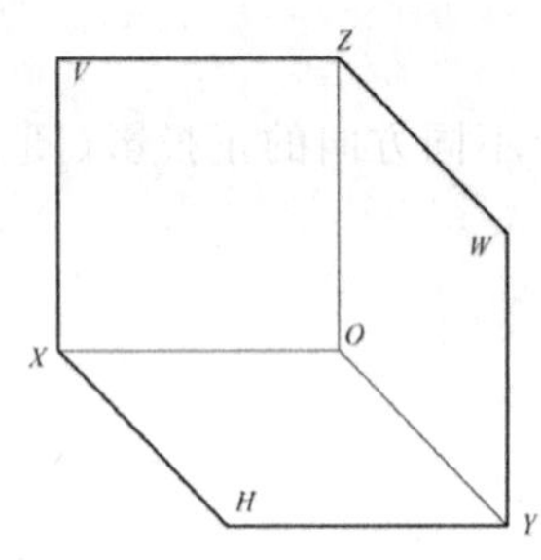

图 2.1.17 三面投影体系

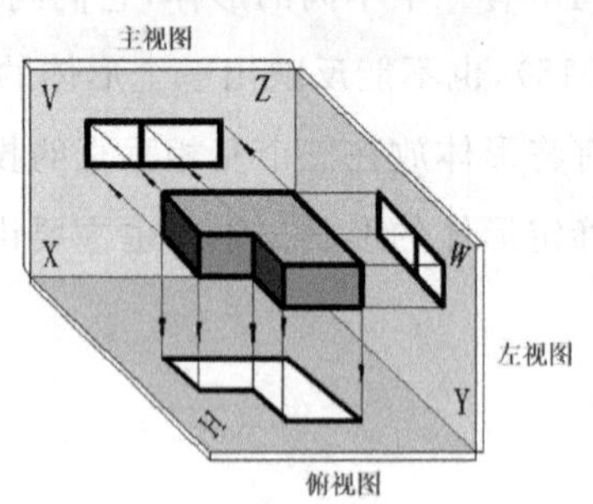

图 2.1.18 三视图

2.三视图

将物体放在三面投影体系中,并尽可能使物体的各主要表面平行或垂直于其中一个投影面,保持物体不动。根据正投影原理,用人的视线代替投影线,将物体分别向三个投影面作投影,即从三个方向去观看,就得到物体的三视图(图 2.1.18)。

主视图:由前向后投射,在 V 面上所得的视图。

俯视图:由上向下投射,在 H 面上所得的视图。

左视图:由左向右投射,在 W 面上所得的视图。

(二)三面投影的展开

为了把空间三个投影面上所得到的投影画在一个平面上,需将三个互相垂直的投影平面展开摊平为一个平面,即 V 面不动,H 面绕 OX 轴向下旋转 90°,W 面绕 OZ 轴向右旋转 90°,使它们与 V 面在同一平面上,这样就得到了形体展开后的三面投影图(图 2.1.19、图 2.1.20)。

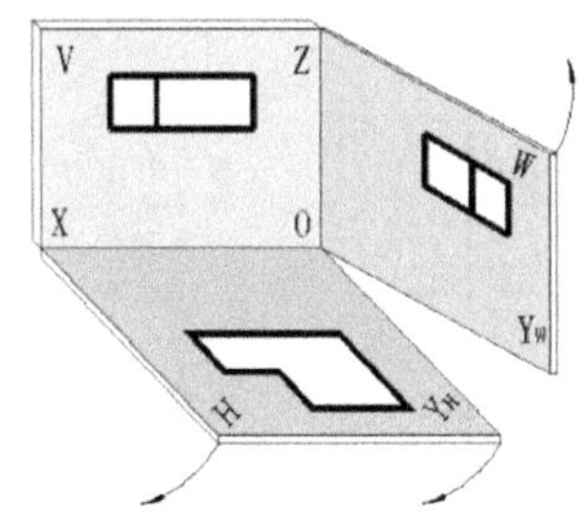

图 2.1.19 三面投影的展开

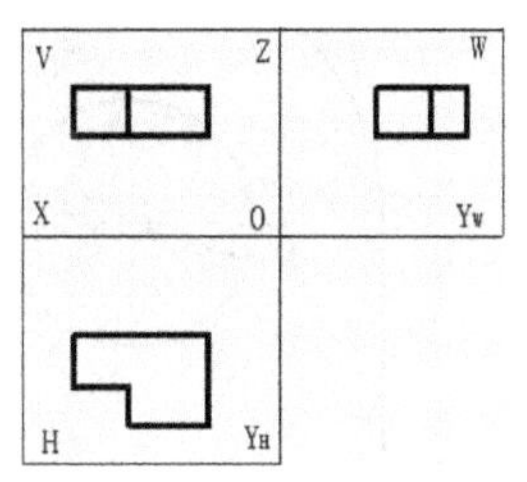

图 2.1.20 展开后的三面投影

(三)三面投影的特性

1.投影关系

在三面投影体系中，坐标轴 X 轴方向表示长度，Y 轴表示宽度，Z 轴表示高度，则形体三面投影的特性可叙述为“三等关系”：

长对正——V 面投影和 H 面投影的对应长度相等，画图时要对正。

宽相等——H 面投影和 W 面投影的对应宽度相等。

高平齐——V 面投影和 W 面投影的对应高度相等，画图时要平齐。

“三等关系”不仅适用于物体中的轮廓，也适用于物体的局部细节。在图 2.1.21 中的三视图，无论是物体的总长、总宽、总高，还是局部的长、宽、高，都符合“长对正”“宽相等”“高平齐”的三等关系。它是绘制和阅读正投影图必须遵循的投影规律，通常情况下，三视图的位置不应随意移动。

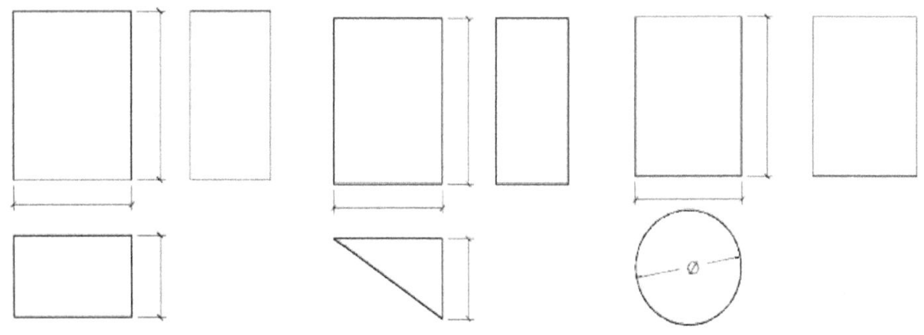

图 2.1.21 三面投影的投影关系

2.方位关系

任何一个形体都有六个方向，即上、下、左、右、前和后。由三面投影图可以看出，形体的水平投影反映左右和前后四个方向；正面投影反映左右和上下四个方向；侧面投影反映上下和前后四个方向(图 2.1.22)。

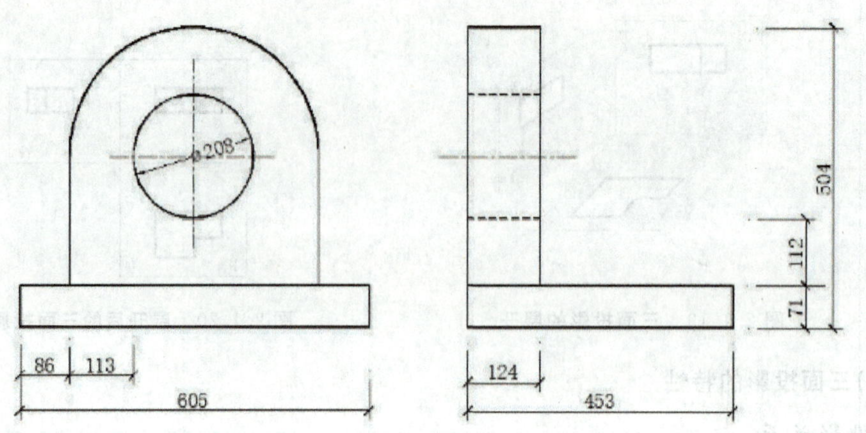

图 2.1.22　三面投影的方位关系

(四)三面投影的基本画法

绘制形体的投影图时，应按照投影方向将形体的投影画在规定的位置上。在画之前，应先对空间的形体进行分析，抓住主要特征面，先绘制主要特征面，再根据“三等关系”画出和补全其他投影。三面投影的具体画法步骤(图 2.1.23)如下：

(1)用细实线画出坐标轴(十字线)和以 O 为基点的 45°斜线；

(2)利用三角板先将主要特征面 V 面的投影画出；

(3)根据“三等关系”画出 H 面投影；

(4)利用 45°线的等宽原理画出 W 面投影；

(5)最后和空间形体对照检查，没有错误后，将三面投影图加深。

因为三面投影图之间存在着必然的联系，所以只要给出形体的任何两面投影，就可以画出第三个投影图。

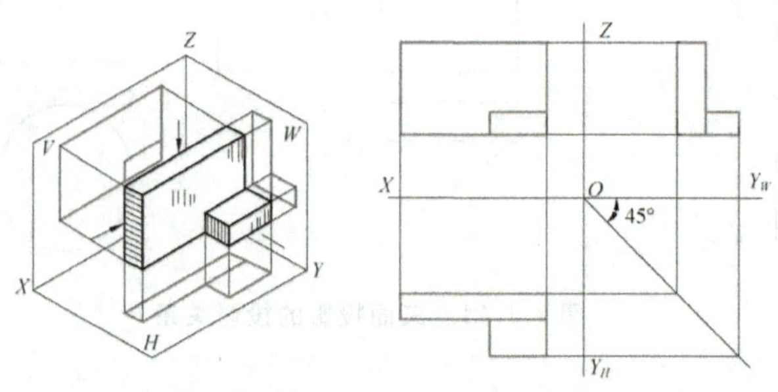

图 2.1.23　三面投影图的基本画法

二、点的投影

空间物体都是由面围成的，而面可视为线的轨迹，线则是点的轨迹，所以点是最基本的几何元素。学习和掌握几何元素的投影规律和特性,才能透彻理解工程图样所表示的物体的具体结构形状。

(一)点的三面投影

点的投影仍然是点(图 2.1.24),空间有一点 A,自 A 分别向三个投影面作垂线(即投影线),得三个垂足 a、a'、a''。a、a'、a'' 分别表示 A 点在 H 面、V 面、W 面的投影。(通常规定空间点用大写字母如 A 等表示,在 H 面上的投影用相应的小写字母表示,如 a;V 面上的投影用相应的小写字母右上角加一撇表示,如 a';W 面上的投影用相应的小写字母加两撇表示,如 a''。)

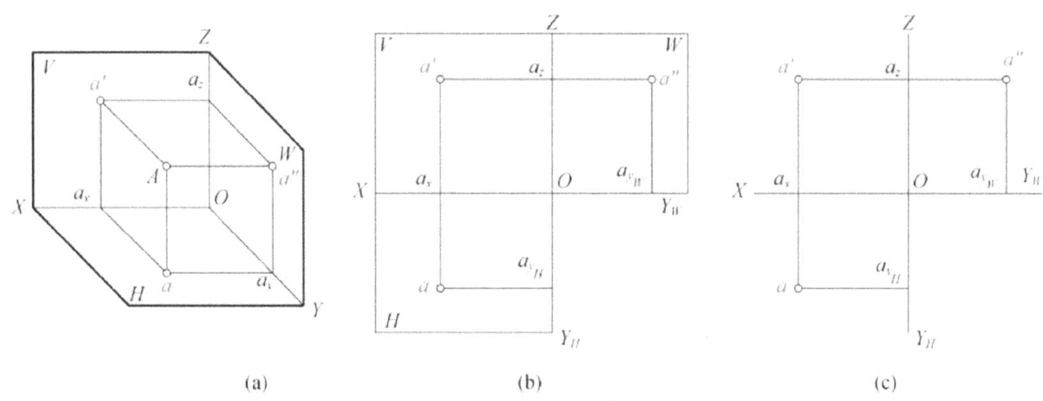

图 2.1.24 点的三面投影

根据正投影的原理,从图 2.1.24 可以看出,点的三面投影有以下规律:

(1)点的投影连线垂直于相应的投影轴。

$aa' \perp OX$,即 A 点的 V 面和 H 面投影连线垂直于 X 轴;$a'a'' \perp OZ$,即 A 点的 V 面和 W 面投影连线垂直于 Z 轴;$aa_{yH} \perp OY_H$,$a''a_{yW} \perp OY_W$,$aa_{yH} = Oa_{yW}$。

(2)点的投影到投影轴的距离,反映点到相应投影面的距离。

$Aa = a'a_x = a''a_y$,Aa 即 A 点到 H 面的距离;$Aa' = aa_x = a''a_z$,Aa' 即 A 点到 V 面的距离;$Aa'' = aa_y = a'a_z$,Aa'' 即 A 点到 W 面的距离。

由上述规律可知,在点的三面投影中,任何两个投影都能反映出点到三个投影面的距离。因此,只要已知点的任意两个投影,就能求出第三个投影。

【例题 1】已知 A 点的水平投影 a 和正面投影 a',求其侧面投影 a''[图 2.1.25(a)]。

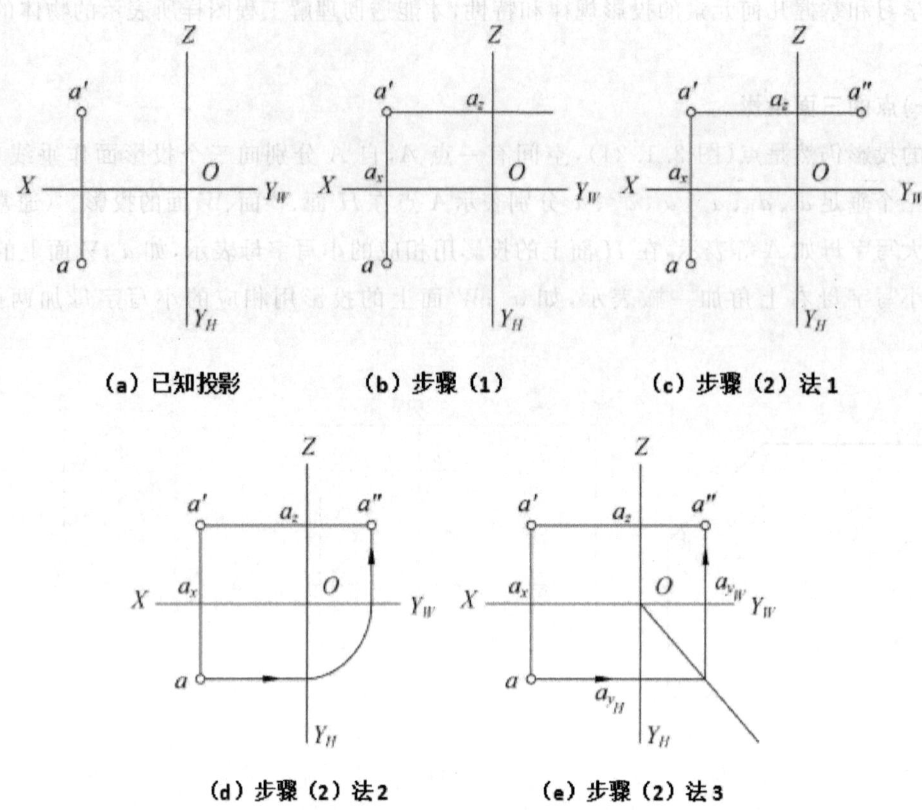

(a) 已知投影　(b) 步骤 (1)　(c) 步骤 (2) 法 1

(d) 步骤 (2) 法 2　(e) 步骤 (2) 法 3

图 2.1.25　点的知二补三做图

【解】作图步骤如下。

(1)步骤 1:过 a' 做 OZ 轴的垂线 $a'a_z$，所求 a'' 必在这条延长线上[图 2.1.25(b)]。

(2)步骤 2 有三种方法。

①方法 1:在 $a'a_z$ 的延长线上截取 $a_z a''=aa_x$，a'' 即为所求[图 2.1.25(c)]。

②方法 2:以 O 点为圆心、以 aa_x 为半径画弧，交 OY_W 轴于一点，以此点向上引线与 $a'a_z$ 的延长线交于一点，即 a'' 点[图 2.1.25(d)]。

③方法 3:以 O 点为圆心作 45°辅助线，过 a 作 $aa_{yH} \perp OY_H$ 并延长交辅助线于一点，过此点作 OY_W 轴垂线，交 $a'a_z$ 于一点，即所求点 a''[图 2-25(e)]。

(二)点的三面投影与直角坐标的关系

1. 一般点

将三面投影体系中的三个投影面看作是直角坐标系中的三个坐标面，则原点相当于坐标原点，三条投影轴相当于坐标轴，点 A 的空间位置可用其直角坐标(X,Y,Z)来表示(图 2.1.26)：

X 坐标——空间点 A 到 W 面的距离，即 a_x；

Y 坐标——空间点 A 到 V 面的距离，即 a_y；

Z 坐标——空间点 A 到 H 面的距离，即 a_z。

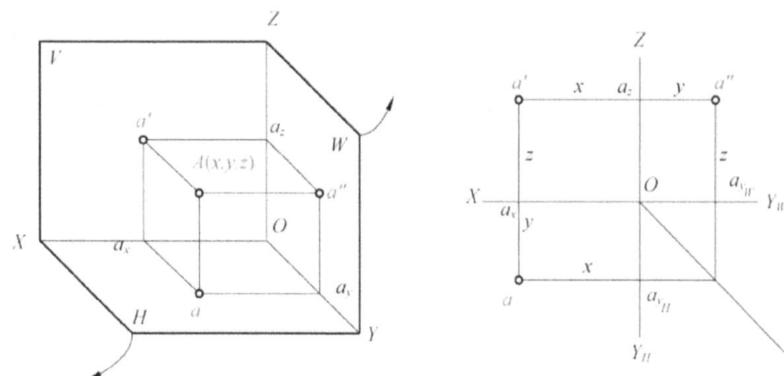

图 2.1.26　点的投影与坐标

点的一个投影能反映两个坐标，即 H 面投影由（X，Y）坐标确定，V 面投影由（X，Z）坐标确定，W 面投影由（Y，Z）坐标确定。若已知点的三面投影，即可以量出该点的三个坐标；相反，若已知点的坐标，也可以作出该点的三面投影。

【例题 2】　已知点 A(14，10，20)，作其三面投影。

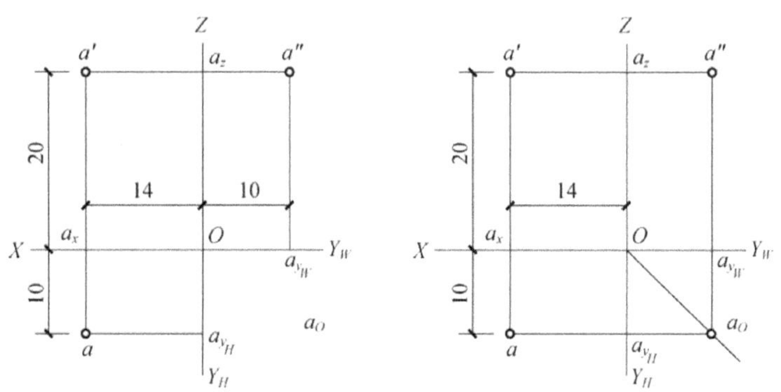

图 2.1.27　已知点的坐标求点的三面投影

【解】作图步骤如下。

方法 1：在投影轴 OX，OY_H，OY_W，OZ 上，分别从原点 O 截取 14 mm、10 mm、10 mm、20 mm，得点 a_x、a_{yH}、a_{yW} 和 a_z；过点 a_x、a_{yH}、a_{yW} 和 a_z 作投影轴 OX、OY_H、OY_W、OZ 的垂线，即可得到空间 A 点的三面投影，如图 2.1.27(a)所示。

方法 2：在 OX 轴上从原点 O 截取 14 mm，得到点 a_x；过点 a_x 作 OX 轴的垂线，并延长，从点 a_x 向下截取 10 mm，得到点 a；从点 a_x 向上截取20 mm，得到点 a'；过原点 O 作 45°辅助线，过 a 点作 OY_H 轴的垂线并交于点 a_0，过该点作 OY_W 轴的垂线并延长；过 a' 点作 OZ 轴的垂线，交延长线于点 a''[图 2.1.27(b)]。

2.特殊位置点

1)投影面上的点

当点的三个坐标中有一个坐标为零时，则该点在某一投影面上。空间点 A 在 H 面上，空间点 B 在 V 面上，空间点 C 在 W 面上，对于点 A 来说，其 H 面投影 a 与空间点 A 重合，V 面投影 a' 在 OX 轴上，W 面投影 a'' 在 OY_W 轴上(图 2.1.28)，同理可以得出空间点 B 和点 C 的投影。

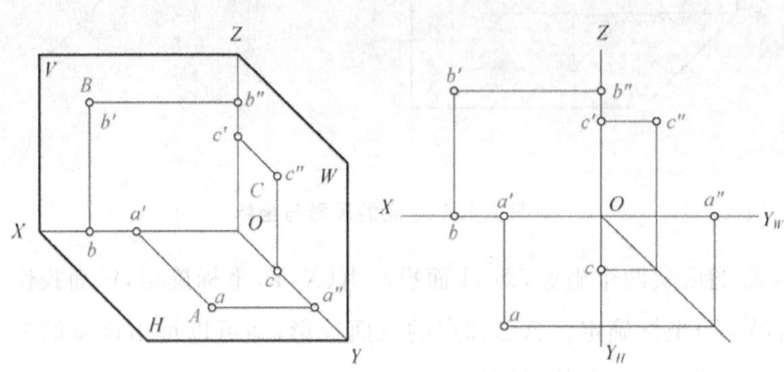

图 2.1.28 投影面上的点的三面投影

2)投影轴上的点

当点的三个坐标中有两个坐标为零时，则该点一定在某一投影轴上。空间 D 点在 OX 轴上，空间 E 点在 OY 轴上，空间 F 点在 OZ 轴上(图 2.1.29)。对于点 D 来说，其 H 面投影 d、V 面投影 d' 都与 D 点重合，并在 OX 轴上，其 W 面投影 d'' 与原点 O 重合，同理可以得出空间 E 点和 F 点的投影。

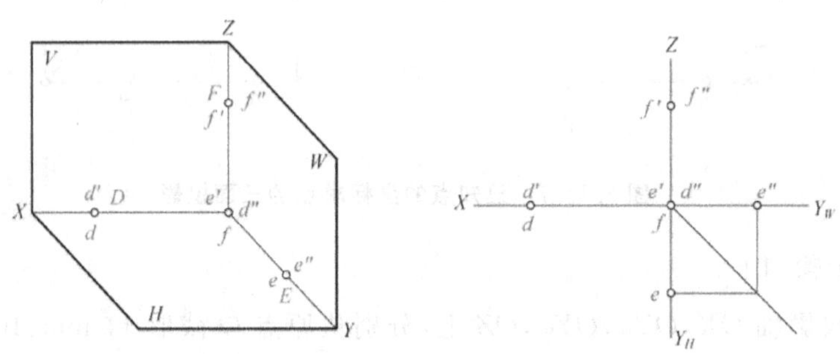

图 2.1.29 投影轴上的点的三面投影

3)位于原点的点

当点的三个坐标均为零时，该点一定位于原点，三个投影都与原点重合[图 2.1.30]。

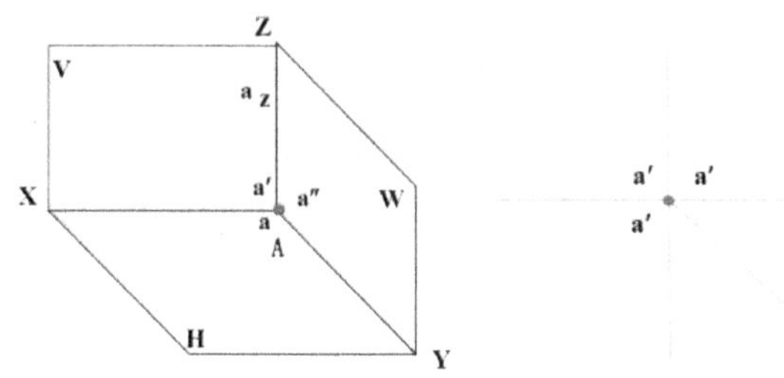

图 2.1.30　位于坐标原点的点的三面投影

(三)两点的相对位置与重影点

相对位置的判定

两点的相对位置指两点在空间的上下、前后、左右位置关系。通过比较两点的各坐标大小，就可判断空间两点的相对位置。

(1)比较 x 坐标的大小，可以判定两点的左右位置关系：x 坐标大的点在左，x 坐标小的点在右。

(2)比较 y 坐标的大小，可以判定两点的前后位置关系：y 坐标大的点在前，y 坐标小的点在后。

(3)比较 z 坐标的大小，可以判定两点的上下位置关系：z 坐标大的点在上，z 坐标小的点在下。

【例题 3】试判断图 2.1.31 中 A、B 两点的相对位置。

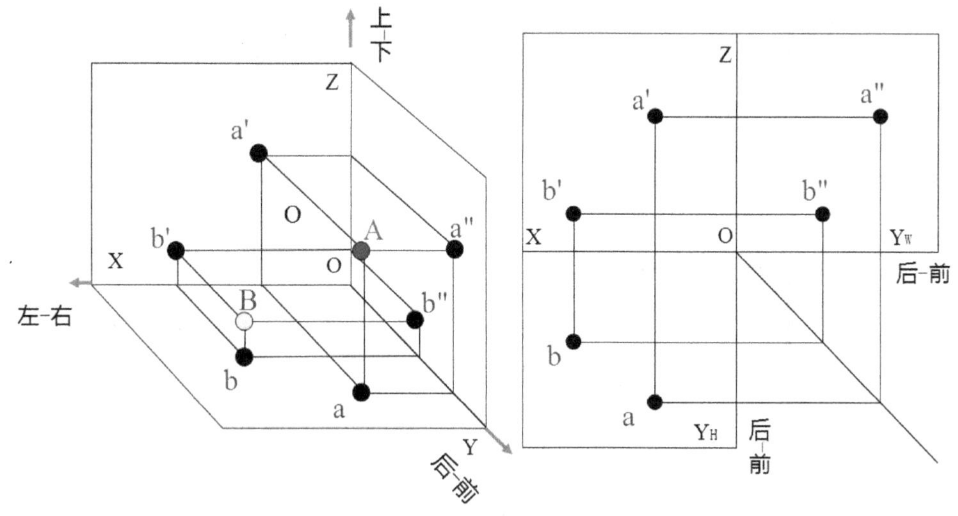

图 2.1.31　判断两点的相对位置

【解】由 V 面投影可以看出，A 点在 B 点的上方、右方；由 H 面投影可以看出，A 点在 B 点的前方。因此可以判断 A 点在 B 点的上方、右方、前方。

2. 重影点及可见性

当两点的某个坐标相同时，该两点将处于同一投影线上，因而对某一投影面具有重合的投影，则这两个点的坐标称为对该投影面的重影点。在投影图上，如果两个点的投影重合，则对重合投影所在的投影面的距离(即对该投影面的坐标值)较大的那个点是可见的，而另一个点是不可见的，应将不可见的点用括弧括起来。

分别列出 H 面、V 面、W 面的重影点(图 2.1.32)：

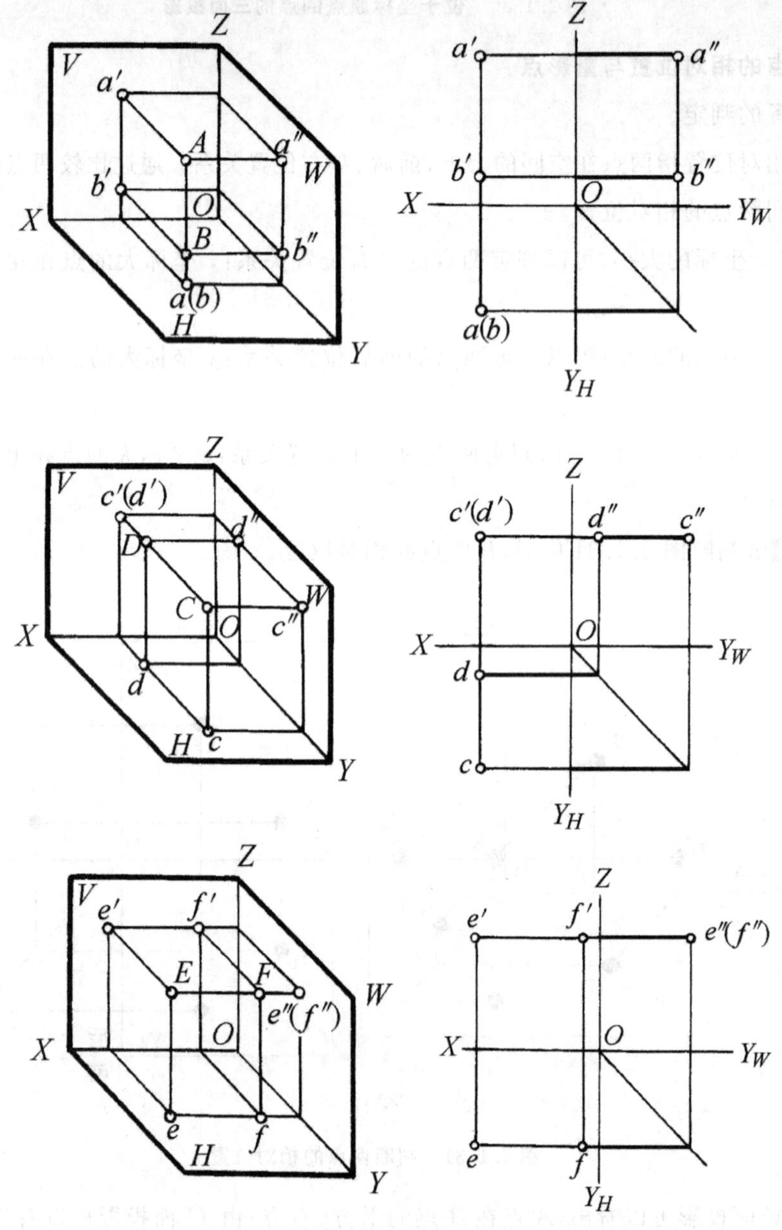

图 2.1.32　重影点

三、直线的投影

(一)直线段对于一个投影面的投影

空间直线段对于一个投影面的位置有倾斜、平行、垂直三种。三种不同的位置具有不同的投影特性(图 2.1.33)。

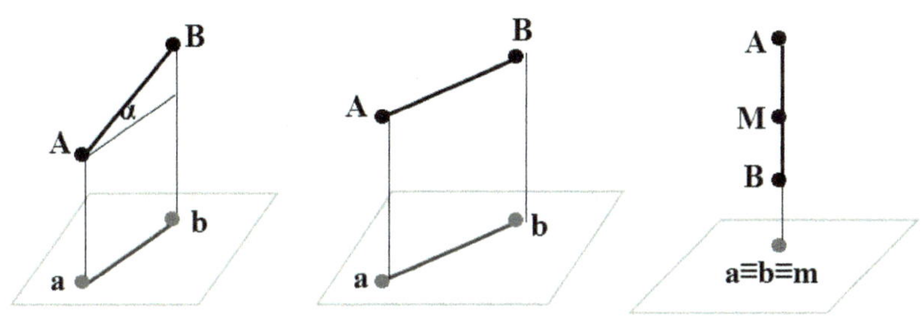

图 2.1.33 直线段对于一个投影面的投影

1. 类似性

当直线段 AB 倾斜于投影面时[图 2.1.33(a)],它在该投影面上的投影 $\overline{ab}$ 长度比空间 AB 线段缩短了,这种性质称为类似性。

2. 真实性

当直线段 AB 平行于投影面时,它在该投影面上的投影与空间 AB 线段长度相等,这种性质称为真实性[图 2.1.33(b)]。

3. 积聚性

当直线段 AB 垂直于投影面时,它在该投影面上的投影重合于一点,这种性质称为积聚性[图 2.1.33(c)]。

(二)直线的三面投影

空间任意两点可以确定一条直线,因此,直线的投影也可以由直线上两点的投影确定。只要作出直线上两点的投影,再将同一投影面上两点的投影连起来,就是该直线的投影。

空间线段因对三个投影面的相对位置不同,可分为三种:投影面的平行线、投影面的垂直线、投影面的一般位置直线(倾斜线)。前面两种称为特殊位置直线,后一种称为一般位置直线。

1. 一般位置直线

与三个投影面都倾斜的直线称为一般位置直线(图 2.1.34)。由于直线与各个投影面都处于倾斜位置,与各个投影面都有倾角,因此,直线的投影长度短于实长。由此可见一般位置直线的三个投影均小于实长,并且都倾斜于相应的投影轴;任何投影与投影轴之间的夹角都不能反映空间直线与投影面的倾角。

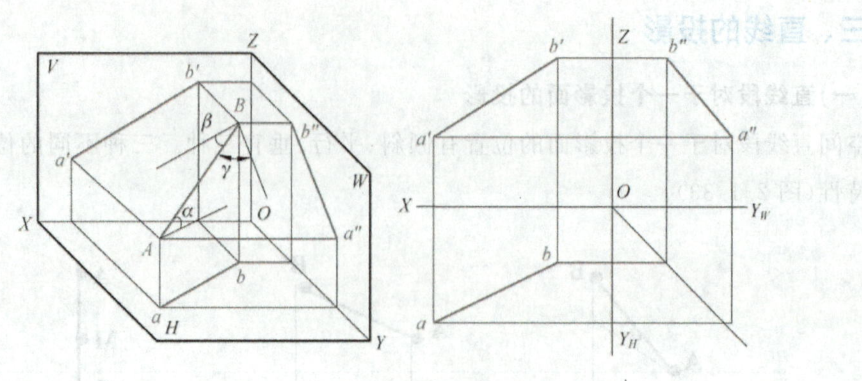

图 2.1.34　空间线段的投影

2.投影面平行线

1)投影面平行线的类型

平行于一个投影面而倾斜于另外两个投影面的直线称为投影面平行线。投影面平行线可分为：

(1)水平线。平行于 H 面，倾斜于 V、W 面的直线，见表 2.1.1 中的 AB 直线。

(2)正平线。平行于 V 面，倾斜于 H、W 面的直线，见表 2.1.1 中的 CD 直线。

(3)侧平线。平行于 W 面，倾斜于 H、V 面的直线，见表 2.1.1 中的 EF 直线。

2)投影面平行线的投影特性

(1)直线在所平行的投影面上的投影反映实长；

(2)其他投影平行于相应的投影轴；

(3)反映实长的投影与投影轴的夹角等于空间直线对其他两个非平行投影面的倾角。

3)投影面平行线直线投影图及其投影规律

投影面平行线投影图及其投影规律见表 2.1.1。

表 2.1.1　各种投影面平行线投影图及投影规律

名称	直观图	投影图	投影规律
水平线 ($AB//H$ 面)	V, Z, a', b', a'', A, O, B, b'', W, X, a, H, b, Y	Z, a', b', a'', b'', X, O, Y_W, a, β, γ, b, Y_H	1. $ab=CD=$实长； 2. $a'b'$ // OX 轴，$a''b''$ // OY_W 轴； 3. $\alpha=0°$，β、γ 反映实际大小

名称	直观图	投影图	投影规律
正平线 (CD//V 面)	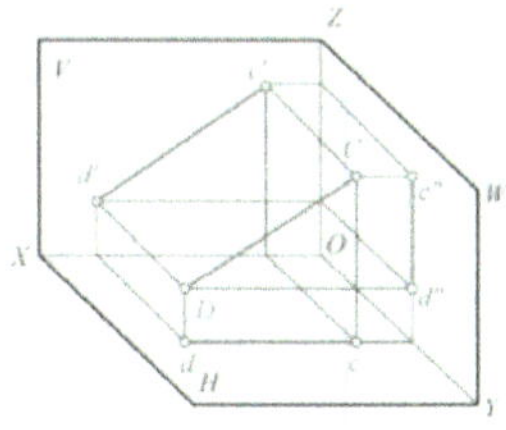	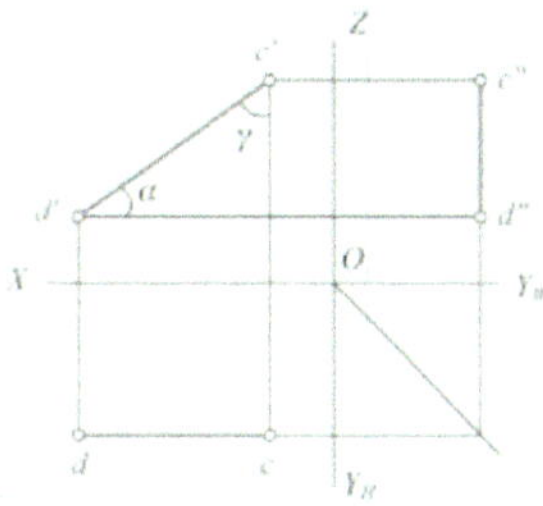	1. $c'd'=AB=$实长 2. cd // OX 轴，$c''d''$ // OZ 轴 3. $\beta=0°$，α、γ 反映实际大小
侧平线 (EF//W 面)	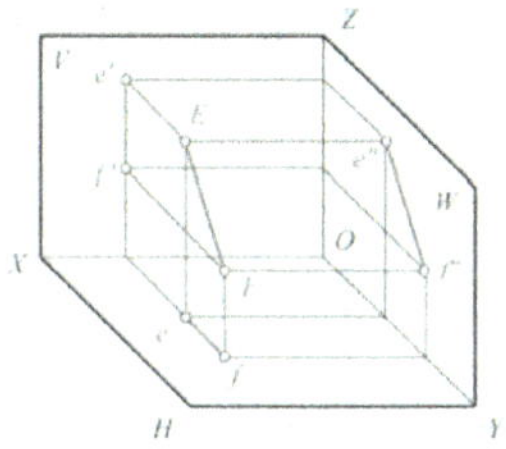	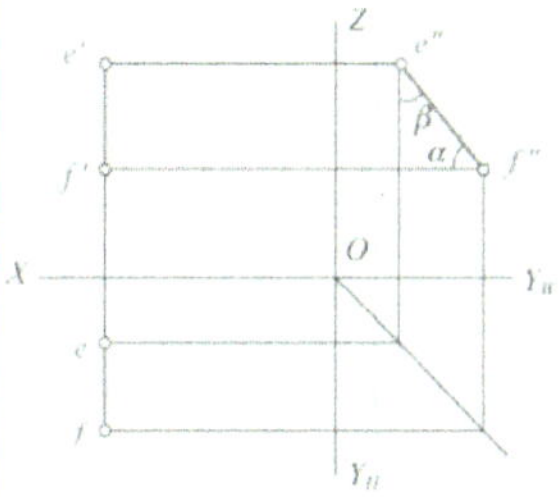	1. $e''f''=EF=$实长； 2. $e'f'$ // OZ 轴，ef // OY_H 轴； 3. $\gamma=0°$，β、α 反映实际大小

3. 投影面垂直线

1)投影面垂直线的类型

垂直于任一投影面的直线称为投影面垂直线。投影面垂直线可分为：

(1)铅垂线。垂直于 H 面的直线，见表 2.1.2 中的 AB 直线。

(2)正垂线。垂直于 V 面的直线，见表 2.1.2 中的 CD 直线。

(3)侧垂线。垂直于 W 面的直线，见表 2.1.2 中的 EF 直线。

2)投影面垂直线的投影特性

(1)直线在所垂直的投影面上的投影积聚为一个点。

(2)在两外两个投影面上的投影分别垂直于相应的投影轴，并反映实长。

3)投影面垂直线投影图及其投影规律

投影面垂直线投影图及其投影规律见表 2.1.2。

表 2.1.2 各种投影面平行线投影图及投影规律

名称	直观图	投影图	投影规律
铅垂线 ($AB\perp H$ 面)	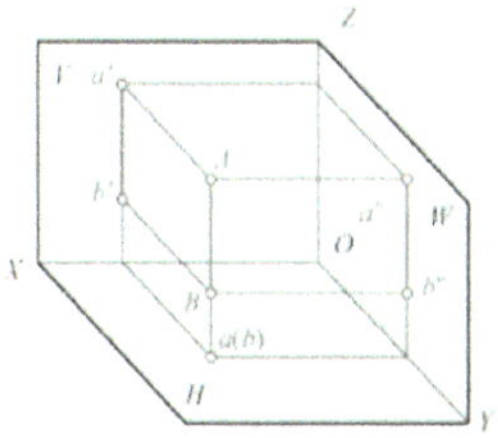	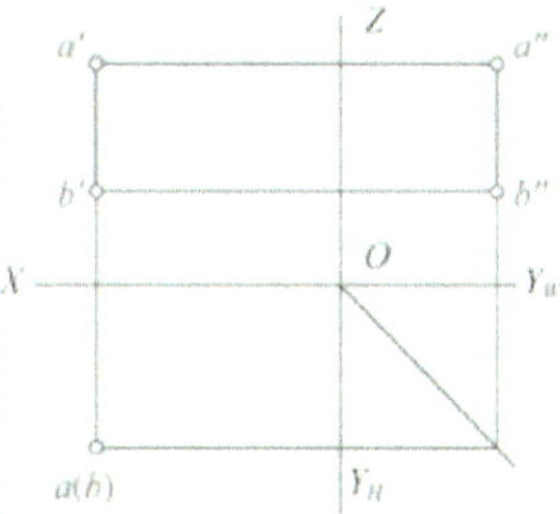	1. H 面投影积聚为一点； 2. $a''b''=a'b'=AB=$实长； 3. $a'b'\perp OX$ 轴，$a''b''\perp OY_W$ 轴， $\alpha=90°\beta$ 、$\gamma=0°$

名称	直观图	投影图	投影规律
正垂线（$CD\perp V$ 面）			1. V 面投影积聚为一点； 2. $c''d''=cd=CD=$实长； 3. $cd\perp OX$ 轴，$c''d''\perp OZ$ 轴，$\beta=90°$，α、$\gamma=0°$
侧垂线（$EF\perp W$ 面）			1. W 面投影积聚为一点； 2. $e'f'=ef=EF=$实长； 3. $ef\perp OY_H$ 轴，$e'f'\perp OZ$ 轴，$\gamma=90°$，α、$\beta=0°$

4. **直线上点的投影**

直线上的点的投影具有以下两个特性：

1)从属性

若点在直线上，则点的各面投影必定在该直线的同面投影上；若点的各面投影均在直线的同面投影上，则该点必在此直线上。如图 2.1.35，K 点的投影 k 、k' 、k'' 分别在 ab、$a'b'$、$a''b''$ 上，则 K 点在直线 AB 上。

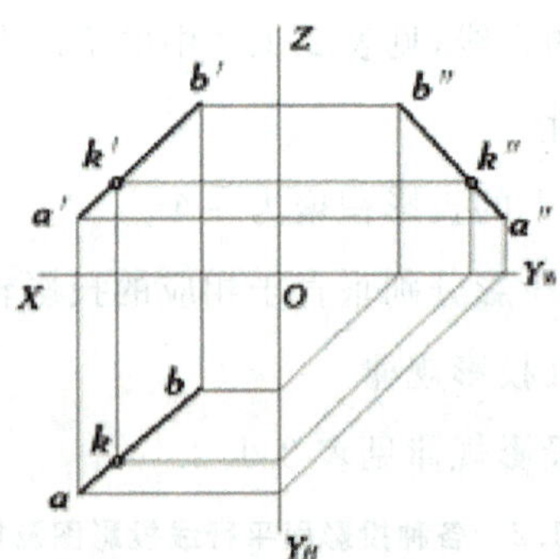

图 2.1.35 直线上点的投影

【例题 4】判断图 2.1.36(a)(b)中点 C 是否在线段 AB 上。

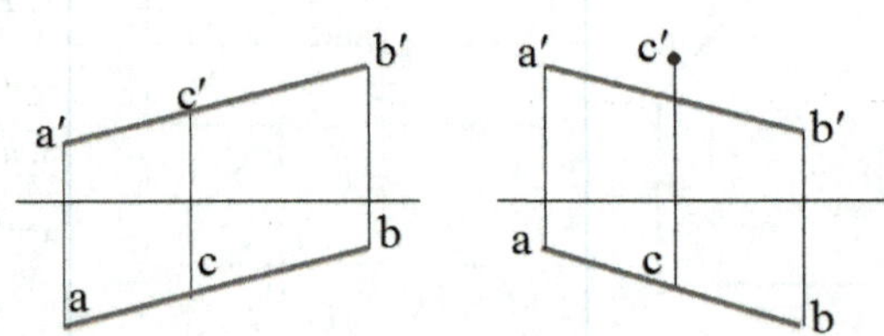

图 2.1.36 直线上点的投影的判断

分析：图(a)中点 C 在直线 AB 上；图(b)中点 C 不在直线 AB 上。

2)定比性

直线上一点，把直线分成两段，这两段线段的长度之比等于他们相应的投影之比，这种比例关系称为定比性。如图 2.1.37 所示，直线上有一点 K，则 K 点的三面投影必定在 AB 的相应投影上，并且满足，$AK:KB=ak:kb=a'k':k'b'=a''k'':k''b''$

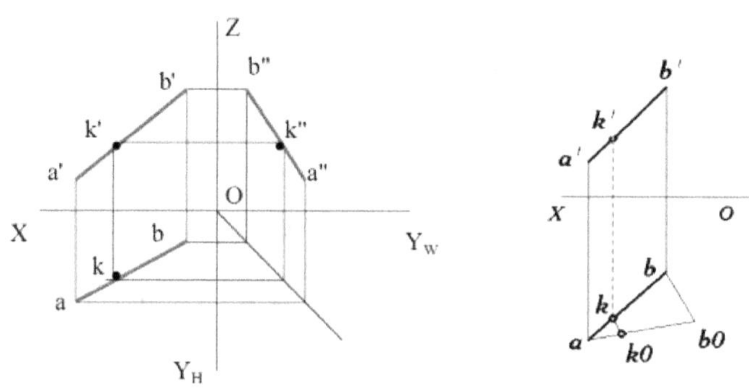

图2.1.37 定比性示意图

通过 a 作一辅助线，在该线上量取：$ak_0=a'k'$，$k_0b_0=k'b'$，然后连接 b_0b，并通过 k_0 作 $k_0k\,/\!/\,b_0b$ 交于 ab 上的 k 点，即为所求。

【例题 5】试在直线 AB(图 2.1.38)上取一点 C，使 $AC:CB=1:2$，求作 C 点。

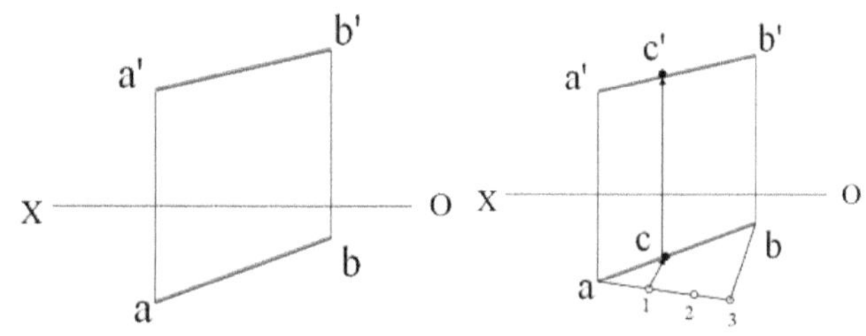

图 2.1.38 求线段的定比分点

解：(1)过 a 任意做一直线，在其上取等长的三个单位，连接 $3b$。

(2)过 1 做 $3b$ 的平行线 $1c$ 交 ab 与 c，过 c 作 ox 轴的垂直线，交 $a'b'$ 与 c'。c、c' 即为点 C 的两投影。如图 2.1.39 所示。

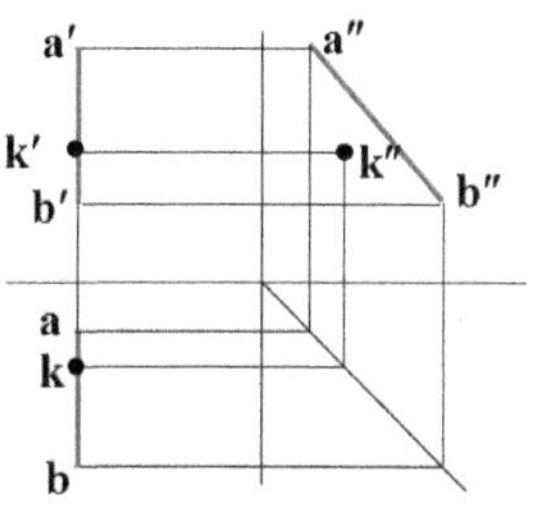

图 2.1.39 例题 5 解析

【例题 6】判断图 2.1.40 中的点 K 是否在线段 AB 上。

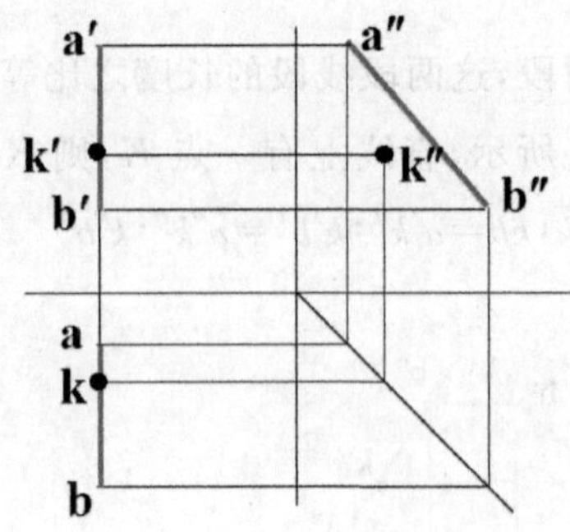

图 2.1.40 判断点是否在直线上

解(1)方法一 从属性判定,因 k'' 不在 $a''b''$ 上,故点 K 不在 AB 上。

(2)方法二 定比性判断,因 $a'k':k'b' \neq ak:kb$,故点 K 不在 AB 上。

5.两直线的相对位置

空间两直线的相对位置有三种:平行、相交和交叉。其中平行的两直线和相交的两直线又称共面线;交叉的两直线不在同一面内,又称异面线。

1)两直线平行

若两直线平行,则两直线的所有同面投影面都互相平行,如图 2.1.41 所示;若两直线的同面投影均互相平行,则空间两直线必定互相平行。

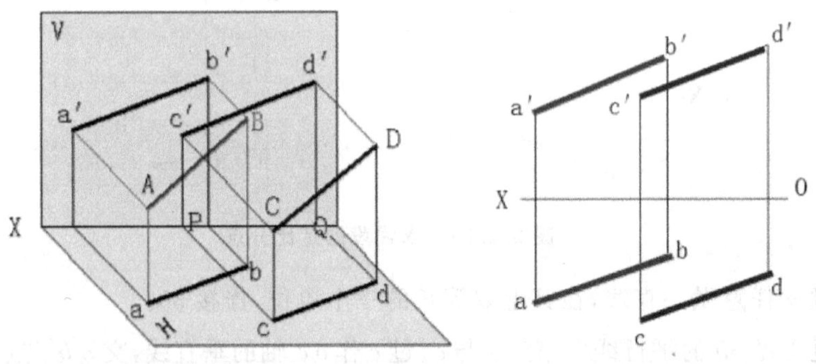

图 2.1.41 两直线平行

判定方法:

(1)如果两直线为一般位置直线,它们只要在任意两投影面上的同面投影平行,则空间两直线相互平行。

(2)如果两直线为投影面平行线,则需根据他们在所平行的那个投影面上的投影是否平行才能判定。如图 2.1.42(a)所示,侧平线 AB 、CD 的侧面投影平行,所以空间两直线 AB 、CD 平行;如图 2.1.42(b)侧平线 AB 、CD 的侧面投影不平行,所以空间两直线 AB 、CD 不平行。

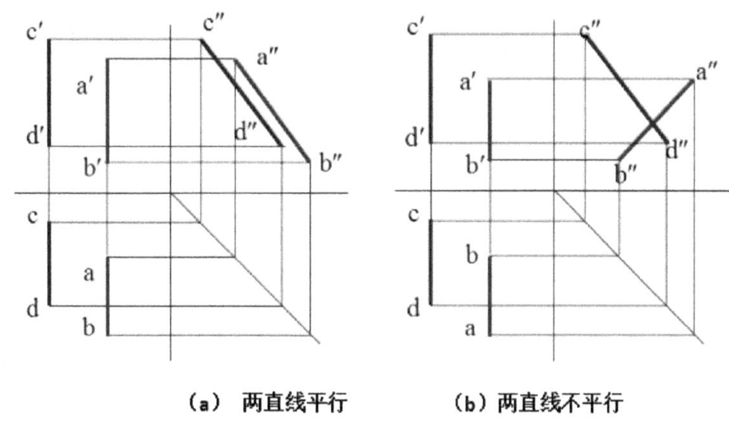

（a） 两直线平行　　（b）两直线不平行

图 2.1.42 判别两侧平线是否平行

(3)同一投影面上的投影面垂直线必然平行。

2)两直线相交

若空间两直线相交,则它们的所有同面投影都相交,且各同面投影的交点之间的关系符合点的投影规律。这是因为交点是两直线的共有点。如图 2.1.43 所示;

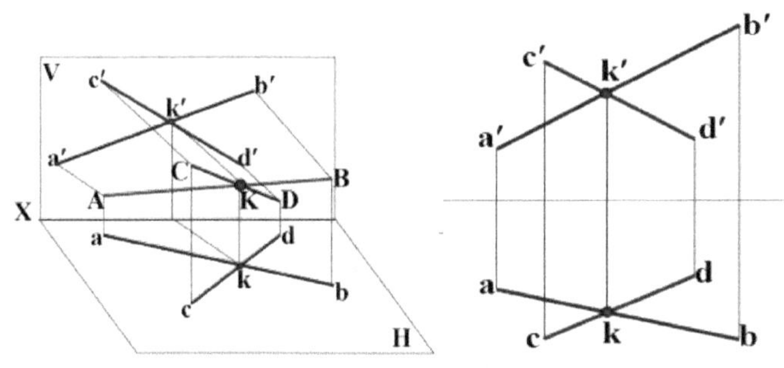

图 2.1.43 两直线相交

判定方法:

(1)若两直线的各同面投影都相交,且交点的投影符合点的投影规律,则该两直线必相交。

(2)特殊情况。当直线为某一投影面平行线时,它们是否相交需进一步判断。通常有两种方法:①用定比方法判定;②用两条直线的第三投影来判定。

【例题 7】如图 2.1.44 所示,过 C 点作水平线 CD 与 AB 相交。

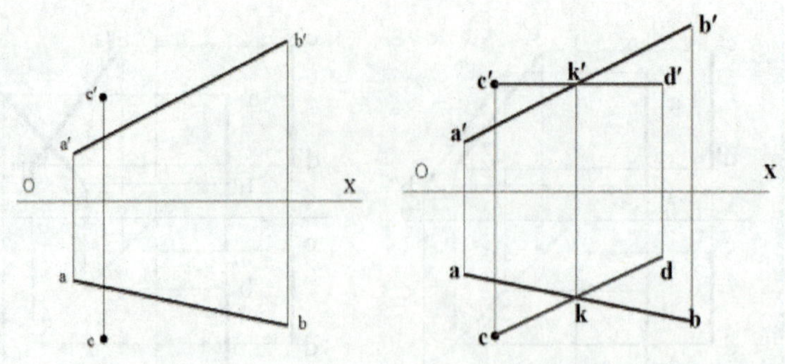

图 2.1.44　求作一直线与已知直线相交

作图步骤：

(1)已知 CD 为水平线，则过 c' 做 $c'd' \parallel OX$ 轴，交 $a'b'$ 于 k' 点。

(2)过 k' 作 OX 轴的垂线，交 ab 于点 k，连接 ck。

(3)过 d' 作 OX 轴的垂线，交 ck 于点 d。

3)两直线交叉

若空间两直线交叉，则他们的同面投影可能有一个或两个平行，不可能三个同面投影都平行；他们的同面投影可能有一个、两个或三个相交，但交点不符合点的投影规律。通过分析交叉两直线在投影面的一对重影点的投影，可判断这两直线的相对位置。如图 2.1.45 所示，$1'$、$2'$ 是 V 面的重影点，3、4 是 H 面的重影点，显然直线 AB 和 CD 是交叉两直线。

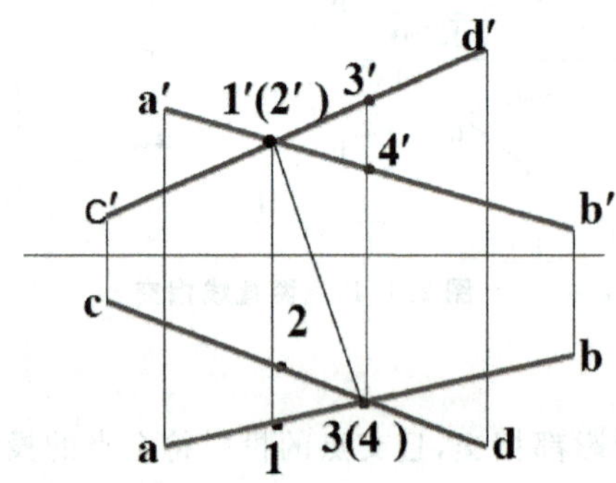

图 2.1.45　两直线交叉

四、平面的投影

(一)平面的表示方法

平面的表示方法主要有以下几种(图 2.1.46)。

(1)不在一条直线上的三点；

(2)一条直线和线外一点；

(3)两平行直线；

(4)两相交直线；

(5)任意一平面图形。

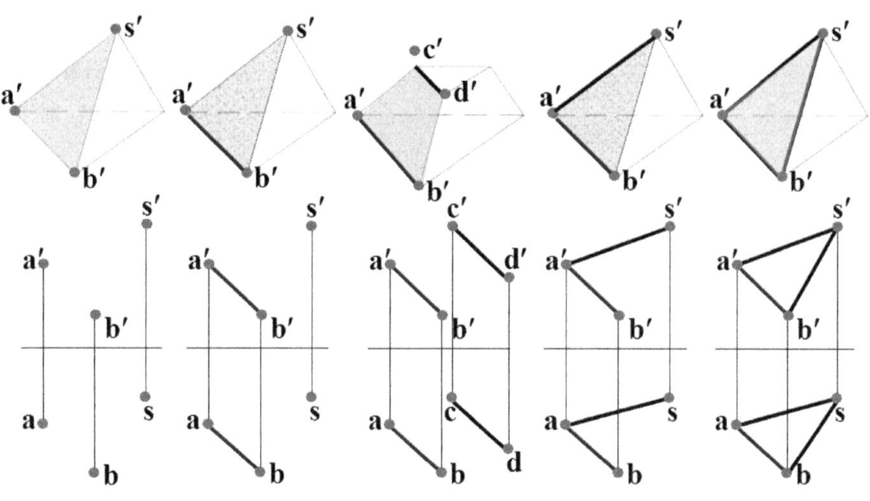

图 2.1.46　平面的表示方法

(二)平面与投影面的相对位置

根据平面与投影面相对位置的不同,平面可分为三种情况:投影面平行面、投影面垂直面和投影面倾斜面。其中前两种称为特殊位置平面,后一种称为一般位置平面。如图 2.1.47 所示。

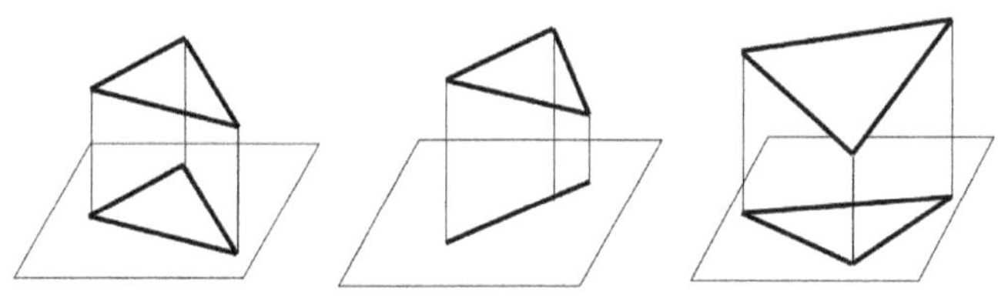

图 2.1.47　平面与投影面的相对位置

1.投影面平行面

对一个投影面平行,且垂直于其他两个投影面的平面,称为投影面平行面。

投影面平行面共有三种位置:

(1)水平面。平行于 H 面的平面称为水平面,见表 2.1.3 中的平面 Q 所示。

(2)正平面。平行于 V 面的平面称为正平面,见表 2.1.3 中的平面 P 所示。

(3)侧平面。平行于 W 面的平面称为侧平面,见表 2.1.3 中的平面 R 所示。

表 2.1.3　各种投影面平行面投影图及投影规律

名称	直观图	投影图	投影规律
水平面	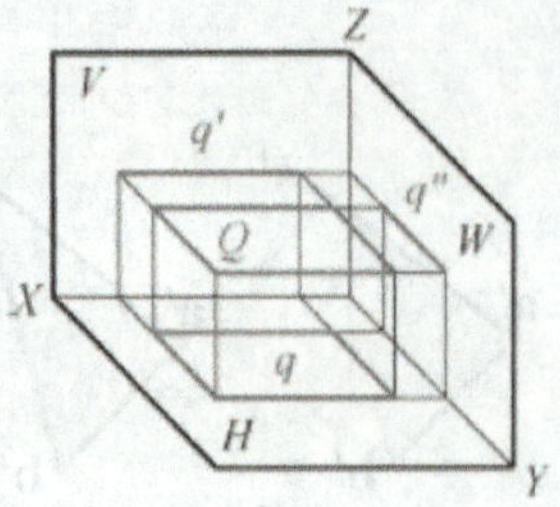 Z V q′ q″ W Q X q H Y	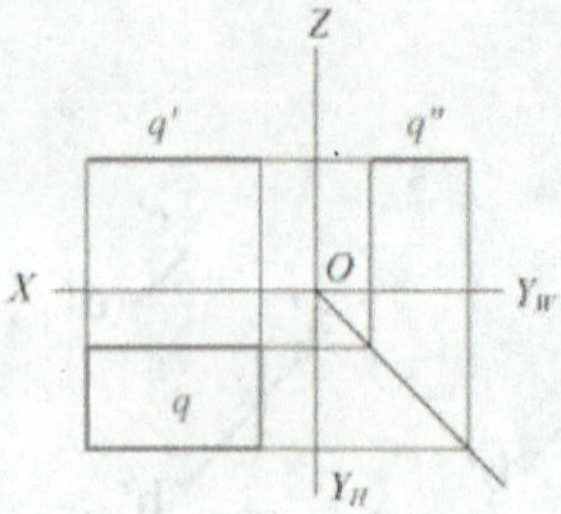 Z q′ q″ X O Y_W q Y_H	H 面投影反映实形； V、W 投影积聚成一条直线，且分别平行于 OY_W 轴、OX 轴
正平面	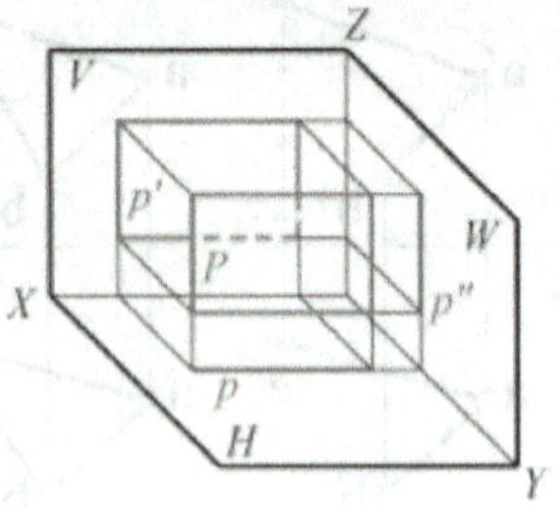 Z V p′ W P X p″ p H Y	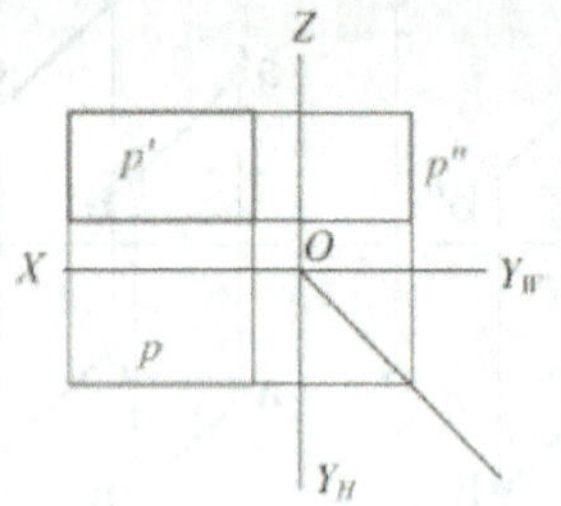 Z p′ p″ X O Y_W p Y_H	V 面投影反映实形； H、W 投影积聚成一条直线，且分别平行于 OX 轴、OZ 轴
侧平面	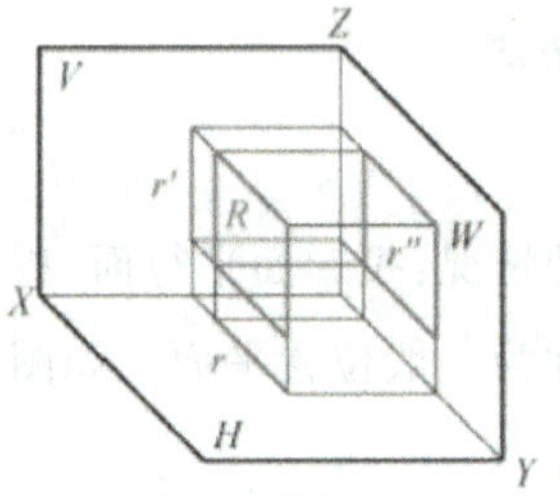 Z V r′ R W r″ X r H Y	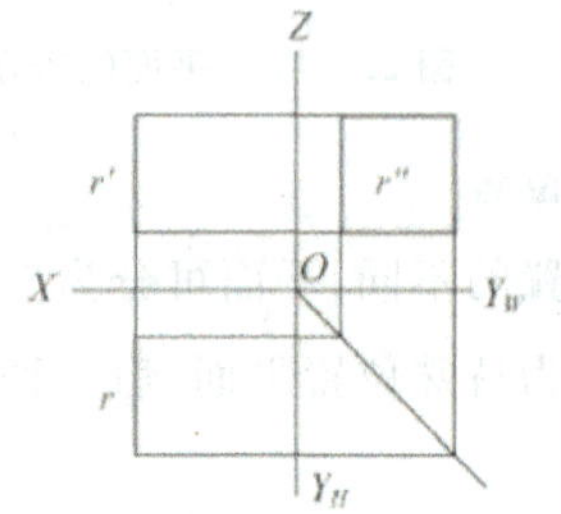 Z r′ r″ X O Y_W r Y_H	W 面投影反映实形； V、H 投影积聚成一条直线，且分别平行于 OY_H 轴、OZ 轴

从表 2.1.3 中可归纳出投影面平行面的投影规律：

(1)真实性。平面在其所平行的投影面上的投影反映实形。

(2)积聚性。平面在另外两个投影面上的投影积聚成两条直线，并且平行于相应的投影轴。

投影面平行面的判断方法：若在平面形的投影中，同时有两个投影分别积聚成平行于投影轴的直线，而只有一个投影为平面形，则此平面平行于该投影所在的那个投影面。该平面形投影反映该空间平面形的实形。

2. 投影面垂直面。

垂直于一个投影面，同时倾斜于其他两个投影面的平面，称为投影面垂直面。

投影面垂直面共有三种位置：

(1)铅垂面。垂直于 H 面的，倾斜于 V 面和 W 面的平面称为铅垂面，见表 2.1.4 中的平面 Q。

(2)正垂面。垂直于 V 面的，倾斜于 H 面和 W 面的平面称为正垂面，见表 2.1.4 中的平面 P。

(3)侧垂面。垂直于 W 面的，倾斜于 H 面和 V 面的平面称为侧垂面，见表 2.1.4 中的平面 R。

表 2.1.4 各种投影面垂直面投影图及投影规律

名称	直观图	投影图	投影规律
铅垂面	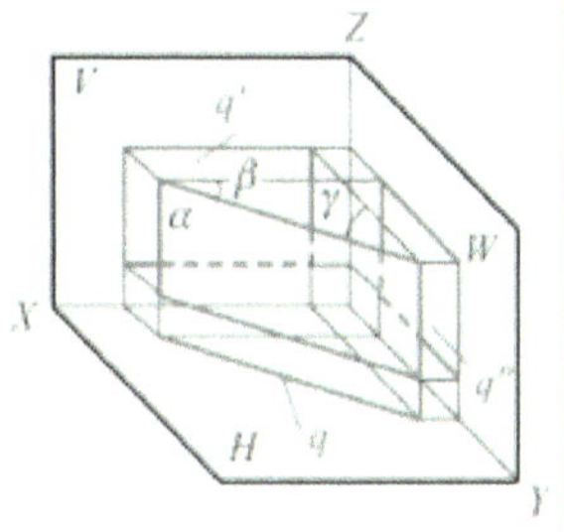	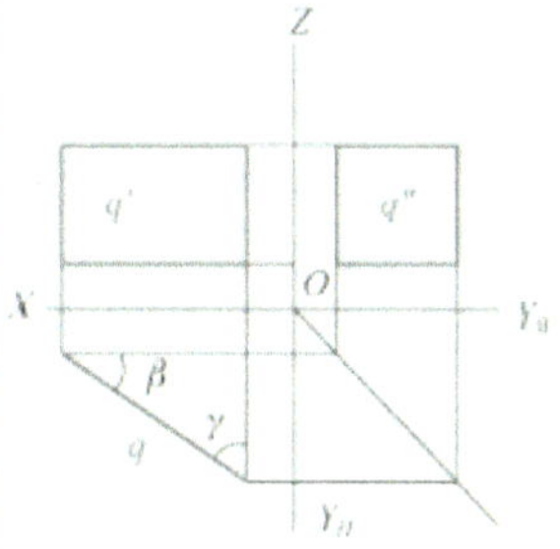	H 面投影积聚成一条直线，且反映 β、γ 的真实大小，$\alpha=90°$； V、W 投影均为原平面的类似形
正垂面	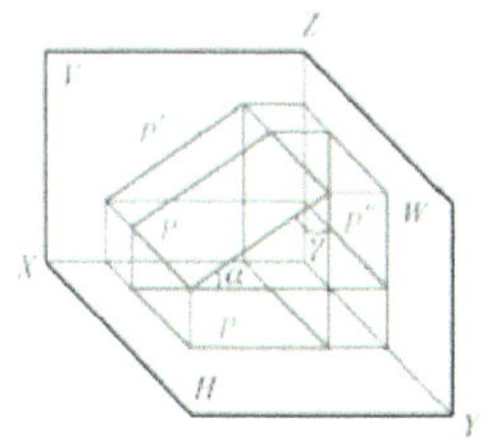	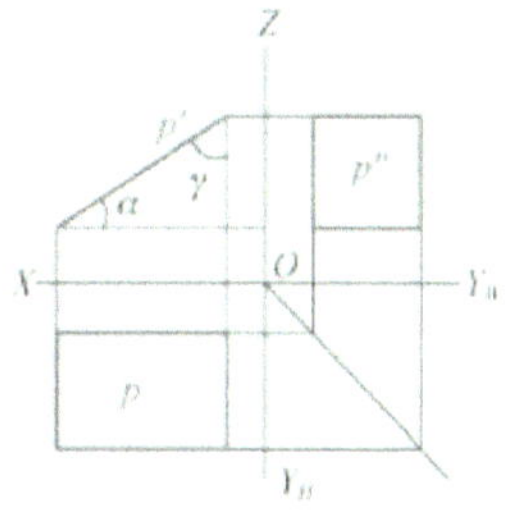	V 面投影积聚成一条直线，且反映 α、γ 的真实大小，$\beta=90°$； H、W 投影均为原平面的类似形
侧垂面	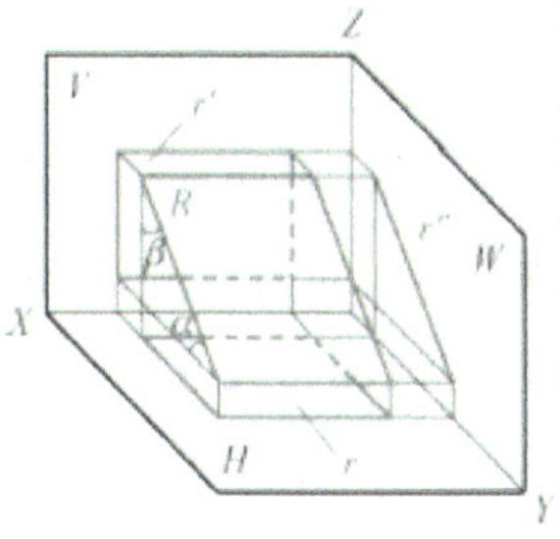	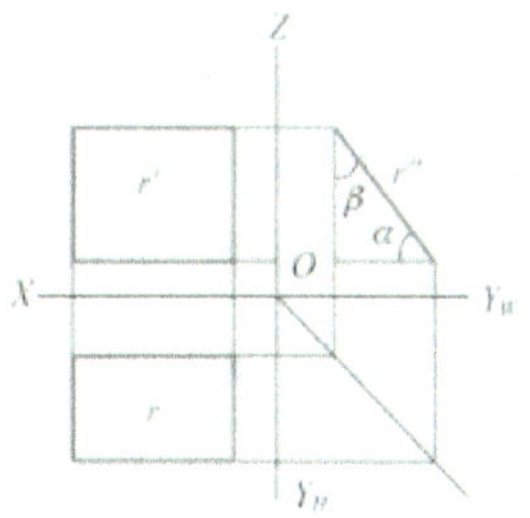	W 面投影积聚成一条直线，且反映 β、α 的真实大小，$\gamma=90°$； V、H 投影均为原平面的类似形

从表 2.1.4 中可归纳出投影面垂直面的投影规律是：

(1)积聚性。平面在其所垂直的投影面上的投影积聚为一条直线，并且它与相应投影轴的夹角等于平面与另外两个投影面的夹角。

(2)相仿性。平面在另外两个投影面上的投影为原平面图形的类似形，面积比实形小。

投影面垂直面的判断方法：若平面形在某一投影面上的投影积聚成一条倾斜于投影轴的直线段，则此平面垂直于积聚投影所在的投影面。

3. 一般位置平面

与三个投影面都倾斜的平面称为一般位置平面(图 2.1.48)。

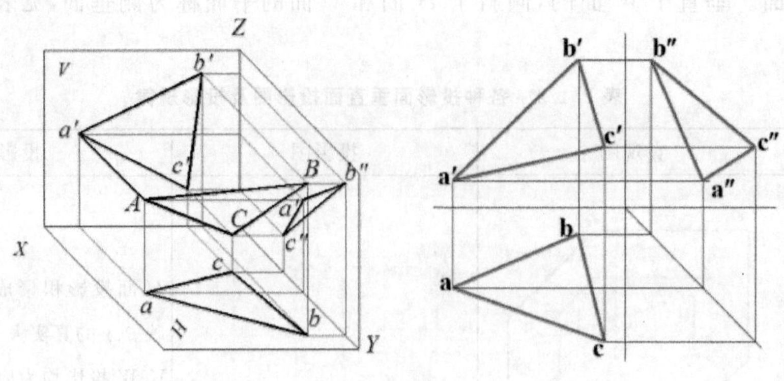

图 2.1.48　一般位置平面的投影

(1)一般位置平面的投影特性：一般位置平面的三个投影均为原平面投影的类似形，不反映实形，面积比实形小，不反应该平面与投影面的倾角，也不积聚。

(2)一般位置投影面的判别：在平面的三个投影中，三个投影均为平面图形，即可判别为一般位置平面。

(三)平面内的点和线

1.平面内的直线

直线在平面内的判定条件，满足以下条件中的任何一个条件即可：

(1)若一直线过平面上的两点，则此直线必在该平面内。

(2)若一直线过平面上的一点，且平行于该平面上的另一直线，则此直线在该平面内。

【例题 8】已知平面由直线 AB、AC 所确定，试在平面内任作一条直线。(有无数解)

【解】由条件(1)可知，在该平面上任取两点，则这两点确定点的直线在该平面内[图 2.1.49(a)]。

由条件(2)可知，过 C 点作直线 AB 的平行线，则该直线在平面内[图 2.1.49(b)]。

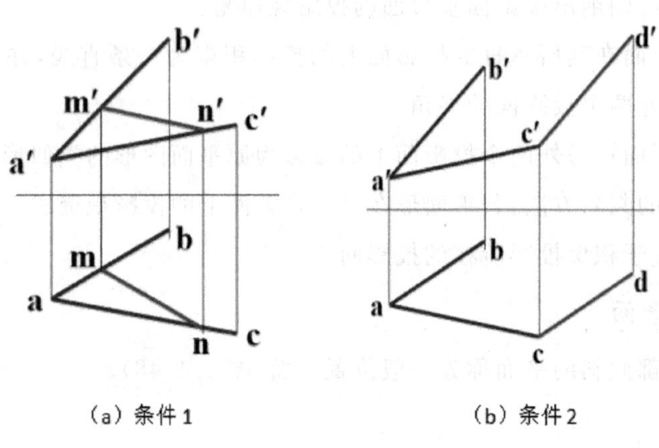

(a) 条件1　　(b) 条件2

图 2.1.49　平面上取线

【例题 9】在平面 ABC 内作一条水平线，使其到 H 面的距离为 10mm(图 2.1.50)。(唯一解)

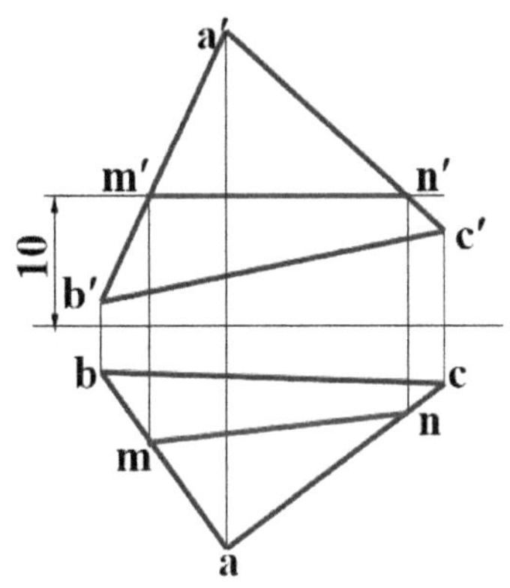

图 2.1.50 平面上的直线

【解】(1)在 V 面上量取距离 X 轴 10mm 的直线交 V 面投影于 $m'n'$；

(2)分别作出点 m、n。

2. 平面内的点

点在平面内的判定条件：若点在平面内的一条直线上，则点在平面内。因此，要在平面内取点，必须先在平面内确定通过该点的直线。

【例题 10】已知四边形 $ABCD$ 的 V 面投影及 AB、BC 的 H 面投影[图 2.1.51(a)]，完成 H 面投影。

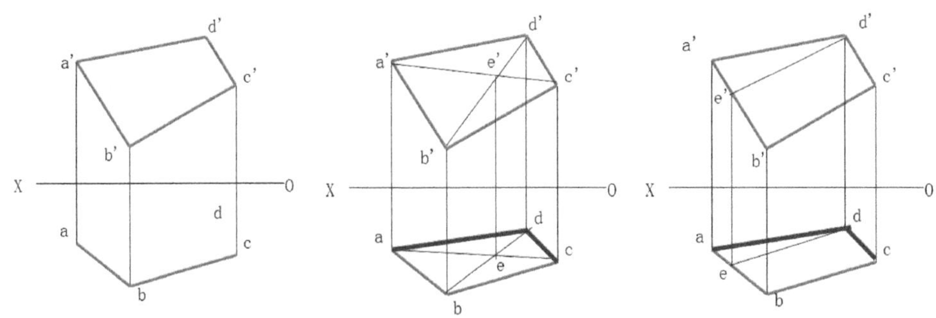

图 2.1.51 完成四边形的 H 面投影

【解】A、B、C 三点确定一个平面，他们的 H、V 投影已知，因此，完成四边形 $ABCD$ 的 H 面投影的问题，实际上就是已知 ABC 平面上一点 D 的投影 d'，求其 H 投影 d 的问题。

方法 1：(1)连接 a、c 和 a'、c' 得辅助线 AC。

(2)连接 b、d 与 a'、c' 相交于点 e'。

(3)由 e' 在平面上求出 e。

(4)连接 be,在其延长线上求出 d。

(5)分别连接 ad 和 cd,即为所求。

方法 2:(1)过 d' 作直线 $c'b'$ 的平行线,交 $a'b'$ 于 e';

(2)由 e' 在平面上求出 e;

(3)过 e 作直线 bc 的平行线,在平行线上通过 d' 求出 d;

(4)分别连接 ad 和 cd,即为所求。

五、基本形体的投影

各种立体形体,虽然形状结构各异,一般都可看作由若干个基本几何形体组成的组合体;而任何基本形体又都可以看作是由一个或若干个面围成的。根据这些表面性质,几何体可分为两类:

(1)平面立体。由若干个平面围成的几何体,如棱柱、棱锥体等;如图 2.1.52(a)所示。

(2)曲面立体。由曲面或曲面与平面形所围成的几何体,最常见的是回转体,如圆柱、圆锥、圆台、圆球、圆环等[图 2.1.52(b)]。

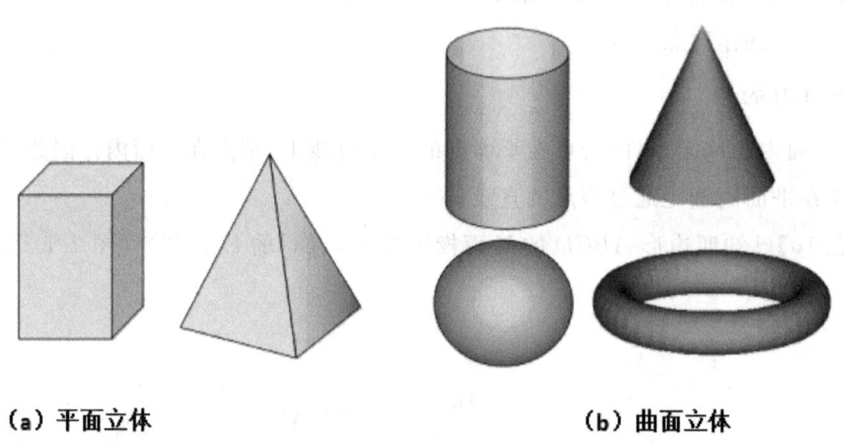

(a) 平面立体　　(b) 曲面立体

图 2.1.52　基本形体

(一)平面立体的投影

平面立体(主要有棱柱、棱锥等)的各表面均为平面多边形,它们都是由直线段(棱线)围成,而每一棱线都是由其两端点(顶点)所确定。因此,绘制平面立体的投影,实质上就是绘制平面立体各多边形表面,也即绘制其各棱线、各顶点的投影。在平面立体的投影图中,可见棱线用实线表示,不可见棱线用虚线表示,以区分可见表面和不可见表面。

1.棱柱的投影

在一个平面立体中,若各棱面互相平行,则该平面立体称为棱柱。图 2.1.53(a)为一正四棱柱,它由四个棱面、顶面和底面组成。

1)分析投影

其顶面和底面为水平面，该两面的水平投影反映实形；正面、侧面投影分别积聚成直线；棱柱的前、后棱面为正平面，该两面的投影反映实形，水平面、侧平面投影积聚成直线；棱柱的左、右两棱面为侧平面，该两面的侧面投影反映实形，水平面、正平面积聚成直线。棱线 EC、FD 为铅锤线，水平投影积聚成一点 $c(e)$、$d(f)$，正面投影、侧面投影反映实长，即：$c'e' = c''e'' = CE$，$d'f' = d''f'' = DF$，其他各棱线的投影分别与此类似。

画图时，应先画出三个视图的中心线作为投影图的基准线，先画出反映实形的那个投影图（注意放高位置），再根据投影规律画出其他两个投影。画完底稿后一般应检查各投影图是否符合点、直线、平面形的投影规律，最后擦去不必要的作图线，加深需要的各种图线，使其符合国家标准[图 2.1.53(b)]。

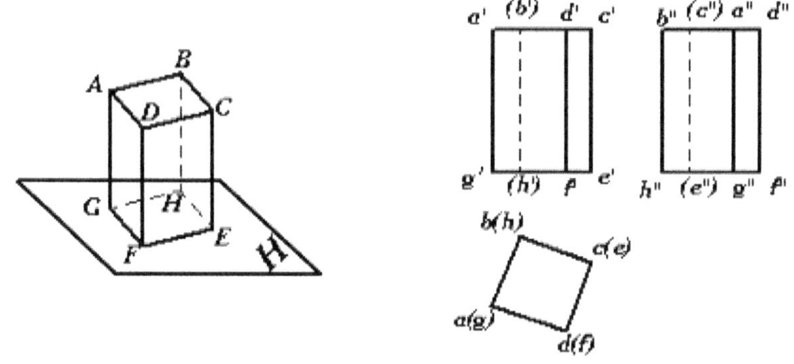

图 2.1.53 四棱柱的投影、三视图及表面求点

2)棱柱表面上求点

立体表面上的点，其投影一定位于立体表面的同面投影上。

【例题 11】已知三棱柱的三面投影及其表面上的点 M 正面投影(m')和点 N 的正面投影 n'，求其另外两面投影[图 2.1.54(a)]。

【解】分析：根据已知条件给出的点 M 的正面投影为不可见点，说明其投影在三棱柱后侧的棱面上，而点 N 的正面投影为可见点，说明其投影在三棱柱前面的棱面上。

作图：利用棱柱各棱面的积聚性，从(m')向水平投影面作垂线，交后棱线于 m 点，根据“三等关系”即可求出点 m''的位置；再从 n'点往水平投影面作垂线，交上棱线于 n 点，根据“三等关系”也可求出 n''的位置[图 2.1.54(b)]。

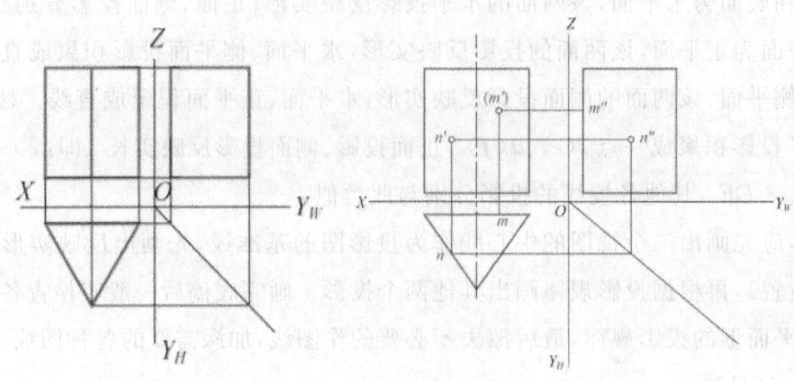

图 2.1.54　三棱柱表面定点

【例题 12】已知四棱柱体表面的折线 $ABCD$ 的 V 投影 $a'b'c'd'$（图 2.1.55），完成其 H 及 W 投影。

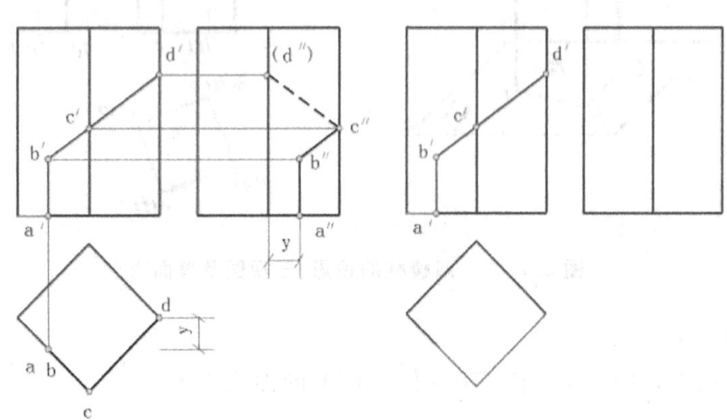

图 2.1.55　四棱柱表面定线

分析：由于已知条件中 $a'b'c'd'$ 可见，所以可判断出 $ABCD$ 位于前面可见的两个棱面上。因为四棱柱的 H 投影有积聚性，可直接利用积聚性作图。W 投影的作图过程可归结为点的知二补三，求出各点后，应将相应的点连成直线。具体作图过程如图 2.1.55 所示。

2. 棱锥的投影

三棱锥是一个三角形底面和三个三角形棱面的四面体。图 2.1.56 为三棱锥的立体图和按箭头方向投影所得的三视图。

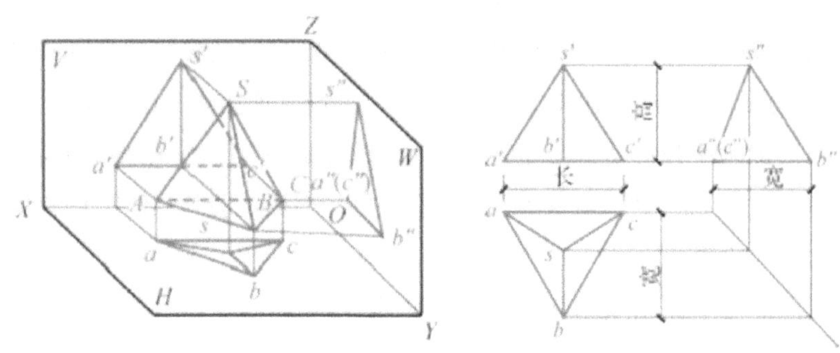

图 2.1.56　三棱锥的投影

(1)投影分析

按照图中所示的位置，三棱锥的三个三角形棱面都是一般位置平面，因此，它们的投影都不反映其真实形状和大小，但都是小于对应棱面的三角形线框。因为三个棱面都是一般位置平面，所以它们的交线即三棱锥的棱线也是一般位置直线，棱线都不积聚成点，而是小于实际长度的倾斜直线。

(2)棱锥表面上求点

组成棱锥的表面有特殊位置平面，也有一般位置平面。特殊位置平面上点的投影可利用平面积聚性作图；一般位置平面上点的投影可选取适当的辅助线作图，称为辅助线法。其依据是：在平面上的点，必然在平面上且通过该点的一条直线上。

【例题 13】已知：三棱锥的三面投影及其表面上点 M 的正面投影 m' 和点 N 的水平投影 n［图 2.1.57(a)］。求：这两点的另外两个投影。

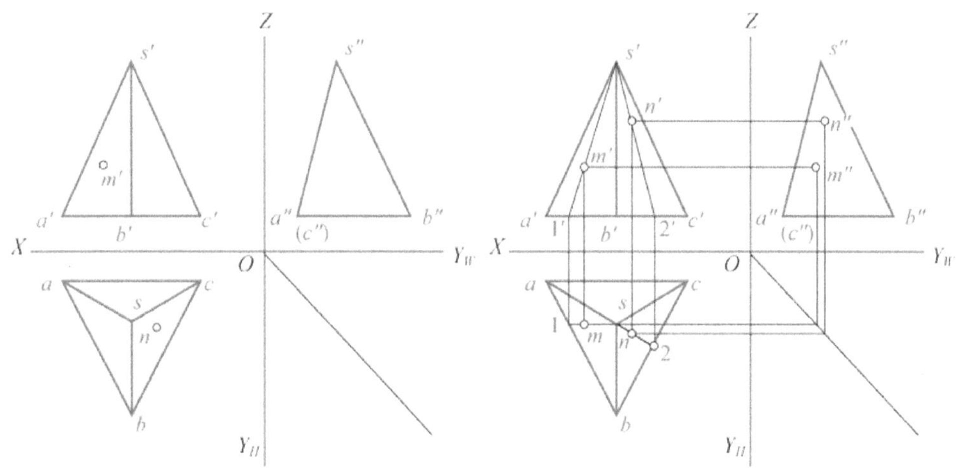

图 2.1.57　三棱锥表面定点

【解】分析：根据已知条件给出的点 M 的正面投影和点 N 的水平投影，其分别在三棱锥棱

面水平投影 sab 和 sbc 上，由于这两个面都是一般位置平面，其各个投影都没有积聚性，因此需要在棱面上找到特殊位置点(已知点)将其连线作成辅助线，该点投影必定在该辅助线上。

作图：分别过点 s' 连接点 m' 延长交 $a'b'$ 于点 $1'$，过点 a 连接点 s 延长交 bc 于点 2；先在相应的投影图上找到 $1'$ 的水平投影点和 2 的正面投影点，然后和顶点 s 在相应的投影面上相连，点 m 和点 n' 必在其连线上；根据“三等关系”即可求出另一个面的投影[图 2.1.57(b)]。

(二)曲面立体的投影

由曲面或者曲面与平面围成的立体称为曲面体，常见的曲面体有圆柱体、圆锥体和球体等。例如，建筑工程中的壳体、屋盖和隧道的拱顶以及常见的设备管道等，它们的几何形状都是由曲面体组成的。在投影图上表示曲面立体，就是把组成立体的曲面或平面和曲面表示出来，然后判断其可见性。

工程上常见的曲面体多为回转体，回转体是由一母线(直线或者曲线)绕一轴旋转而形成的，母线在曲面上的任何位置时称为素线，母线上任一点的轨迹称为纬圆。

1.圆柱的投影

圆柱表示由圆柱面和顶、底圆形平面所组成，圆柱面可看成是一条直线 AA_1 绕与它平行的固定轴 OO_1 回转形成的曲面。直线 OO_1 称为回转轴，直线 AA_1 称为母线，AA_1 回转到任何一个位置称为素线[图 2.1.58]。

1)圆柱的投影及特性

圆柱的轴线⊥H 面，上、下底面为水平面，其水平投影面上的投影反映实形，其正面和侧面投影积聚成一直线。圆柱面的水平投影也积聚为一个圆，外形轮廓的投影即为圆柱面可见与不可见分界线的投影。正面上投影为最左、最右两条素线 AA_1、BB_1 的投影 $a'a'_1$ 、$b'b'_1$ ；侧面上投影为最前和最后两条素线投影 $c''c''_1$ 和 $d''d''_1$ 。

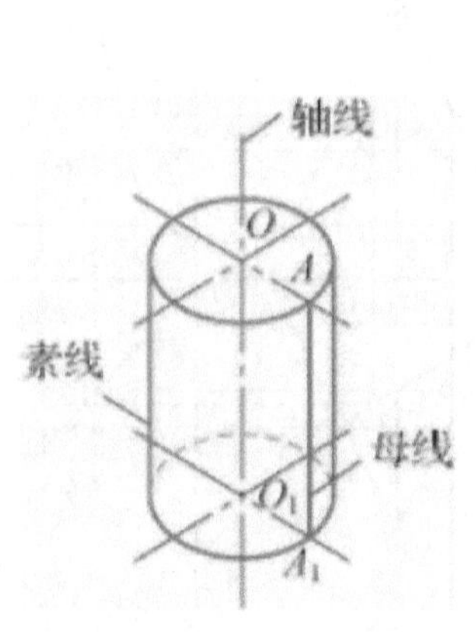

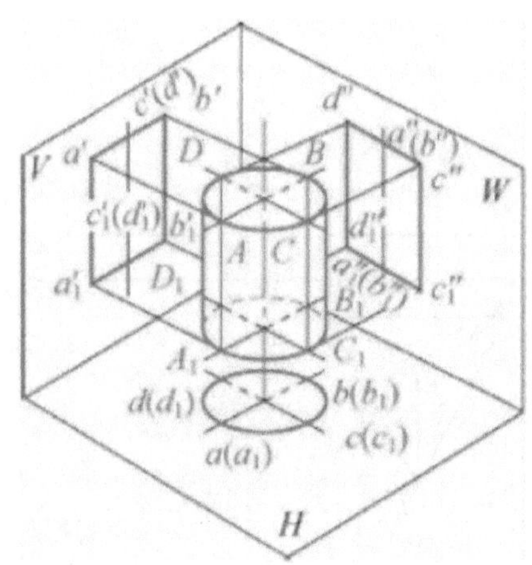

图 2.1.58　圆柱的形成和投影

作图时首先画出中心线和轴线，然后画出投影是圆的那个投影面的投影，再画出其他两个投影面的投影(图 2.1.59)。当圆柱的轴线垂直于某个投影面时，必有一个投影是圆形，另两个投影图为全等的矩形。

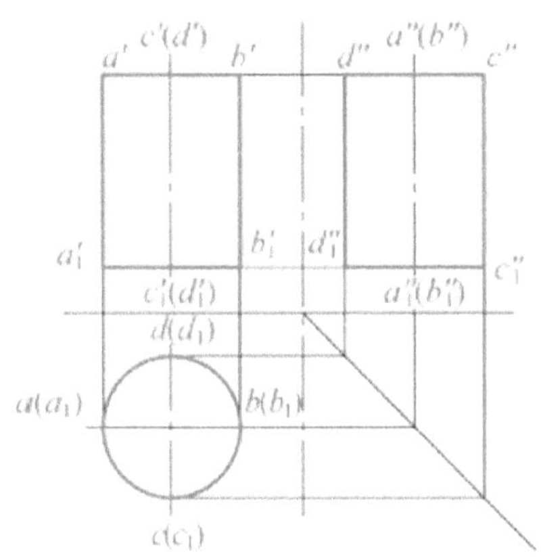

图 2.1.59 圆柱的三面投影

2)圆柱表面上求点

【例题 14】已知：圆柱体上点 A、点 B 和点 C 的三个正面投影[图 2.1.60(a)]。求：其水平投影和侧面投影。

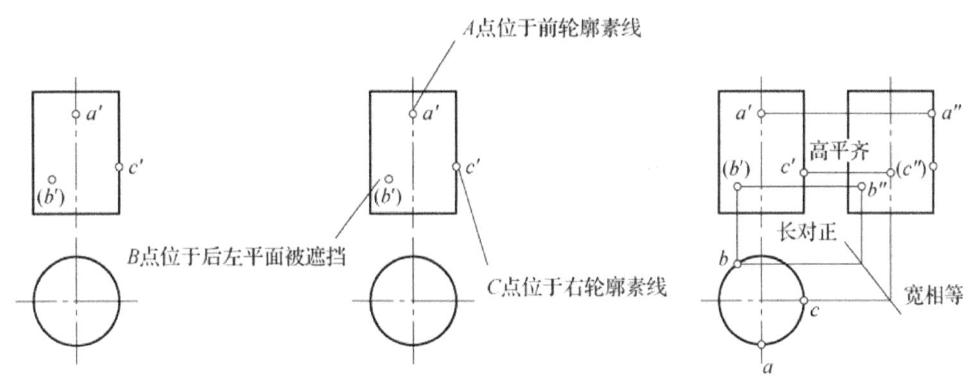

图 2.1.60 圆柱体表面上点的投影

【解】分析：根据图上的已知条件可知，点 A 位于前轮廓素线上、点 B 位于后左平面上(被遮挡)、点 C 位于右轮廓素线上。因其水平投影具有积聚性，所以其三点的水平投影一定都在圆上。根据其位置判断可见性，再根据“三等关系”即可求出侧面投影[图 2.1.60(b)]。

作图：点 a' 为可见点，根据点 a' 的位置分析，其侧面投影位于前轮廓素线上，可过点 a' 作水平线交前轮廓素线于一点(即 a'' 点)，根据“三等关系”可求出水平投影 a。同理 c' 点位于右轮廓素线上，根据水平投影的积聚性，从 c' 点向水平投影作垂线交于一点即为点 c，根据“三等关系”

可求出点 c'' 的位置，其侧面投影为不可见点，需要用小括号括起来。点 b' 位于后左平面上，根据水平投影的积聚性，从点 b' 向水平投影作垂线交于一点即为点 b，再根据“三等关系”可求出点 b'' 的位置[图 2.1.60(c)]。

2.圆锥的投影

圆锥表面由圆锥面和底面所组成，圆锥面可看成一直线绕与它相交的固定轴 OO_1 回转而形成的曲面。SA 为母线，SA 在圆锥面的任意位置即是它的素线(图 2.1.61)。

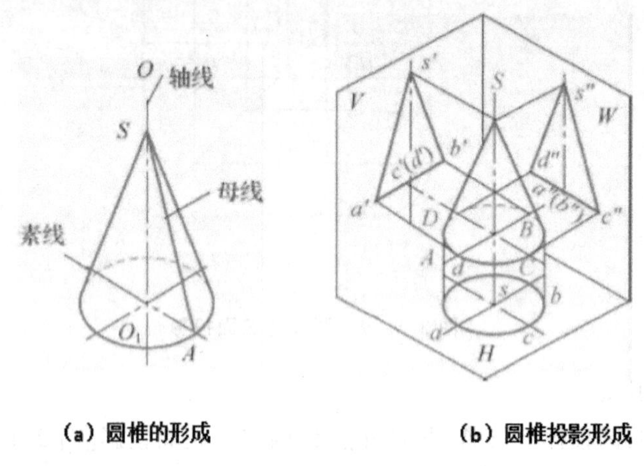

(a) 圆锥的形成　　(b) 圆锥投影形成

图 2.1.61　圆锥的形成和投影

1)圆锥的投影及特性

圆锥轴线⊥H 面，底面圆为水平面，它的水平投影反映实形，其正面、侧面投影均积聚成一条水平线(图 2.1.62)。在正、侧两面投影中还要分别画出锥面外形轮廓线的投影，在正面投影上为最左、最右两条素线 SA、SB 的投影 $s'a'$、$s'b'$，在侧面投影上为最前、最后两条素线 SC、SD 的投影 $s''c''$、$s''d''$。

作图方法：首先画出中心线和轴线，然后画出投影是圆的那个投影面的投影，再画出锥顶 S 的三面投影，最后分别画出其外形轮廓素线的投影，即得圆锥的投影图。

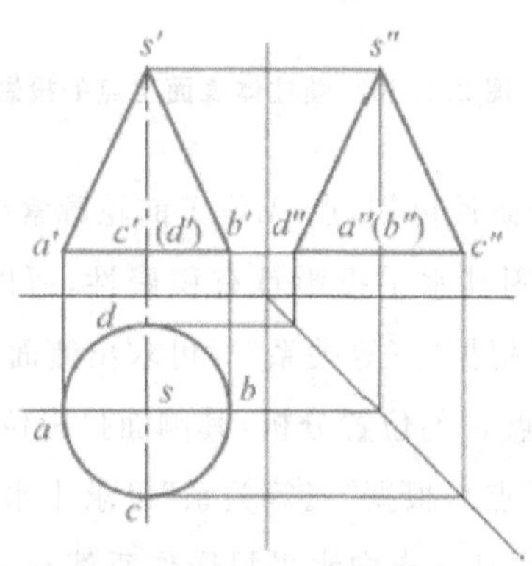

图 2.1.62　圆锥的三面投影

特征：当圆锥轴线⊥某一个投影面时，在该投影面上的投影为一个与底圆相等的圆形；另两个投影必为全等的等腰三角形。其中等腰三角形的底边为底圆的直径投影（水平面积聚为一直线），其两腰即为轮廓素线的投影，其顶点即为锥顶的投影。

2）圆锥表面上求点

【例题 15】已知：圆锥体面上点 A 的正面投影 a'，求其另外两个面上的投影。

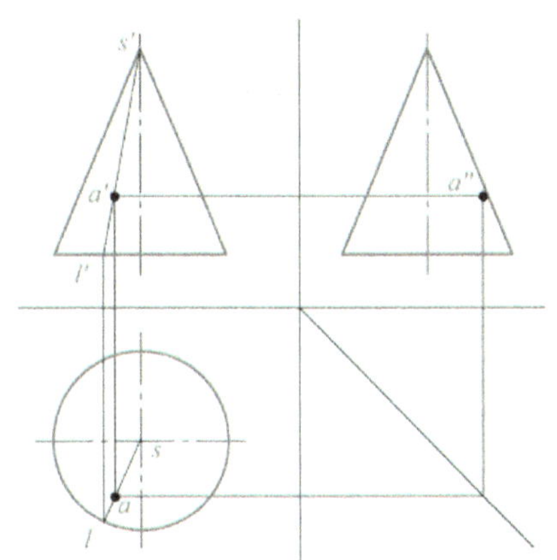

图 2.1.63　圆锥面上用素线法求点的投影

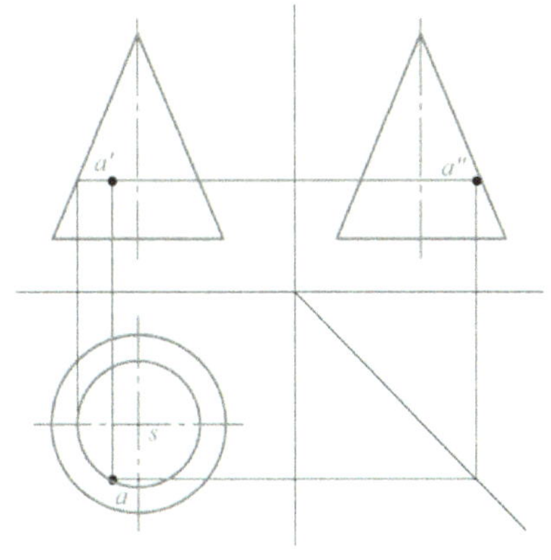

图 2.1.64　圆锥面上用纬圆法求点的投影

【解】（1）方法 1：素线法。在正面投影上，过点 a' 作素线的投影 $s'l'$，在水平投影上求出 sl 的投影，A 点的水平投影一定在 sl 线上；将点 a' 向水平投影作垂线，交 sl 于一点即为 a，根据“三等关系”即可求出 a'' 的位置（图 2.1.63）。

（2）方法 2：纬圆法。在正面投影上，过点 a' 作水平线，交圆锥的最左轮廓素线和最右轮廓素线上两点；将两点连接即为点 a 的纬圆直径，以 s 点为圆心在圆锥水平投影面上作圆；因为 a' 点为可见点，所以 a 点必在纬圆的前半部，将 a' 点向水平投影面上作垂线交纬圆于一点即为 a 点的位置，根据三等关系即可求出 a'' 的位置（图 2.1.64）。

3. 圆球的投影

（1）圆球投影分析

球的表面可以看作是一个圆绕着圆本身的一条直径旋转而成（图 2.1.65）。图 2.1.66 给出了球的三面投影，各投影的轮廓均为同样大小的圆。但要注意，它们不是同一个圆的投影。在 H 投影中，圆平面表示上、下两个半球面的投影，上半球面可见，下半球面不可见，圆周曲线为平行于 H 面的轮廓素线的显实投影。在 V 投影中，圆平面表示前、后两个半球面的投影，前半球面可见，后半球面不可见，圆周曲线为平行于 V 面的轮廓素线的显实投影。在 W 投影中，圆平面表示左、右两个半球面的投影，左半球面可见，右半球面不可见，圆周曲线为平行于 W 面的轮廓素线的显实投影。

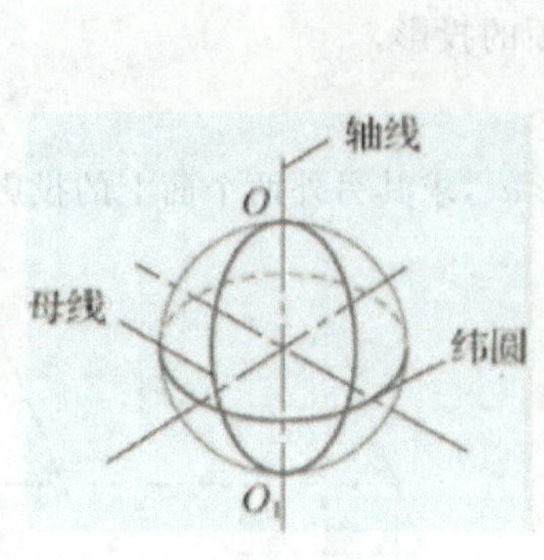

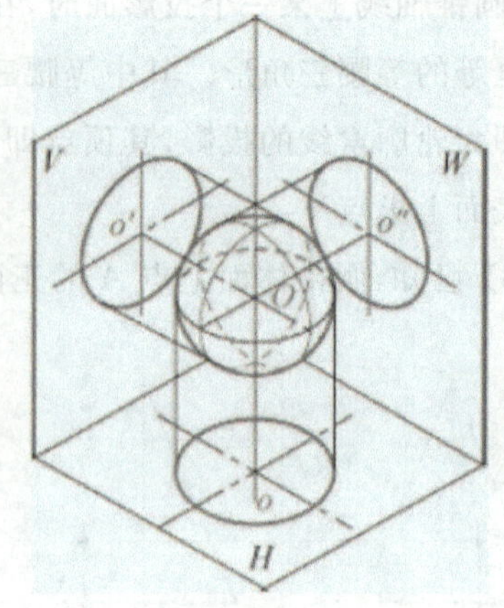

(a) 圆球形成 **(b) 圆球投影形成**

图 2.1.65 圆球的形成和投影

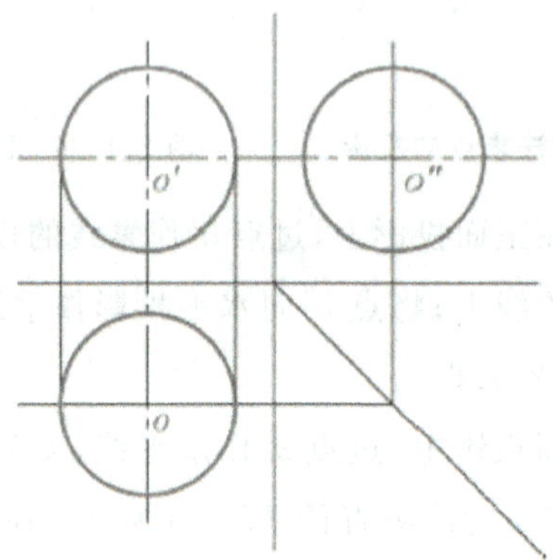

图 2.1.66 圆球的三面投影图

任务二 绘制组合体投影

任务描述

根据正投影的基本原理，能对较为复杂的组合立体(图 2.2.1)进行形体解析，绘制其三面投影，并能准确地标注组合体的尺寸。掌握剖面和断面的视图原理及分类，能通过精确绘制形体的剖面、断面视图，表达工程形体的内部形状、构造和材质。

图 2.2.1 复杂的组合立体

知识目标

(1)掌握组合体的绘制方法;

(2)掌握组合体的尺寸标注方法。

能力目标

(1)能根据空间立体图形绘出组合体的三面投影;

(2)能根据组合体的已知两面投影,绘制出第三面投影;

(3)能恰当地标注组合体的尺寸。

学习性任务

(1)绘制组合体投影图;

(2)标注组合体投影图的尺寸。

任务书

绘制组合体空间图形的投影图。

根据组合体空间图形(图 2.2.2)绘制出三面投影图并标注尺寸。

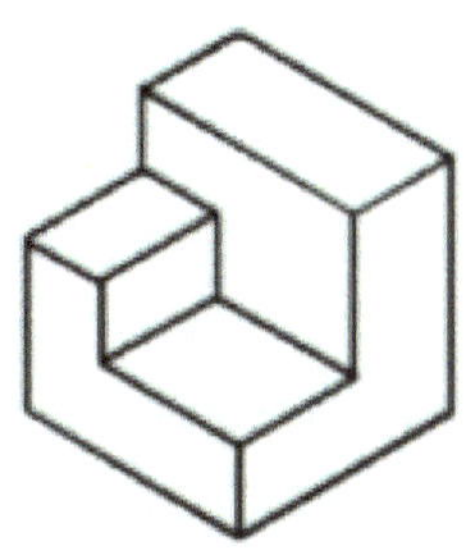

图 2.2.2 组合体空间图形

任务准备

(1)回顾正投影的投影特征;

(2)回顾正投影的三等关系;

(3)回顾平面立体、旋转立体的投影特征。

任务实施

引导问题1:常见基本立体有哪些?

引导问题2:组合体的形成方式有________类;分别是________________、________________和________________。

引导问题3:绘制组合体时,选择主视图的原则有哪些?

引导问题4:组合体三视图间的联系是什么?

引导问题5:根据平面的投影特征(图2.2.3)进行判断填空。

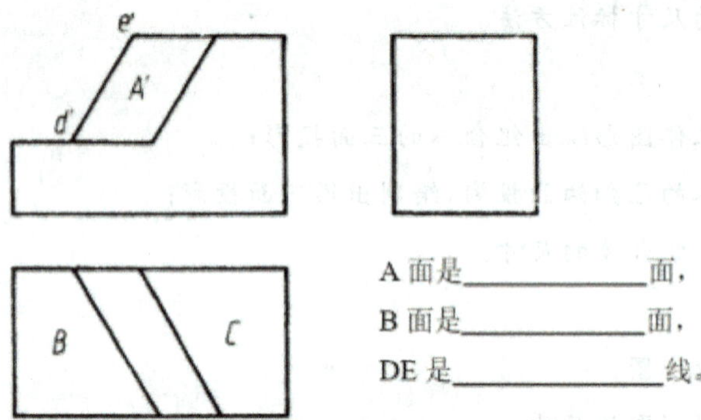

图2.2.3 平面的投影特征

引导问题6:判断哪一组三面投影图(图2.2.4)是空间形体(图2.2.5)的正确表达?

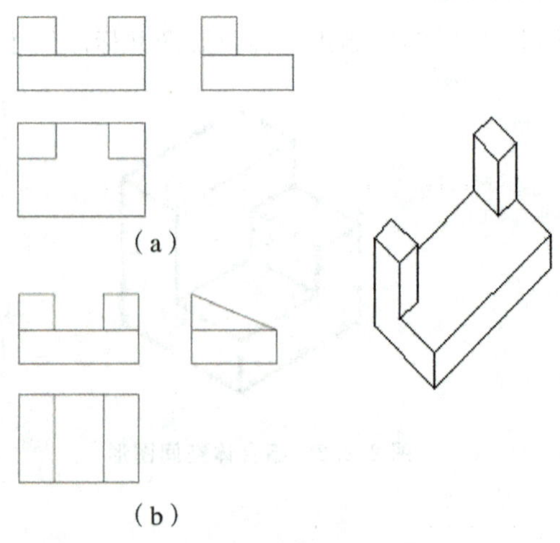

图2.2.4 三面投影图

引导问题7:组合体的尺寸标注可以分为________________和________________;________________是标注形体大小的尺寸;________________是确定基本形体之间相对位置的

尺寸。

引导问题 8：标注以下两幅投影图（图 2.2.6）的尺寸。

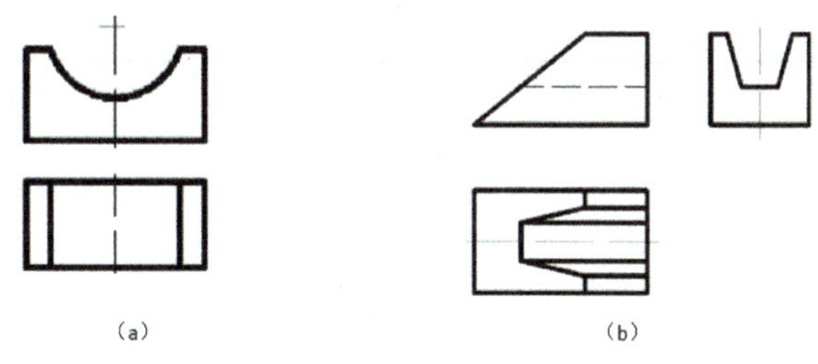

图 2.2.6 投影图

任务准备

学生以小组的形式进行练习。

班级		组号	组长	组长学号	指导老师	
小组成员	姓名		学号		解题思路	
	姓名		学号		解题思路	
	姓名		学号		解题思路	
	姓名		学号		解题思路	
	姓名		学号		解题思路	

任务评价

习题答案见图 2.2.7。

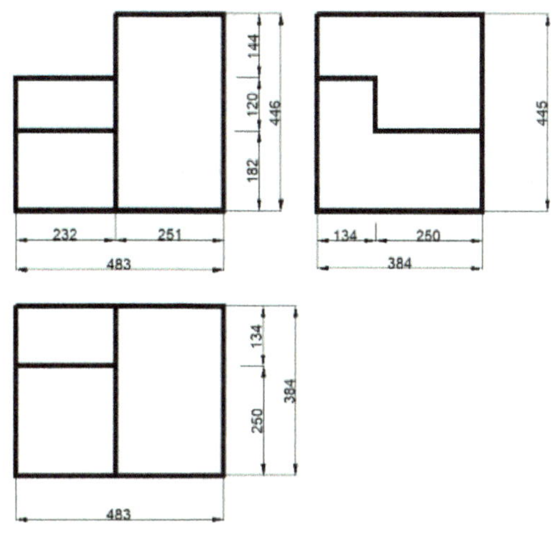

图 2.2.7 答案

评价反馈

评价表

班级		姓名		学号	
评价项目	评价标准			分值	得分
正确选择主视图	选择的主视图能最大程度地反映形体特征			10	
找出基本体	找出形体的组成单体,并确定组成方式			10	
作出基本体立体图	根据三等关系作出基本体投影			10	
整理及加粗	按照组合关系整理、修改图形并加深轮廓线			10	
正确标注尺寸	确定定位尺寸和定形尺寸,在投影图上合理标注总尺寸			10	
团队协作	能按时按量地完成小组分配的读图任务			10	
完成时间	按照规定时间完成任务量			10	
工作效率	认真高效地完成识图任务			10	
工作质量	图面的整齐与干净			10	
团队协作	考查小组成员的团结协作能力			10	

习题点睛

(1)主视图的选择要反映形体主要面。将形状复杂而又反映组合体形体特征的面作为主视图。

(2)尽量减少投影图的虚线,使图形更清楚。

(3)先作出基本几何体的投影,再根据立体图进行细部修改。

(4)加粗立体轮廓线,根据空间图形做最后的校核。

(5)标注形体的定形尺寸、定位尺寸,整理尺寸标注。

拓展练习

补全下列组合体图 2.2.8～图 2.2.11 的三面投影。

图 2.2.8　练习(1)　　图 2.2.9　练习(2)

图 2.2.10　练习(3)　　　　图 2.2.11　练习(4)

一、组合体的投影

组合体是由若干基本形体(平面立体、曲面立体)组合而成,形状较为复杂。在绘制组合体的投影时,需要先对其形体进行分析,将组合体分解成简单的基本体。常见的组合体构成方式主要有以下几种:

(1)叠加法。可以看作是由若干个几何体堆砌或拼合而成。

(2)切割法。可以看作是由一个几何体切除了某些部分而成。

(3)混合型。可以看作是由上述方法混合而成。

上述三种类型的划分,仅是提供形体分析时用的。实际上一个组合体的组合方式并不是唯一的,有的组合体可以按叠加法来分析,也可以按照切割法或者混合型来分析。要看以何种方式作图更为简便来确定。

在绘制组合体的投影图时,要求用最少数量的投影把形体表达完整、清晰,一般需要考虑以下两点:

(1)将形体的主要面,形状复杂而又反映其形体特征的面作为正面投影图。

(2)尽量减少投影图的虚线,使图形更清楚。

1. 叠加法作图

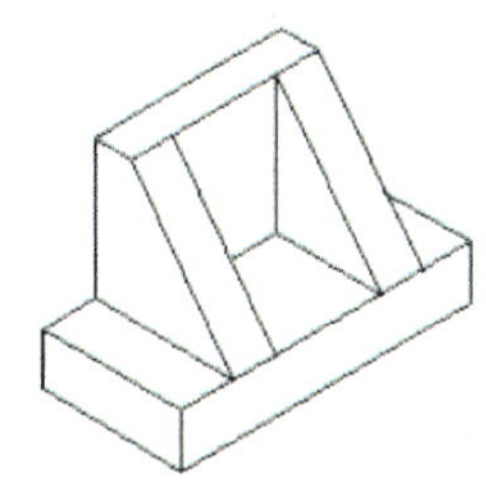

图 2.2.12　立体空间图 1

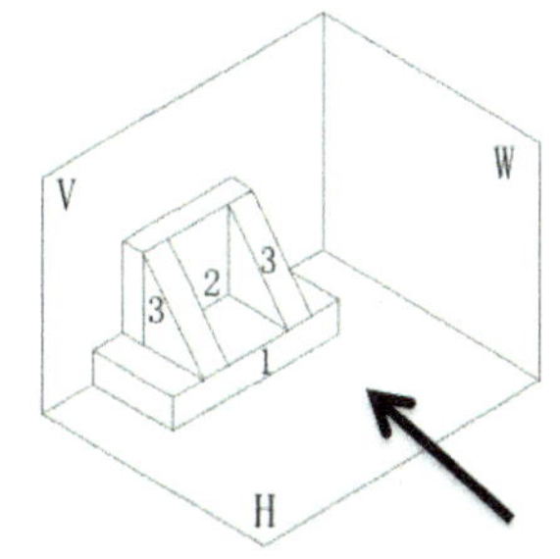

图 2.2.13　三面投影体系中的立体

图 2.2.12 所示组合体可以看作由四个棱柱叠加而成，在三面投影体系中划分成单个几何体，并选择主视方向如图 2.2.13 所示。投影图绘图步骤如下：

(1)作四棱柱 1 的投影[图 2.2.14(a)]；

(2)作四棱柱 2 的投影[图 2.2.14(b)]；

(3)作四棱柱 3 的投影[图 2.2.14(c)]；

(4)对照组合体调整图形。为了作出投影，人为将组合体分为几个基本体，在最终的投影图中还要具体分析不同形体间的交线是否存在。本例中，组合体上部认为的分割为 2 和 3 两部分，在最终的投影图中需要将棱柱 2、3 的侧面交线取消，最终投影图为图 2.2.14(d)。

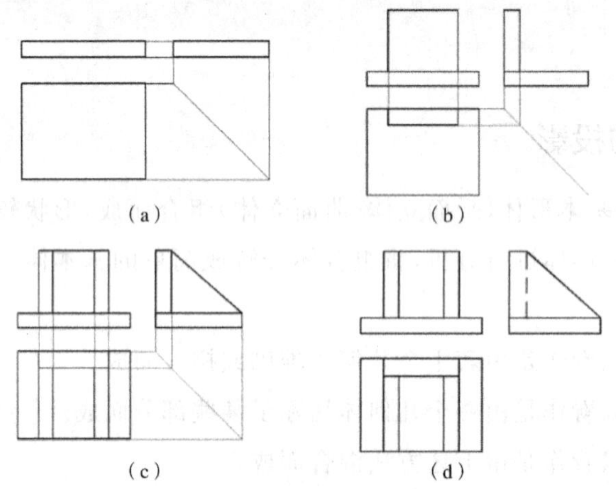

图 2.2.14　叠加法的绘制过程

2. 切割作图法

图 2.2.15(a)所示组合体可以看作由一个四棱柱在其正前方切割掉一个小四棱柱而成，选择主视方向[图 2.2.15(b)]。投影图绘图步骤如下：

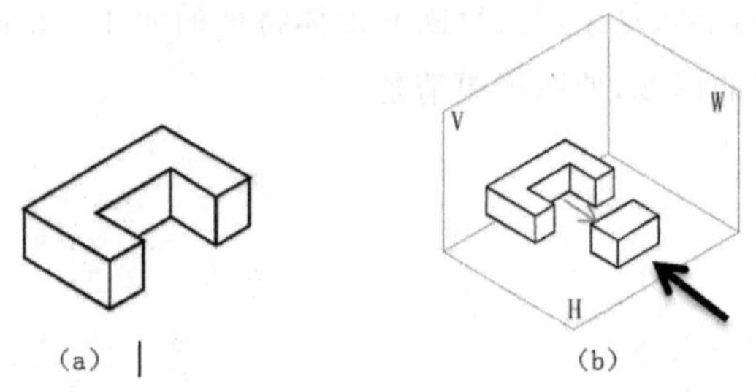

图 2.2.15　立体的空间图 2

(1)作大四棱柱的投影[图 2.2.16(a)]；

(2)作大四棱柱前方挖去的小四棱柱投影[图 2.2.16(b)]。

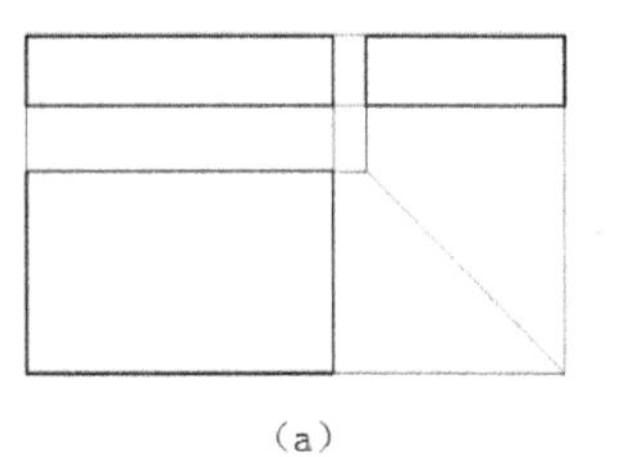
(a)

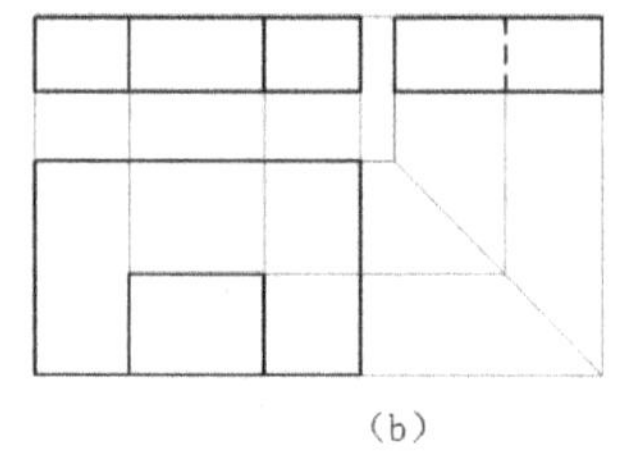
(b)

图 2.2.16　切割法的绘制过程

将组合体分解成若干基本形体是一种假想的分析方法。实际上的组合体一定是一个整体。所以在作图时各个基本形体互相叠合时产生的交线是否存在，实线是否要更改为虚线，要根据组合体实际情况进行调整。

3.组合体投影的识读

根据已经作出的投影图，运用投影原理和方法，想象出空间物体的形状，这就是组合体投影图的识读。识读组合体投影图的方法一般有形体分析法和线面分析法两种。

1)形体分析法

形体分析法是将组合体分解成不同组成部分，根据各部分的投影特征和相对位置综合想象出形体的完整形状。

图 2.2.17(a)是组合体的三面投影图。可以将这个组合体分解为三个基本体进行识图，识图时应将基本体在三面投影体系中上下前后位置对照识读。形体 1 是一个四棱柱，形体 2 是由四棱柱和半圆柱体叠合而成，最后形体 3 是一个圆柱体。在 H 面和 V 面上看清这三个基本体的左右关系，在 V 面和 W 面上识读三者的上下关系，在 H 面和 W 面上识读这三部分的前后关系，最终想象出该组合体的空间形状[图 2.2.17(b)]。

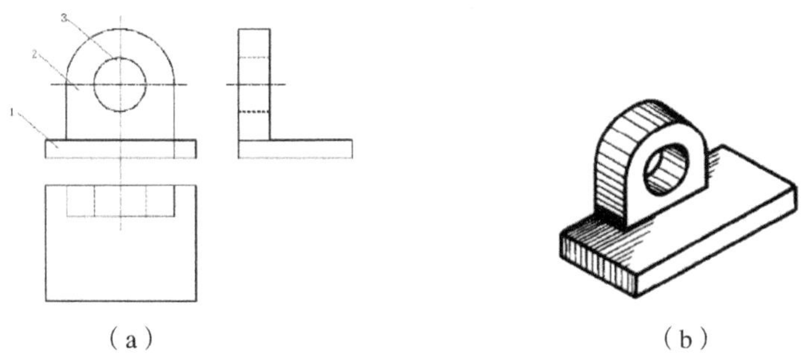

(a)　　(b)

图 2.2.17　组合体的三面投影

2)线面分析法

在对投影图进行形体分析的基础上，对投影图中难以看懂的部分，则以线和面的投影特点为基础，明确它们的空间形状和位置，综合起来就能想象出整个形体的形状，这种读图方法就叫作线面分析法。线面分析法读图，要掌握投影图中每一线框和每一线段所代表的空间意义。

(1)投影图中每一个线框都是形体上的一个面的投影。但是线框具体代表的是什么形状的面,它处在什么位置,要根据投影规律对照其它投影图才能确定。图 2.2.18 所示组合体可以分解成三类基本体。四棱柱 1 为底座,在底座上分别叠加了两个四棱柱 2,最后在每个 2 旁边再叠加两个 3(图 2.2.19)。可以根据三等关系和空间方位识别出不同投影面上的线框所对应的基本体。例如从 H 面和 V 面可以看出形体 3 位于形体 2 左右两侧,从 V 面和 W 面可以看出 1 位于整个组合体的最下方,最高的线框是组合体中部的 2。

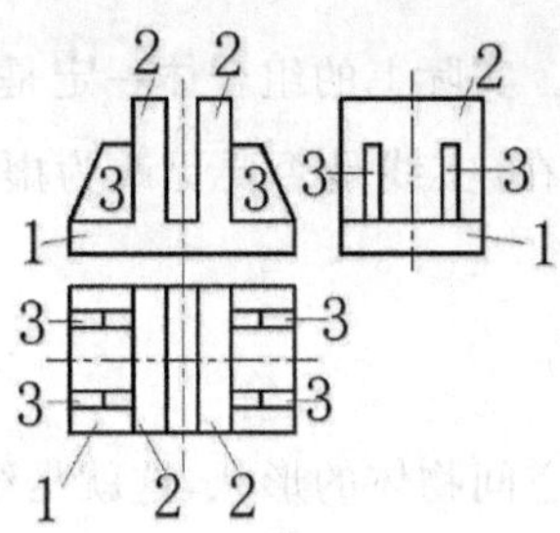

图 2.2.18 组合体可分解成三类基本体

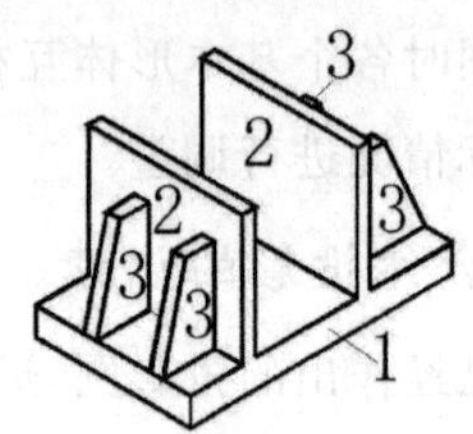

图 2.2.19 组合体的组成(一)

(2)投影图中的线可能是交线也可能是一个特殊位置平面的投影。图 2.2.20 中 V 面投影中的直线 ab 在空间并不是一条直线,可以从 H 面和 W 面投影中看出它是一个水平面 $abcd$;H 面投影中的直线 ef,从 V 面和 W 面投影图中分析可知,它是一条正垂线,并且是两个平面的交线。

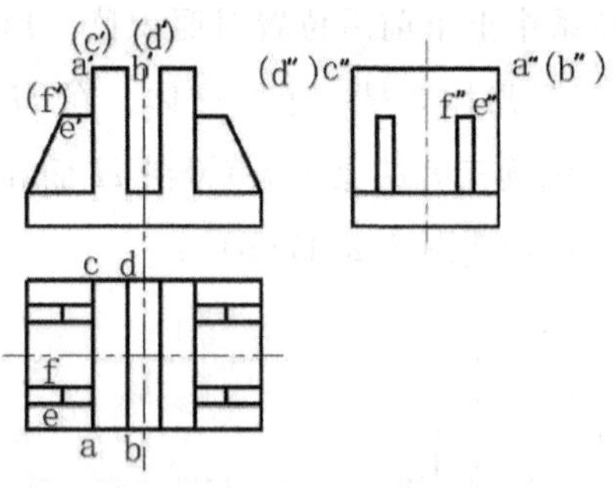

图 2.2.20 组合体的组成(二)

在组合体的读图中往往是将形体分析和线框分析两种方法并用。即先用形体分析法了解组合体的大致组成形状及空间位置,对有疑点的线和线框再用线面分析法分析。这样才能正确、迅速地读懂组合体的投影图。

4.组合体的尺寸标注

因为几何体都有长、宽、高三个方向的大小,所以在投影图上标注尺寸时,要把反映三个方向大小的尺寸都标注出来(图 2.2.21)。组合体的尺寸可以分为三类:定形尺寸、定位尺寸和总尺寸。

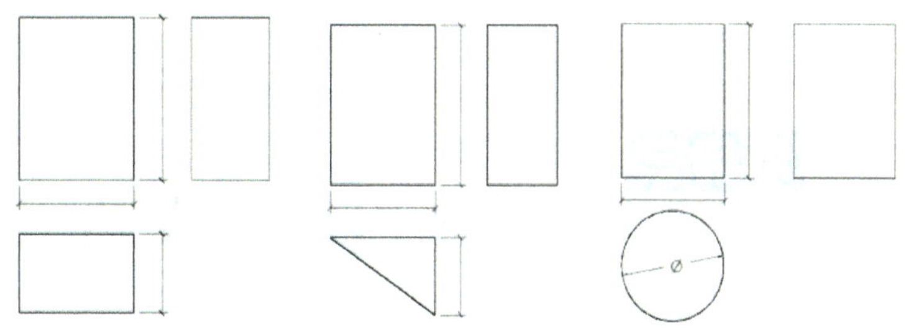

图 2.2.21　基本体的尺寸标注

(1)定形尺寸

定形尺寸用以确定组合体的各基本几何体的大小。组合体底板的长为 605,宽为 453,高度为 71,上部圆洞直径为 208(图 2.2.22)。

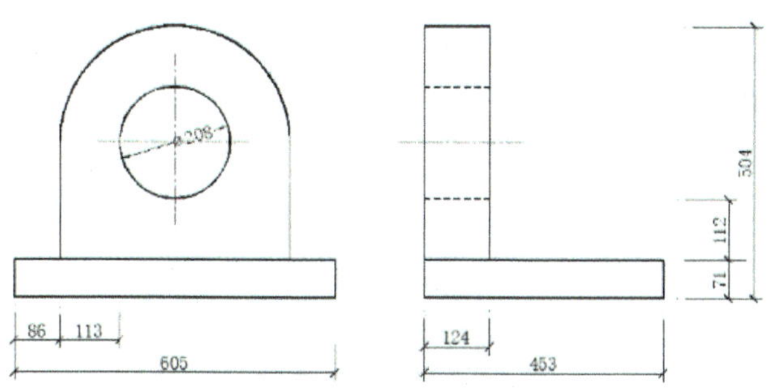

图 2.2.22　组合体的尺寸标注

(2)定位尺寸

用以确定构成组合体的各基本形体之间相对位置的尺寸被称为定位尺寸。图 2.2.22 组合体中,上部组合体距离下部底板的最左侧为 86,上部圆洞距离左侧为 113,圆洞在高度方向距离底座为 112。

(3)总尺寸

总尺寸用以确定组合体的总长、总高和总宽。由于组合体是由几个基本体组合而成,所以需要将其最终的长、宽、高数值标注清楚。组合体的总长和总宽与底板的总长、总宽数据重合,总高度是上下两部分高度数值之和,为 504。

组合体形状比较复杂,对一个组合体的标注方法是不唯一的,但是都应该注意以下原则:

(1)尺寸应该尽量标注在能反映形体特征的投影图上。

(2)表示同一基本形体的尺寸,应尽量集中标注。

(3)尺寸最好标注在图形之外,相互平行的尺寸应将小尺寸标注在大尺寸以内。

(4)同一图上的尺寸单位应该一致。

项目三 形体内部的表达

任务一　绘制剖面、断面视图

任务描述

掌握剖面和断面的视图原理及分类，能根据正投影的三等关系，精确地绘制形体的剖面、断面视图，表达出工程形体的内部形状、构造和材质(图 3.1.1)。

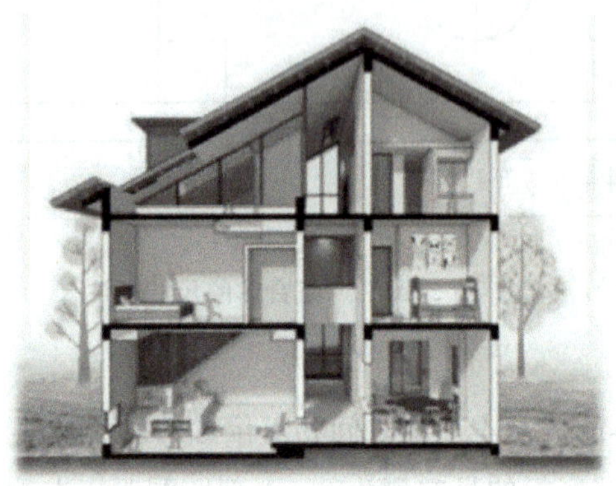

图 3.1.1　形体内部表达

知识目标：

(1)掌握剖、断面图的形成原理；

(2)掌握剖面图的绘制方法；

(3)掌握断面图的绘制方法。

(4)掌握剖、断面图的图示内容。

能力目标：

(1)能绘制形体指定位置的剖面视图；

(2)能绘制形体指定位置的断面视图。

素质目标：

(1)培养严肃认真的工作态度；

(2)培养团结协作的工作方式。

书

【习题】　作出形体(图 3.1.2)的剖面图和断面图。

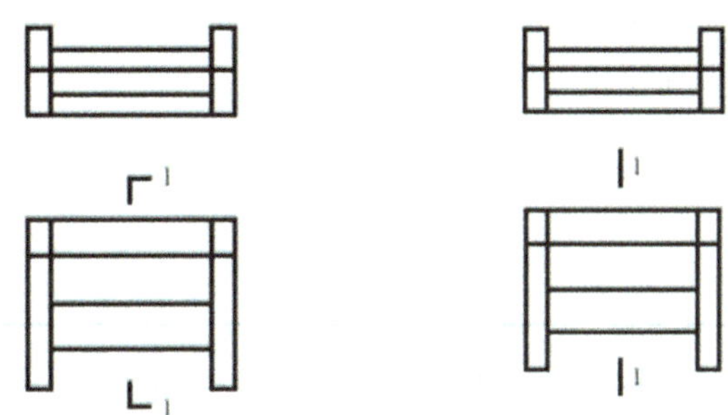

图 3.1.2　形体

任务准备

(1)回顾正投影的投影特征;

(2)回顾正投影的三等关系;

(3)了解《房屋建筑制图统一标准》。

任务实施

引导问题 1:(讨论)生活中,如何知道物体内部情况?(例如:如何知道西瓜是否已经成熟?)

引导问题 2:简述剖面图的形成过程。

引导问题 3:剖切面的选择原则有哪些?

引导问题 4:形体的剖面图中,被剖切平面__________轮廓线用粗实线绘制,__________但可见部分的轮廓线用中粗实线绘制,不可见的部分____________。

引导问题 5:(1)用一个剖切平面将形体完整地剖切开,得到的剖面图,叫作____________。

(2)如果形体对称,画图时常把投影图一半画成________,另一半画成________,这样组合而成的投影图叫作半剖面图。

(3)局部剖视图是用剖切平面____________剖开物体所得到的投影图。

(4)采用两个相交的平面(交线垂直于一投影面),沿着需要剖开的位置剖切形体,把两个断面图形,绕着交线旋转到与另一投影面平行,然后一齐向所平行的投影面作投影,称为________________。

引导问题 6:断面图和剖面图的区别是什么?

引导问题 7：将形体某一部分剖切后所形成的断面移画于原投影图旁边的断面图称为________________。

(2)将断面图直接画于投影图中，使断面图与投影图重合在一起称为________________。

(3)对于单一的长杆件，也可以在杆件投影图的某一处用折断线断开，然后将断面图画于其中，不画剖切符号，这种方式叫____________________。

引导问题 8：常用的工程简化画法有哪些？

任务准备

学生以小组的形式进行练习。

<table>
<tr><td colspan="2">班级</td><td>组号</td><td>组长</td><td>组长学号</td><td colspan="2">指导老师</td></tr>
<tr><td colspan="2"></td><td></td><td></td><td></td><td colspan="2"></td></tr>
<tr><td rowspan="5">小组成员</td><td>姓名</td><td></td><td>学号</td><td></td><td>解题思路</td><td></td></tr>
<tr><td>姓名</td><td></td><td>学号</td><td></td><td>解题思路</td><td></td></tr>
<tr><td>姓名</td><td></td><td>学号</td><td></td><td>解题思路</td><td></td></tr>
<tr><td>姓名</td><td></td><td>学号</td><td></td><td>解题思路</td><td></td></tr>
<tr><td>姓名</td><td></td><td>学号</td><td></td><td>解题思路</td><td></td></tr>
</table>

任务评价

习题答案(图 3.1.3)。

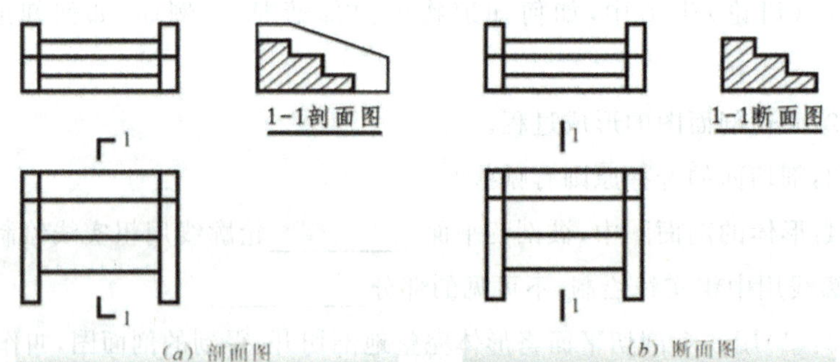

图 3.1.3　剖面图和断面图

评价反馈

评价表

班级		姓名		学号	
评价项目	评价标准			分值	得分
剖断面符号标记	正确识读剖断面符号信息			10	
绘制剖断面图	根据剖切方向正确绘制视图内容			10	
线型、填充图案正确	为图形选择正确的线型表达，并填充正确的形体材料图例			10	
图名标注正确	根据剖断面符号标注正确的图示名称。			10	
图面图幅	线条清晰，图面整洁			10	
完成时间	按照规定时间完成习题			10	
完成数量	解出全部题目			10	
工作效率	认真高效地完成习题			10	
工作质量	结果正确、图线清晰、图面整洁			10	
团队协作	积极认真地参与小组习题讨论			10	

习题点睛

(1)根据剖断面符号标记并理解所需反映的图示内容。

(2)正确选择线型和材料填充图例。

(3)正确标注绘制图形名称，并检查整理。

拓展练习

【练习题 1】根据三视图(图 3.1.4)，绘制出图中所示剖切位置的剖面图。

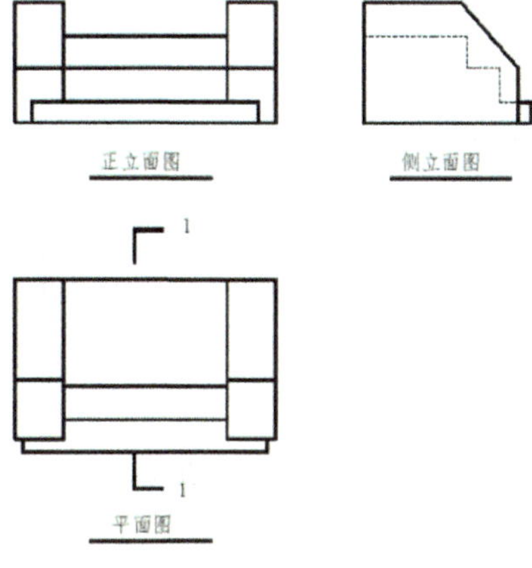

图 3.1.4 三视图

【练习题 2】绘制窗口形体(图 3.1.5)的 1—1 剖面图。

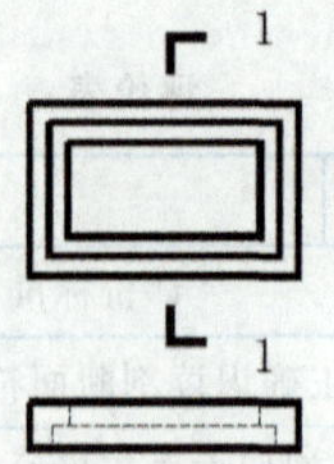

图 3.1.5 窗口形体

【练习题 3】绘制楼梯(图 3.1.6)的 1—1 断面图。

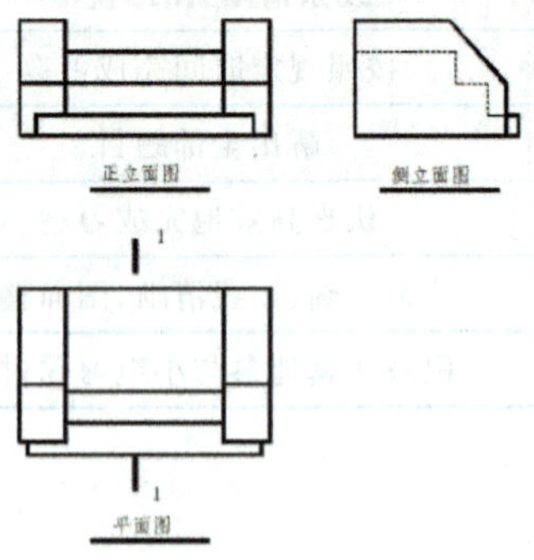

图 3.1.6 楼梯

【练习题 4】绘制图 3.1.7 中指定位置的断面图。

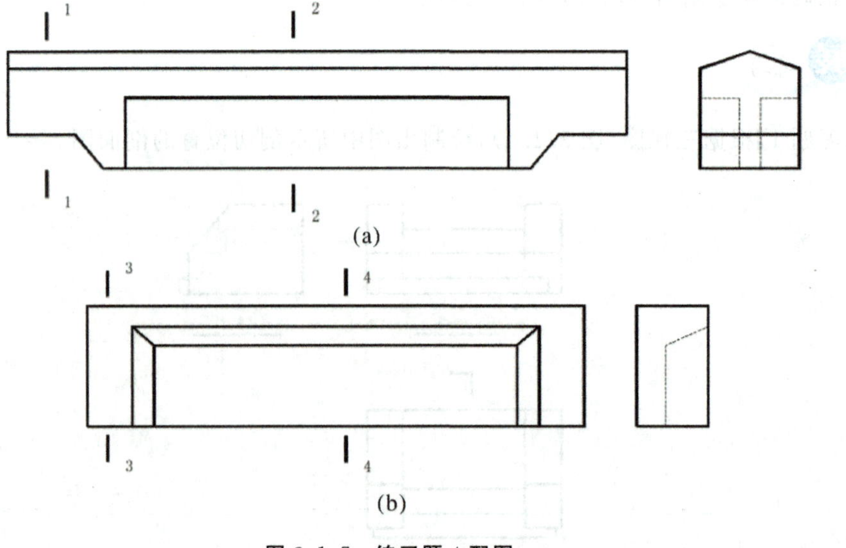

图 3.1.7 练习题 4 配图

一、剖面图

三面投影图可以将物体的外部形状表达得很清楚，但是对于形体内部不可见部分需要用虚线表示，如果形体内部复杂、虚线过多，图形的表达就会不清楚，使读图困难，也不便于尺寸标注。为了能在投影图中直接表达出工程形体的内部形状、构造和材料，常采用作剖面图来解决这些问题。

1. 剖面图的形成与标注

1）剖面图的形成

假想用一个平面作为剖切平面，把形体切开，并移走观察者与剖切平面之间的部分，将剩余的部分向相应的投影面作投影，所得的图形即为剖面图。图 3.1.8 中平面 Q 即为切平面，将形体切割后，可以看到形体内部的构造和材料，移去切平面和观察者之间的部分，剩余部分朝 W 面投影，即得到相应的剖面图。

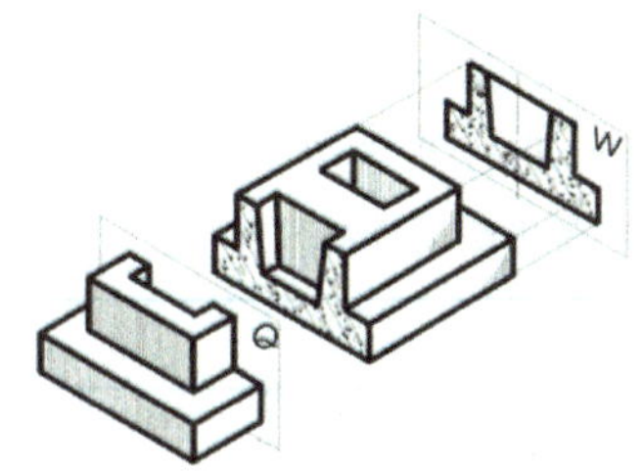

图 3.1.8　剖面图的形成

2）剖面图的标注

为了明确剖面图和剖切视角、位置的关系，需要在剖面图和其相应的视角上加以标注。注明剖切位置、投影方向和识图名称。

(1)剖切位置。用剖切符号标注在形体上剖开的位置，如图 3.1.9 所示，用 6～10mm 的短粗实线标注。

(2)投影方向。在剖切位置符号的两端朝投影方向绘制长度为 4～6mm 的短粗实线。剖切位置线和投影方向线合在一起称为剖切符号。

(3)剖切符号用阿拉伯数字进行编号，写在剖视方向线的端部。图 3.1.9 中的两个剖切符号，分别为“1”和“2”。

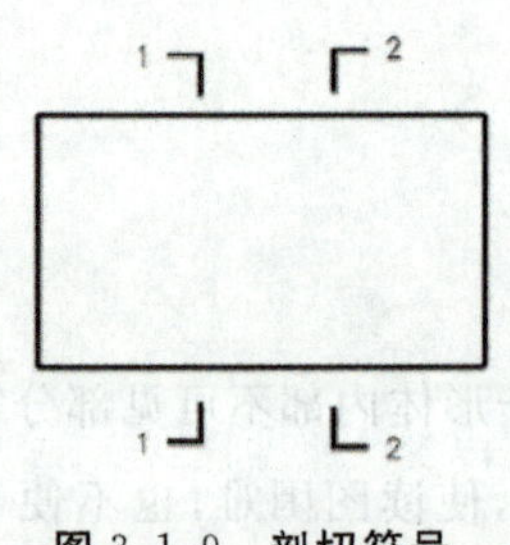

图 3.1.9 剖切符号

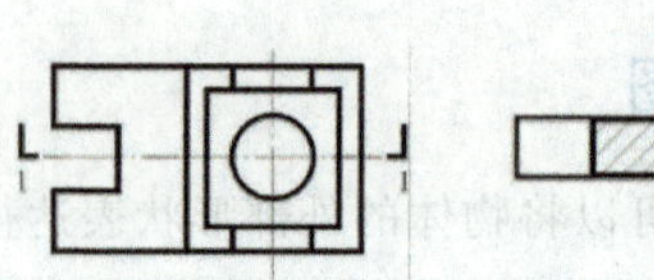

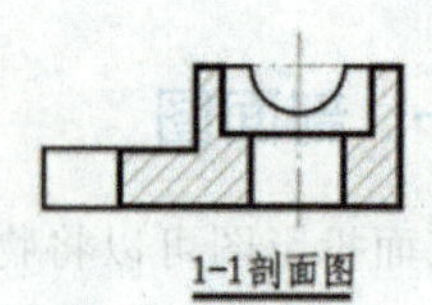

图 3.1.10 剖面图命名

(4)剖面图的下方要注写剖面图的名称。图 3.1.10(a)示意了剖切符号位置。图 3.1.10(b)是对剖切结果的图示,图名为剖切符号编号对应的“1—1 剖面图”。

3)剖面图作图注意事项

(1)剖面图的位置,应根据形体特点来确定。一般应平行于投影面,且通过内部结构的对称平面、轴线等位置。

(2)由于剖面图是假想将形体切开后投影所得到的,实际上形体并没有被切开,所以把投影图画成剖面图后其他投影仍按照完整形体画出。

(3)绘制剖面图时,在剖切面以后的可见轮廓线都应该画出,不能遗漏,但用以表达不可见轮廓线的虚线可以省略。为了区别形体被剖到的部分和后面被看到的部分,规定在被剖到的图形上画图例线。按照国际规定画出材料图例,如表 6.1 所示。

表 3.1.1 常用建筑材料图例

序号	名称	图例	说明
1	自然土壤		种植区域
2	素土夯实		
3	碎石垫层		
4	素混凝土基础		
5	钢筋凝土基础		在剖面图上面出钢筋时,不画图例线
6	水泥砂浆干料		点填充、20～30 厚水泥砂浆
7	砖砌体		包括实心砖、多孔砖等砌体、砌块

序号	名称	图例	说明
8	粉刷		外墙涂料、粉刷面
9	毛石砌体		毛石花坛砌体
10	天然石材花岗岩		板岩、坛石、花岗岩等天然铺垫、贴面材料
11	人造石材马赛克		铺地砖、马赛克、陶瓷锦砖、人造大理石
12	木材		上图为横断面、下图为纵断面
13	金属		各种金属、如镶嵌铜条
14	园艺砖火烧砖		耐火砖、耐酸砖

2.剖面图的分类

1)全剖面图

假想用一个剖切平面把形体整个剖开后所画出的剖面图叫作全剖面图(图 3.1.11)。

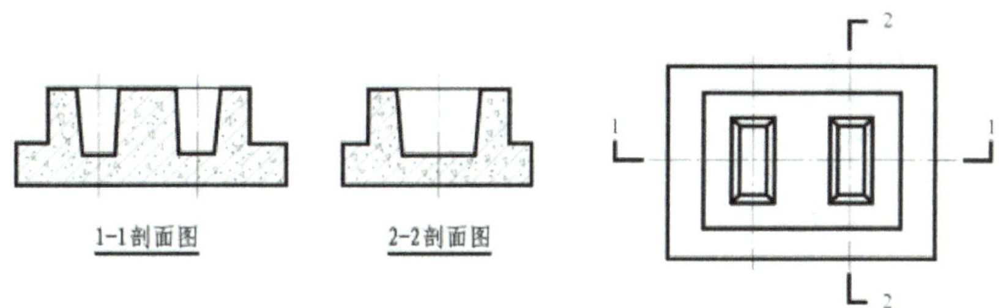

图 3.1.11　**全剖面图**

全剖面图主要用于需要把整个形体全部切开才能表达完整的情况。

2)半剖面图

采用全剖面图时,形体外部的一些轮廓线被切去,需要对照另外的投影图才能作对比。因此,当形体具有对称平面时,可用两个互相垂直的平面去剖切形体。作投影时,以中心线为界,一半为剖面图,一半为外形投影图,因为剖面图是假想的,故不要画出两剖切平面的交线(图 3.1.12)。

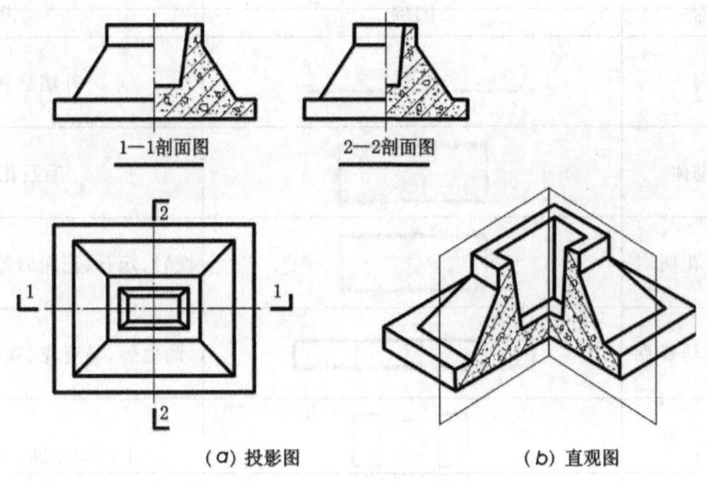

图 3.1.12 **半剖面图**

3)阶梯剖面图

用两个或者几个互相平行的平面去剖切一个物体所得到的剖面图,称为阶梯剖面图。阶梯剖面图属于全剖面图的一种特例。当采用一个剖切平面还不能清楚表达形体内部的构造时,可以将剖切平面转折成两个或几个相互平行的剖切平面(图 3.1.13)。

由于剖面是假想的,故阶梯剖面图中不应画出剖切平面与转折平面间的交线。

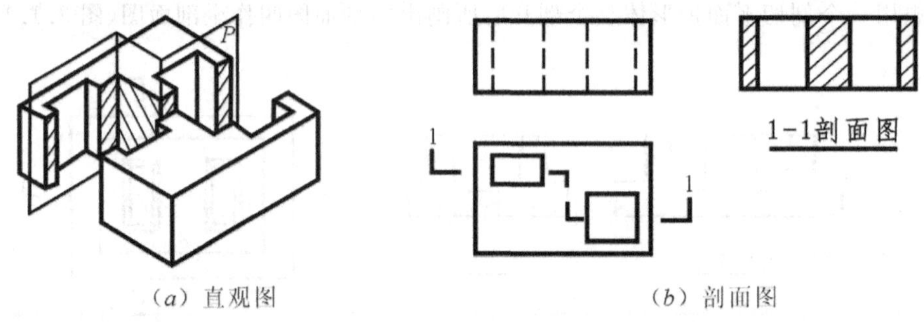

图 3.1.13 **阶梯剖面图**

4)旋转剖面图

一个形体被两个不垂直相交的剖切平面剖切时,倾斜于基本投影面的部分旋转到平行于基本投影面后得到的剖面图,称为旋转剖面图(图 3.1.14)。图中两根圆管的轴线不同时位于某个基本投影面的平行面上[图 3.1.14(b)图],剖切后,将倾斜的部分以轴线旋转到平行于投影面的位置[图 3.1.14(a)图]。

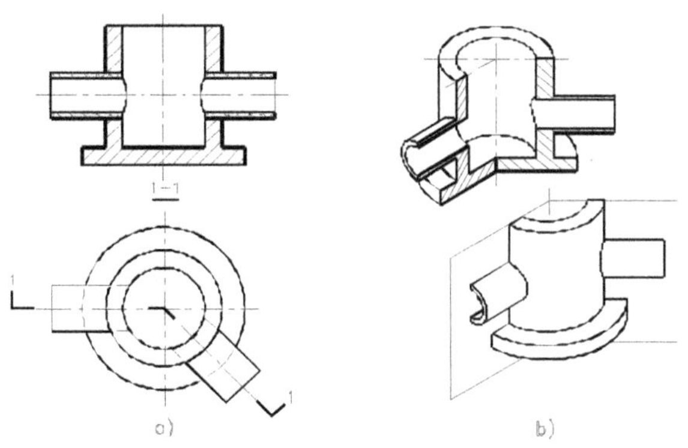

图 3.1.14　旋转剖面图

5)局部剖面图

当仅需要表达形体的某局部的内部形状时,可采用局部剖面图,在保留形体大部分外形的情况下,表示某一局部的内部构造。

局部剖面在投影图上用波浪线作为剖到与未剖到的分界线。波浪线不应超出轮廓线或与图上其他线重合(图 3.1.15)。

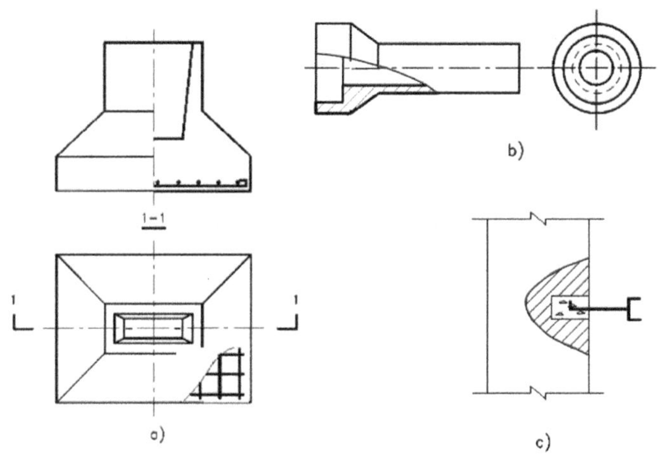

图 3.1.15　局部剖面图

当形体由多层组成时,局部剖面图还可作分层示意(图 3.1.16)。局部剖面图一般不需要标注剖切线与观察方向。

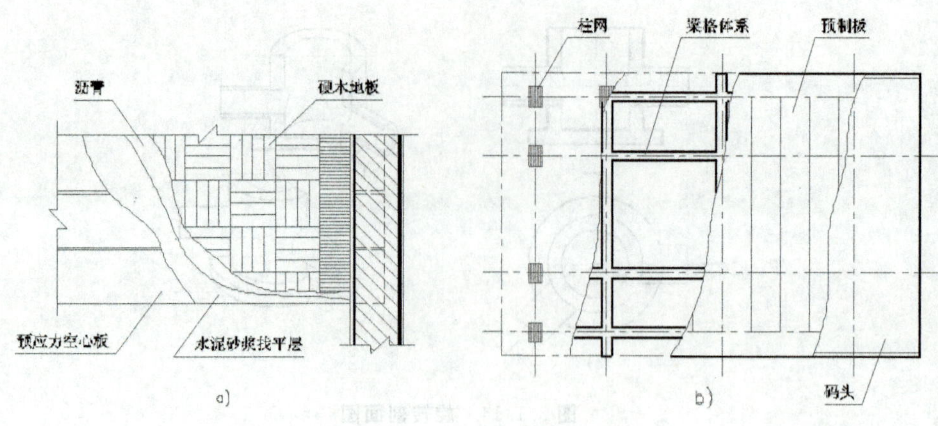

图 3.1.16 分层剖面图

二、断面图

对于某些单一的或简单的构件，有时只需表达某一局部的截面形状及材料，可采用断面图表示。

1.断面图的形成与标注

假想用剖切平面将物体剖切后，只画出被剖到部分的图形叫断面图，也称为截面图。在断面图上要画出材料的图例(图 3.1.17)。

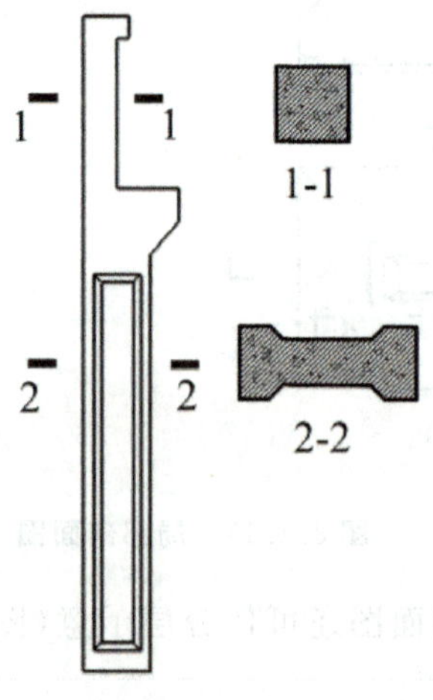

图 3.1.17 断面图

断面图与剖面图的区别在于：断面图只需画出物体被剖面剖切后截断面的图形，而剖面图除了画出截断面以外，还应画出按投影方向能看到的形体的其余部分(图 3.1.18)。

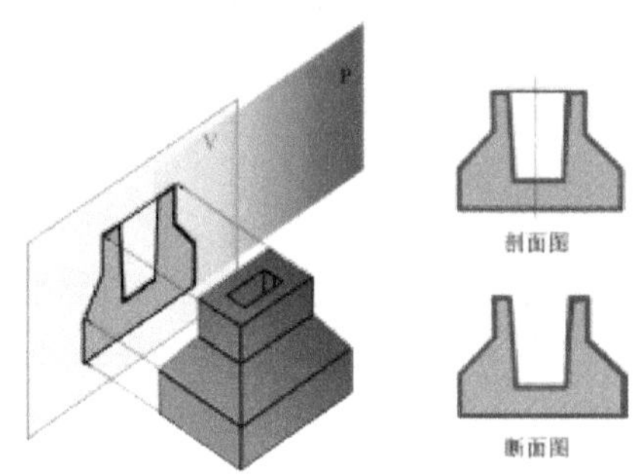

图 3.1.18 剖面图和断面图的比较

断面图应在剖切位置处标注剖切符号，采用 6～10mm 的粗实线绘制，标号用大写的拉丁字母或者阿拉伯数字写在剖切符号的一侧，断面图只有剖切符号没有投射符号，所以断面图的标号与剖切符号的相对位置就代表了投射方向。图 3.1.19(a)图中断面编号 1－1 在剖切符号的右侧，即从此处剖切开后向右侧投影，图 3.1.19(b)中 1－1 标注在断面剖切符号的左边，表示从此处剖切开后向左边投影。

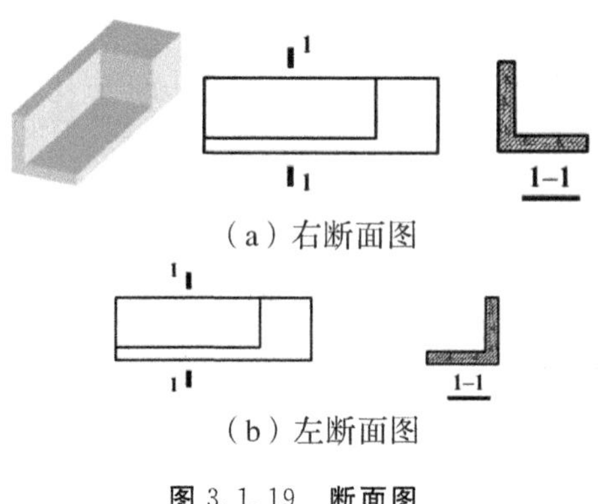

图 3.1.19 断面图

2.断面图的分类

(1)移出断面图：画在投影图以外的断面图称为移出断面图(图 3.1.20)。移出断面图的轮廓线用粗实线绘制。移出断面图可以画在剖切线的延长线上、投影图的中断处，或者其他适当的位置均可。

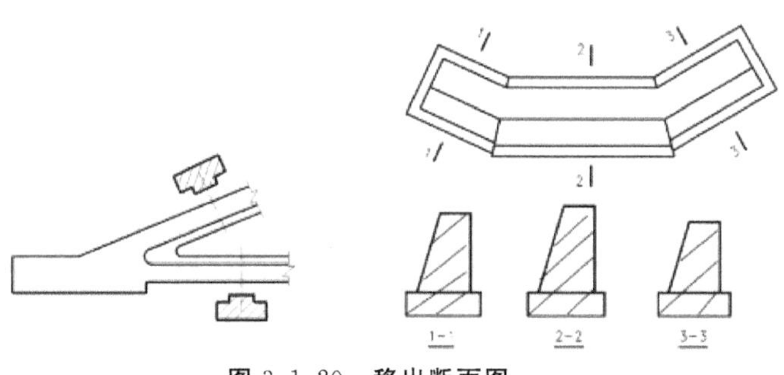

图 3.1.20 移出断面图

(2)重合断面图:重叠画在视图之内的断面图称为重合断面图。重合断面图一般不加任何标注,只需在断面内或断面轮廓的一侧画出材料图例或剖面线,当断面尺寸较小时,可将断面涂黑(图 3.1.21)。

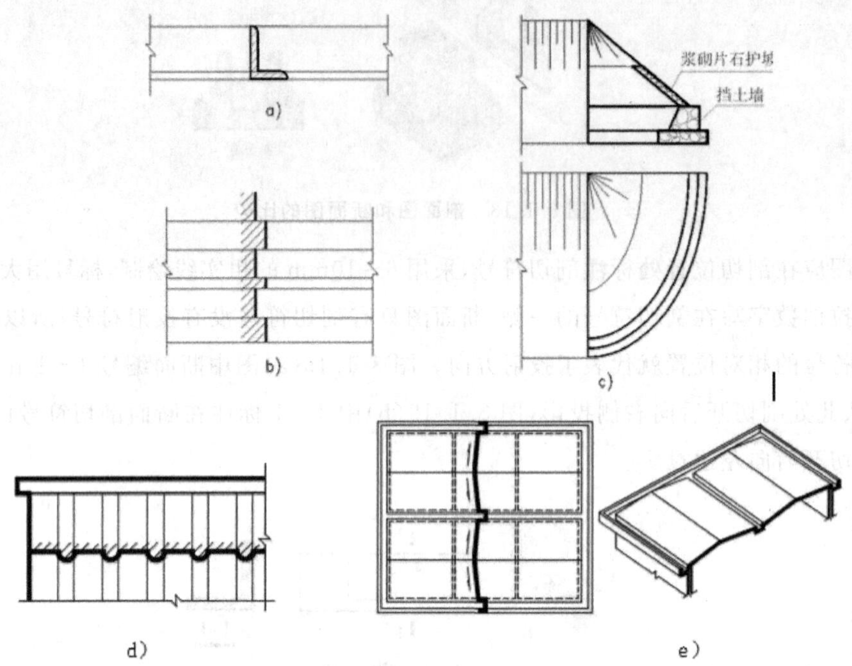

图 3.1.21 重合断面图

(3)中断断面图:画在投影图的中断处的断面图(图 3.1.22)。中断断面图也不需要添加标注说明,和重合断面图一样。

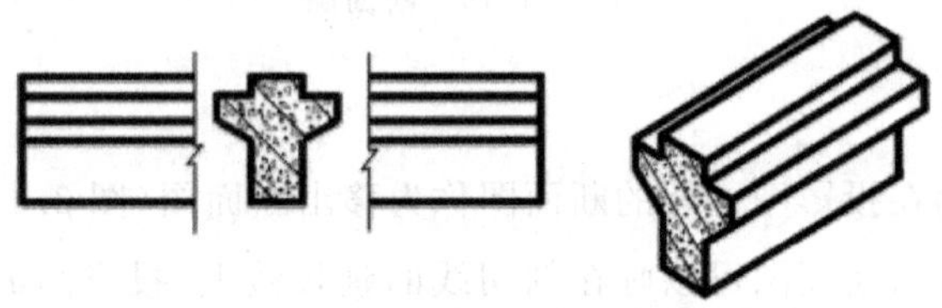

图 3.1.22 中断断面图

第二部分

绘制建筑施工图

项目四 绘制标准建筑图形及步骤

任务一 绘制建筑施工图

任务描述

以某公共建筑施工图实例为依托，梳理建筑平、立、剖面图的手绘步骤及相应的绘制方法，并在此过程中融合《房屋建筑制图统一标准》(GB/T 50001—2017)、《建筑制图标准》(GB/T 50104—2010)中的相关规定，从而养成良好的绘图习惯，规范制图(图 4.1.1)。

图 4.1.1　绘制建筑平面图

知识目标：

(1)掌握建筑平面图的绘制步骤和方法，熟悉制图标准中的相关规定；

(2)掌握建筑立面图的绘制步骤和方法，熟悉制图标准中的相关规定；

(3)掌握建筑剖面图的绘制步骤和方法，熟悉制图标准中的相关规定。

能力目标：

(1)能够应用平、立、剖面图的绘制方法和步骤抄绘建筑平、立、剖面图；

(2)能够按照制图标准的基本规定，规范制图；

(3)能够将给定建筑平、立、剖面图结合起来，构筑起建筑构件的空间关系，更好地理解图纸。

素质目标：

(1)养成严谨认真、一丝不苟的工作态度；

(2)养成吃苦耐劳、爱岗敬业的工匠精神。

抄绘给定的建筑平、立、剖面图。(扫描二维码，可获取图纸电子版文件。)

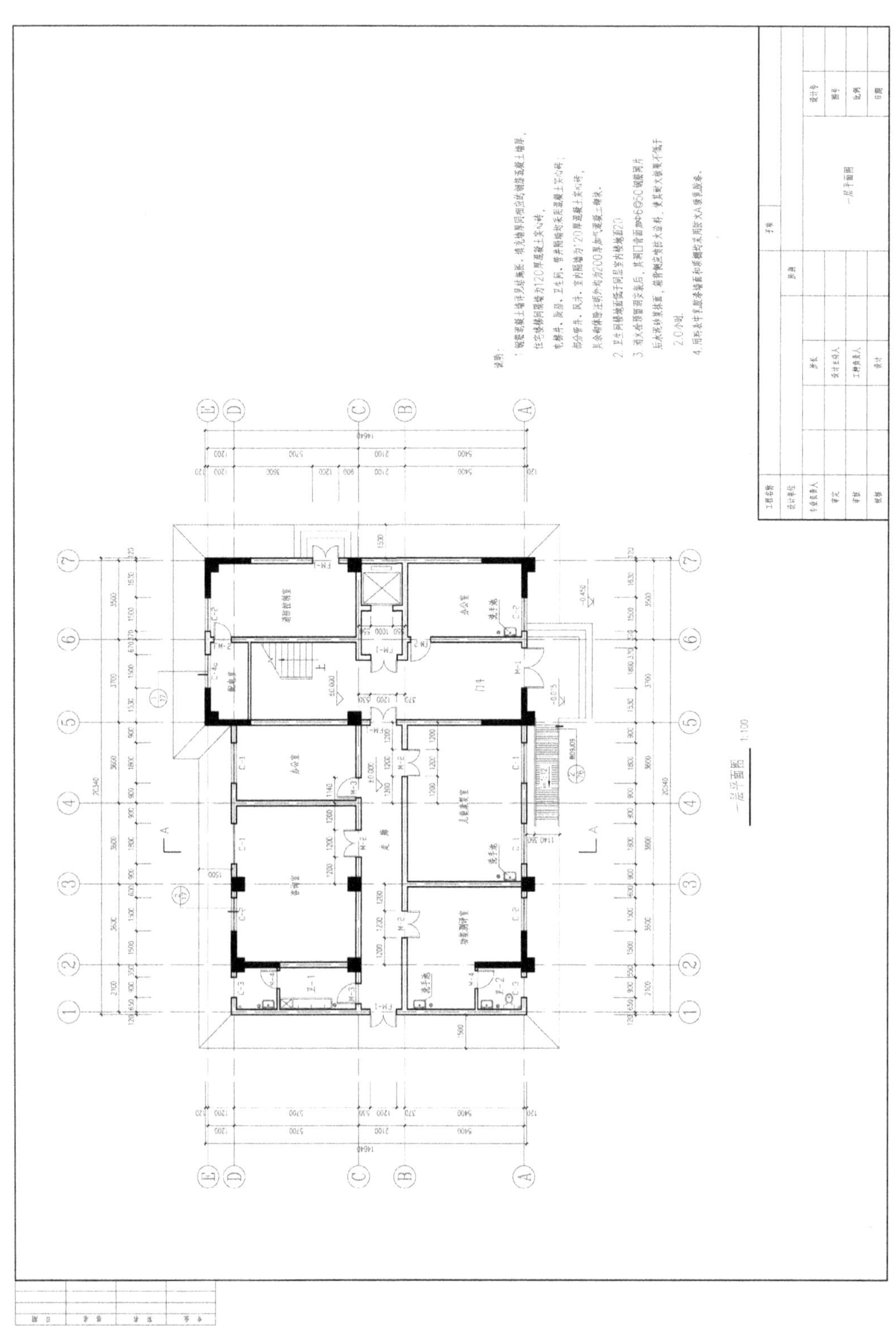

图 4.1.2　建筑平面图

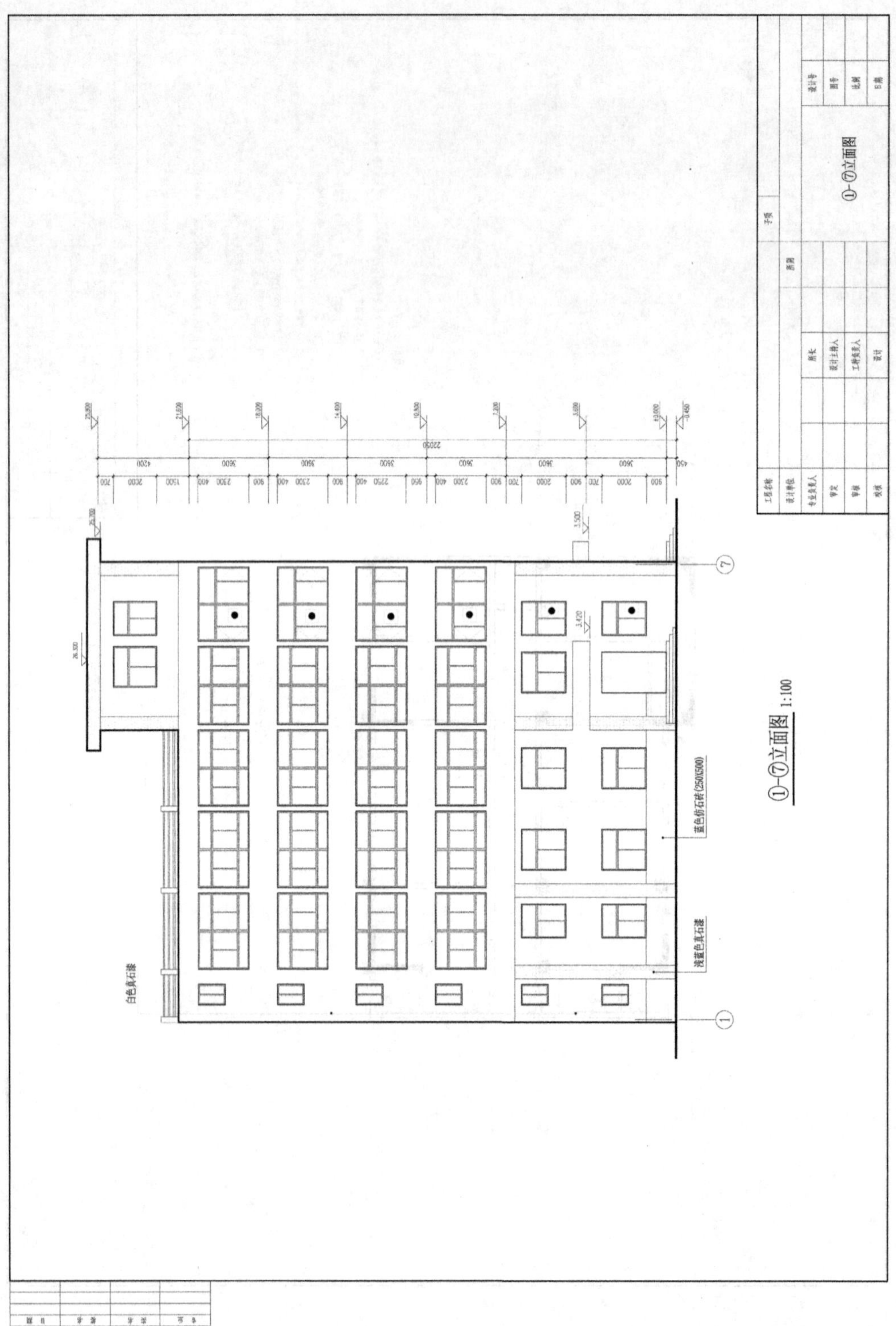

图 4.1.3 建筑立面图

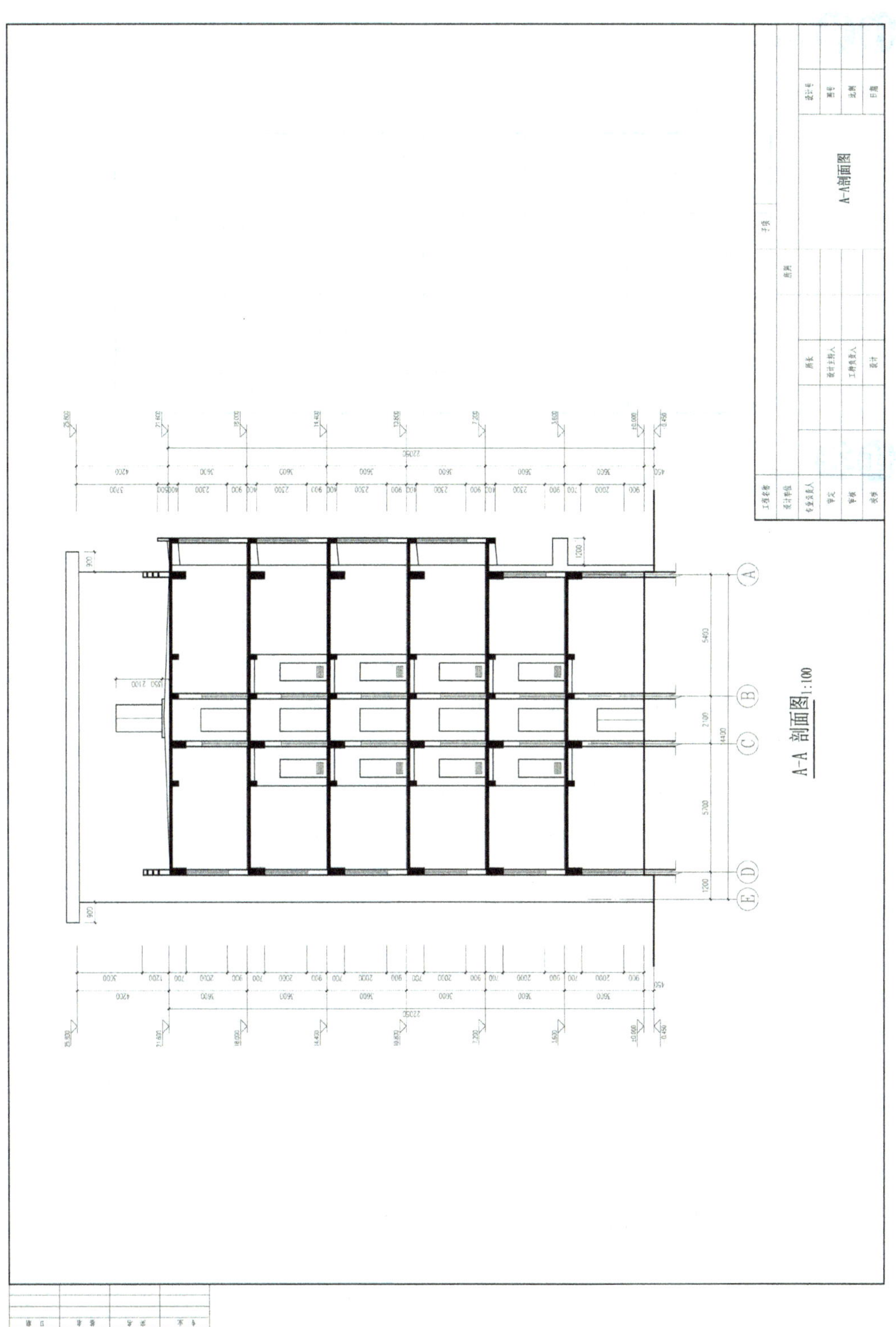

图 4.1.4　建筑剖面图

任务准备

学生以小组的形式进行抄绘。

<table>
<tr><td colspan="2">班级</td><td>组号</td><td>组长</td><td>组长学号</td><td colspan="2">指导老师</td></tr>
<tr><td colspan="2"></td><td></td><td></td><td></td><td colspan="2"></td></tr>
<tr><td rowspan="5">小组成员</td><td>姓名</td><td></td><td>学号</td><td></td><td>解题思路</td><td></td></tr>
<tr><td>姓名</td><td></td><td>学号</td><td></td><td>解题思路</td><td></td></tr>
<tr><td>姓名</td><td></td><td>学号</td><td></td><td>解题思路</td><td></td></tr>
<tr><td>姓名</td><td></td><td>学号</td><td></td><td>解题思路</td><td></td></tr>
<tr><td>姓名</td><td></td><td>学号</td><td></td><td>解题思路</td><td></td></tr>
</table>

任务实施

引导问题 1:建筑平面图的绘图步骤是什么?

引导问题 2:建筑施工图的比例是什么含义?常用的比例有哪些?分别适合绘制哪种类型的施工图?

引导问题 3:建筑施工图的幅面和图框尺寸怎样确定?

引导问题 4:建筑平面图中定位轴线采用__________绘制,被剖切的主要建筑构造(包括构配件)的轮廓线采用__________绘制,剖切符号采用__________绘制,图例填充线、家具线、纹样线等采用__________绘制,部分省略表示时的断开界线采用__________绘制。

引导问题 6:定位轴线的编号应注写在轴线端部的圆内,圆用______绘制,直径______mm,圆的圆心应在定位轴线的延长线上或延长线的折线上。定位轴线的横向编号应用________从左至右顺序编写,竖向编号应用________从下至上顺序编写。

引导问题 7:建筑施工图中的汉字,宜采用________字体,宽高比宜为________。字母及数字的字高不应小于________mm。

引导问题 8:尺寸由________、________、________、________组成。

引导问题 9:尺寸界线应用________绘制,与被注长度垂直,其一端应离开图样的轮廓线不小于________mm,另一端应超出尺寸线________mm。

引导问题 10:互相平行的尺寸线,应从被注写的图样轮廓线由近向远整齐排列,较小尺寸应离轮廓线较近,较大尺寸应离轮廓线较远,平行排列的尺寸线的间距宜为________mm,并应保持一致。

引导问题 11:索引符号由________绘制的圆和水平直线组成,圆的直径为________mm。

引导问题 12:详图的位置和编号应以详图符号表示。详图符号应采用直径为________mm的粗实线圆绘制。

引导问题 13：多层构造引出线的文字说明应与被说明的层次对应一致，层次为横向排序时，则由上至下的说明顺序应与________的层次对应一致。

引导问题 14：指北针中圆的直径宜为________mm，用________绘制，指针头部应注“北”或“N”字，指针尾部的宽度宜为________mm。需用较大直径绘制指北针时，指针尾部的宽度宜为直径的________。

引导问题 15：建筑立面图的绘图步骤是什么？

引导问题 16：标高符号以细实线绘制的等腰直角三角形表示，等腰直角三角形的高度约为________mm，并将斜边延长，来注写标高数字。标高数字应以________为单位。

引导问题 17：图中所示材料为________。

引导问题 18：以下三个楼梯图例中，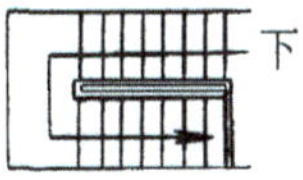

代表________；

代表________；

代表________。

引导问题 19：较简单的对称式建筑物或对称的构配件等，在不影响构造处理和施工的情况下，立面图可绘制一半，并应在对称轴线处画对称符号。对称符号应由对称线和两端的两对平行线组成。对称线垂直平分于两对平行线，对称线应用________绘制；平行线应用________绘制，其长度宜为________mm，每对的间距宜为 2～3mm，两端超出平行线宜为________mm。

引导问题 20：建筑剖面图的绘图步骤是什么？

引导问题 21：绘制比例小于________的剖面图时，可不画出抹灰层，但宜画出楼地面、屋面的面层线。

评价反馈

任务评价表

班级		姓名		学号	
评价项目	评价标准			分值	得分
图幅图框	图纸幅面选取合适，图框绘制正确			10	
底图绘制	绘图步骤合理，内容完整，图面整洁			10	
加深图形	图线符合国家标准的规定			10	
注释图形	文字、尺寸、符号等符合国家标准的规定			10	

<table>
<tr><td>班级</td><td colspan="2"></td><td>姓名</td><td></td><td>学号</td><td colspan="2"></td></tr>
<tr><td colspan="2">工作态度</td><td colspan="4">能严谨认真，按照合理步骤及制图标准要求绘制图纸</td><td>10</td><td></td></tr>
<tr><td colspan="2">完成时间</td><td colspan="4">按照规定的时间完成绘图任务</td><td>10</td><td></td></tr>
<tr><td colspan="2">完成数量</td><td colspan="4">完成组内分配的所有绘图任务</td><td>10</td><td></td></tr>
<tr><td colspan="2">工作效率</td><td colspan="4">认真高效地完成绘图任务</td><td>10</td><td></td></tr>
<tr><td colspan="2">工作质量</td><td colspan="4">绘图内容完整，图面整洁，符合国家标准的要求</td><td>10</td><td></td></tr>
<tr><td colspan="2">团队协作</td><td colspan="4">能够及时、保质保量地完成小组分配的任务</td><td>10</td><td></td></tr>
</table>

任务小结

(1)绘制建筑平、立、剖面图时，首先要了解各施工图的手绘步骤，按照绘图步骤再参照制图标准，采用正确的方法一步一步地进行绘图。

(2)根据给定建筑物的相关尺寸信息，选取合适的幅面，绘制图框。

(3)绘制底图，将平、立、剖面图结合起来，构筑起建筑构件的空间关系。先理解图纸，再根据所抄绘建筑施工图的类型，按步骤进行绘制。绘制底图时，为保证图面整洁，先采用轻而细的线条绘制，暂不将线型加粗。分步骤绘制不同的构件，不要有所遗漏。

(4)按照《房屋建筑制图统一标准》(GB/T50001－2017)、《建筑制图标准》(GB/T50104－2010)中对图线的要求加深图形。

(5)标注门窗编号、轴号、尺寸、标高、剖切符号、图例符号等信息。最后标注图名、比例、说明等信息。

拓展练习

抄绘某建筑平面图、立面图及楼梯详图。(扫描二维码，可获取图纸电子版文件。)

图 4.1.5　建筑平面图

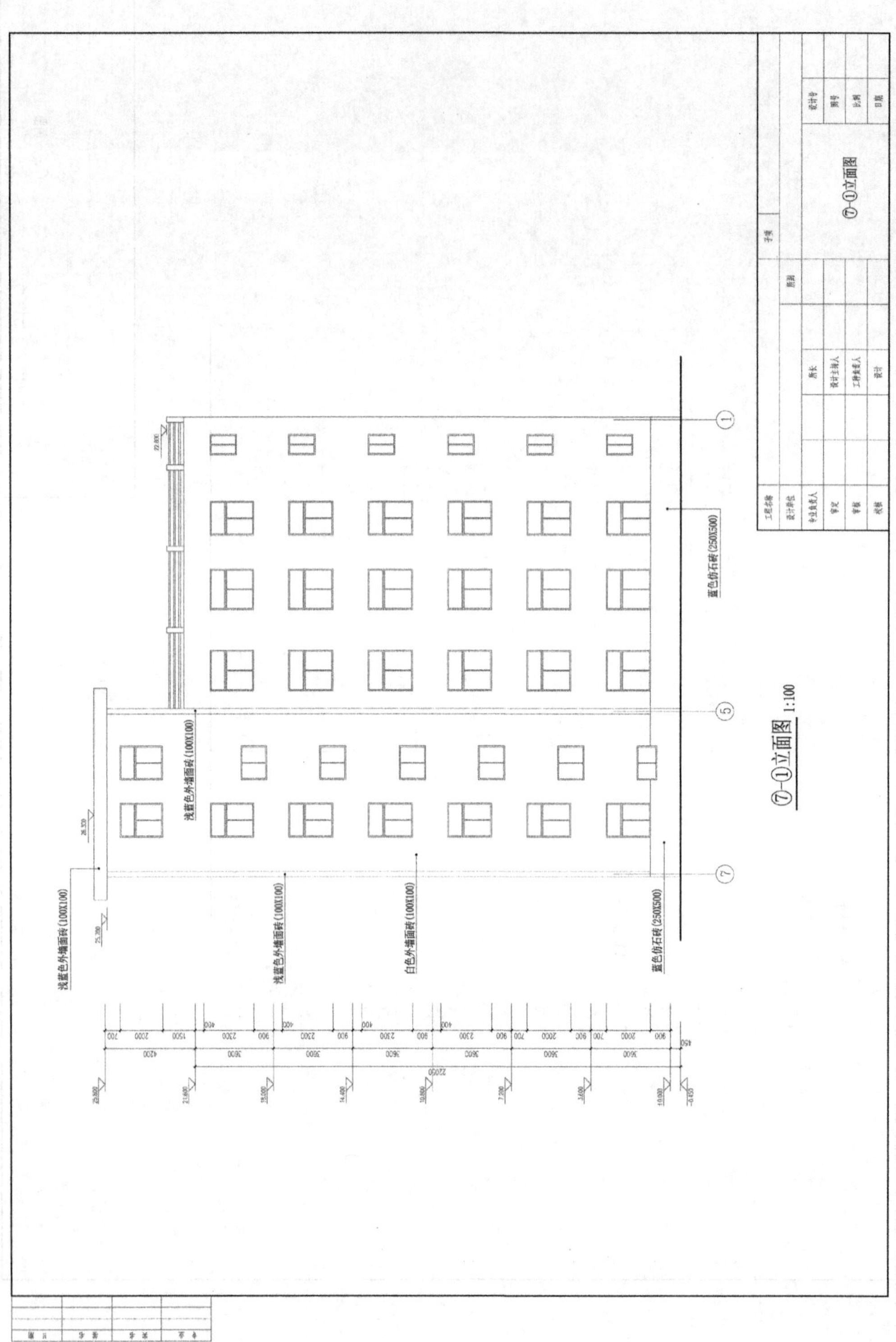
⑦-①立面图 1:100
蓝色仿石砖(250X500)
浅蓝色外墙面砖(100X100)
白色外墙面砖(100X100)
⑦-①立面图

图 4.1.6 建筑立面图

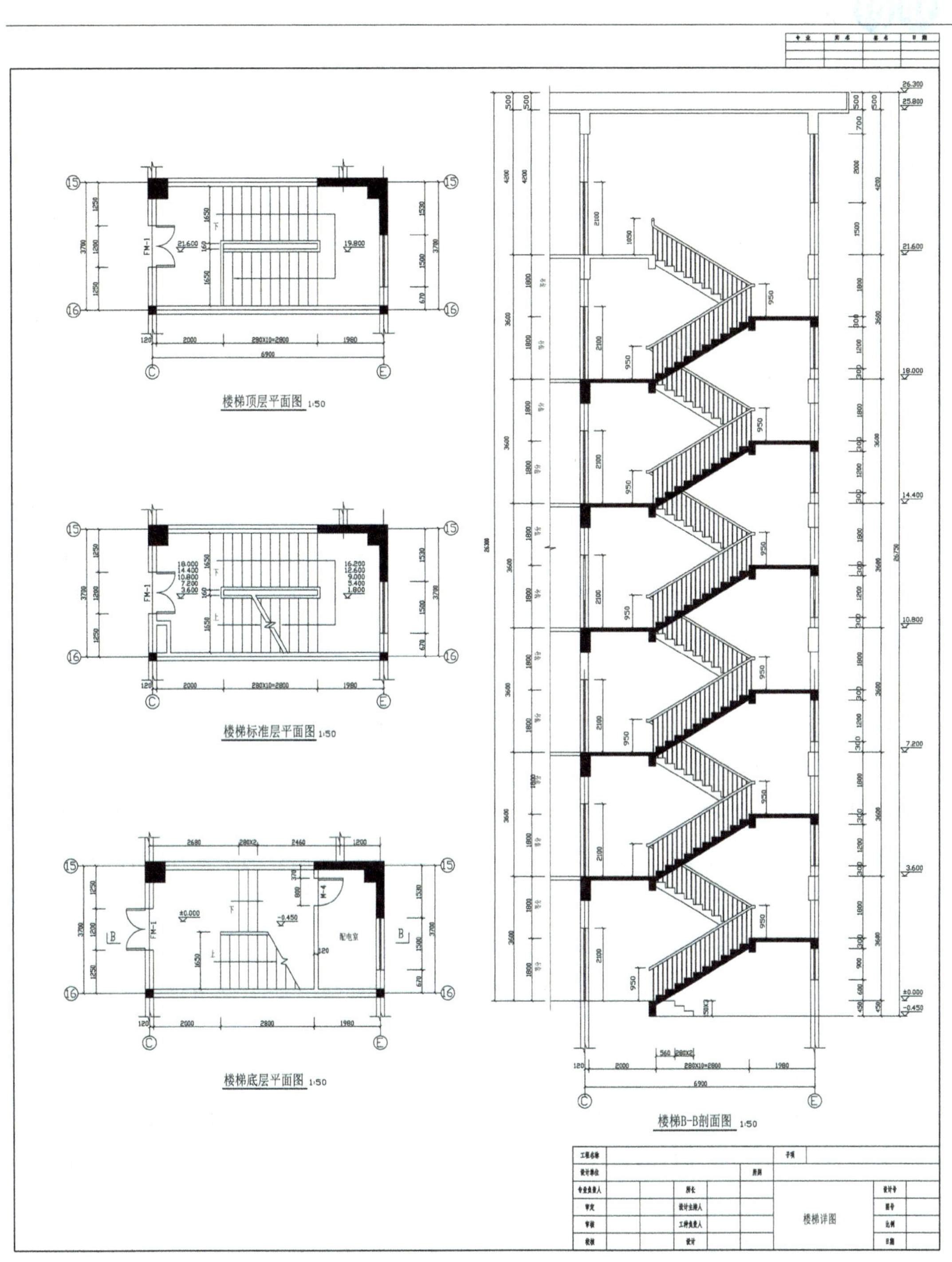
楼梯顶层平面图 1:50
楼梯标准层平面图 1:50
楼梯底层平面图 1:50
楼梯B-B剖面图 1:50
楼梯详图
配电室
FM-1
M-4
280X10=2800
6900
26.300
25.800
21.600
18.000
14.400
10.800
7.200
3.600
±0.000
-0.450

图 4.1.7 楼梯详图

知识链接

一、建筑施工图的绘制方法和步骤

(一)建筑平面图的绘制方法和步骤

建筑平面图作为表达建筑物各层的平面形状,内部功能划分及布局,柱、墙体的平面形状、大小、厚度、材质,门窗的位置、类型等信息的载体,在绘制时既要遵循国家制图标准的规定,也要按照合理的方法和步骤来进行。

建筑平面图实质上是一种特殊类型的剖面图(用假想的水平面剖切),所以在绘制时,被剖切到的柱、墙等主要竖向构件轮廓线用粗实线表示,未剖切到的部分如室外台阶、散水及尺寸线等用中线表示,其他图例填充线、家具线用细实线表示。

平面图绘制时常采用 1:100 的比例,平面图、剖面图采用不同比例绘制时,其抹灰层、楼地面、材料图例的省略画法的规定是不同的,具体规定为:

比例大于 1:50 的平面图、剖面图,应画出抹灰层、保温隔热层等与楼地面、屋面的面层线,并宜画出材料图例;比例等于 1:50 的平面图、剖面图,剖面图宜画出楼地面、平面图、剖面图,可不画出抹灰层,但剖面图宜画出楼地面、屋面的面层线;比例小于 1:200 的平面图、剖面图,可不画出材料图例,剖面图的楼地面、屋面的面层线可不画出。

具体的绘图步骤如下:

(1)根据建筑物的长度、宽度等平面尺寸并适当考虑尺寸标注和必要的说明文字等的预留位置,确定绘图比例和图幅。

(2)绘制底图(采用 H～3H 的铅笔,采用轻而细的线条绘制)。①绘制图框线和标题栏;②确定图形位置,绘制定位轴线;③绘制柱、墙轮廓线;④确定门窗洞口的位置,绘制门窗;⑤绘制楼梯、台阶、散水等细部图形;

(3)加深图形。按照制图标准对线型的要求加深图形。

(4)注释图形。①标注门窗编号、尺寸、剖切符号等;②注写图名、比例等内容。图名可采用 7～10 号字。

(二)建筑立面图的绘制方法和步骤

建筑立面图应包括投影方向可见的建筑外轮廓线和墙面线脚、构配件、墙面做法及必要的尺寸和标高等。平面形状曲折的建筑物,可绘制展开立面图。圆形或多边形平面的建筑物,可分段展开绘制立面图,应在图名后加注“展开”二字。较简单的对称式建筑物或对称的构配件等,在不影响构造处理和施工的情况下,立面图可绘制一半,并应在对称轴线处画对称符号。在建筑物立面图上,相同的门窗阳台、外檐装修、构造做法等可在局部重点表示,并应绘制其完整图形,其余部分可只画轮廓线。具体表达时,地坪线采用加粗线($1.4b$)表示,建筑物外轮廓线用粗实线表示,其他轮廓线用中线或中粗线表示,外墙装饰线等用细实线绘制,尺寸标注、索引符号、标高符号等用中线表示。

从大的方面来说，建筑立面图的绘制步骤和平面图的绘制步骤基本相同，但绘制底图时又有所区别。具体步骤如下：

(1)根据建筑物的长度、高度等尺寸并适当考虑尺寸标注、标高注写和必要的说明文字等的预留位置，确定绘图比例和图幅。

(2)绘制底图。①绘制图框线和标题栏；②绘制室外地坪线、横向定位轴线、室内地坪线、外墙轮廓线、屋面线；③绘制各层门窗洞口；④绘制立面墙体的细部图形，如门窗的分隔线、窗台、空调板等；

(3)加深图形。按照制图标准对线型的要求加深图形。

(4)注释图形。①标注首尾轴号、标高、尺寸等；②注写图名、比例等内容。

(三)建筑剖面图的绘制方法和步骤

剖面图应根据图纸用途或设计深度，在平面图上选择能反应全貌、构造特征以及有代表性的部位剖切。剖面图应包括剖切面和投影方向可见的建筑构造、构配件以及必要的尺寸、标高等。具体表达时，被剖切到的主要建筑构造的轮廓线用粗线表示，如柱、梁、板等的轮廓线。未被剖切到但可见的轮廓线用中线或中粗线表达，剖切到的钢筋混凝土梁、板涂黑表示。

绘制建筑剖面图的具体步骤如下：

(1)根据建筑物的长度、高度等尺寸并适当考虑尺寸标注、标高注写和必要的说明文字等的预留位置，确定绘图比例和图幅。

(2)绘制底图。①绘制图框线和标题栏；②绘制定位轴线、室内外地坪线、楼面线等；③绘制剖切到的构件，如墙体、楼板、门窗洞口、过梁、圈梁、檐口等；④绘制未剖切到但可见的构件轮廓线，如墙、梁、阳台、雨蓬等；

(3)加深图形

按照制图标准对线型的要求加深图形。

(4)注释图形。①标注轴号、标高、尺寸等；②注写图名、比例等内容。

二、制图标准的相关规定

为了使房屋建筑制图规则统一，图纸图面清晰简明，提高工程建设的效率，适应信息化发展的要求，建筑工程中应用的工程图纸，都是以国家制图标准规范为依据进行绘制的。《房屋建筑制图统一标准》(GB/T 50001—2017)、《总国制图标准》(GB/T 50103—2010)、《建筑制图标准》(GB/T 50104—2010)对图纸幅面、图线、字体、比例、符号、定位轴线、常用图例、尺寸标注等内容都做了详细的规定。作为建筑及相关专业的学生，了解和掌握制图标准的相关规定尤为重要，在后续建筑施工图的识读和绘制中也要自觉对标制图标准的要求，逐渐将国标内化为一种行为习惯，贯穿于以后的学习和工作中。

(一)图纸幅面

1.图纸幅面

图纸幅面是指图纸宽度与长度组成的图面,即图纸的轮廓尺寸。根据幅面短边和长边尺寸的不同,可将图纸幅面划分为A0～A4五种,A0最大,A4最小。相邻的两个幅面,将大幅面的长边对折即为小幅面。一个工程设计中,除目录及表格等采用的A4幅面外,每个专业所使用的图纸,不宜多于两种幅面。图纸的周边是不绘制图形的,真正的绘图区域是图框线以内的范围。为了方便图纸装订,所以图纸一边是装订边,装订边一侧通常预留有较大的尺寸。幅面及图框尺寸的规定见表4.1.1所示,其相应格式要求如下图4.1.8～图4.1.13所示。A0～A3幅面在表4.1.1给出的基本幅面的基础上可以适当加长,但是图纸短边不得加长,长边加长宜符合下表4.1.2的规定。

图纸按照放置方式的不同可以分为横式和立式。以短边作为垂直边的横式,A0～A3图纸宜横式使用。以长边作为垂直边的为立式。

表4.1.1 幅图及图框尺寸规定 单位 mm

幅面代号 / 尺寸代号	A0	A1	A2	A3	A4
$b\times l$	841×1189	594×841	420×594	297×420	210×297
c	10			5	
a	25				

注:表中b为幅面短边尺寸,l为幅面长边尺寸,c为图框线与幅面线间宽度,a为图框线与装订边间宽度。

表4.1.2 图纸长边加长尺寸 单位:mm

幅画代号	长边尺寸	长边加长后的尺寸
A0	1189	1486 (A0+1/4l)　1789 (A0+1/2l)　2080 (A0+3/4l)　2378 (A0+l)
A1	841	1051 (A1+1/4l)　1261 (A1+1/2l)　1471 (A1+3/4l)　1682 (A1+l)　1892 (A1+5/4l)　2102 (A1+3/4l)
A2	594	743 (A2+1/4l)　891 (A2+1/2l)　1041 (A2+3/4l)　1189 (A2+l)　1338 (A2+5/4l) 1486 (A2+3/2l)　1635 (A2+7/4l)　1783 (A2+2l)　1932 (A2+9/4l)　2080 (A2+5/2l)
A3	420	630 (A3+1/2l)　841 (A3+l)　1051 (A3+3/2l)　1261 (A3+2l)　1471 (A3+5/2l) 1682 (A3+3l)　1892 (A3+7/2l)

2. 标题栏

图纸中除了之前提到的幅面线、图框线和装订边之外，还应有标题栏和对中标志。横式和立式使用的图纸，其标题栏和装订边等的常用格式分别如图 4.1.2～图 4.1.4、图 4.1.5～图 4.1.7所示。

图纸中通常还有各专业负责人签字的会签栏。通常根据工程图纸的实际情况来选择和确定标题栏、会签栏的格式、尺寸等内容。当标题栏在图框右侧或下方布满放置时，标题栏可分别按图 4.1.8、图 4.1.9 所示的形式进行布置；当标题栏放在图框的右下角时，标题栏、签字栏可以按照图 4.1.10、图 4.1.11 及图 4.1.12 所示形式进行布置。

另外，在涉外工程的标题栏内，还应在主要内容的下方附上译文，在设计单位名称的上方或左侧位置加上“中华人民共和国”的字样；如果一个工程项目的设计工作是由两个或两个以上的设计单位合作完成时，应在单位名称区依次列出设计单位的名称。

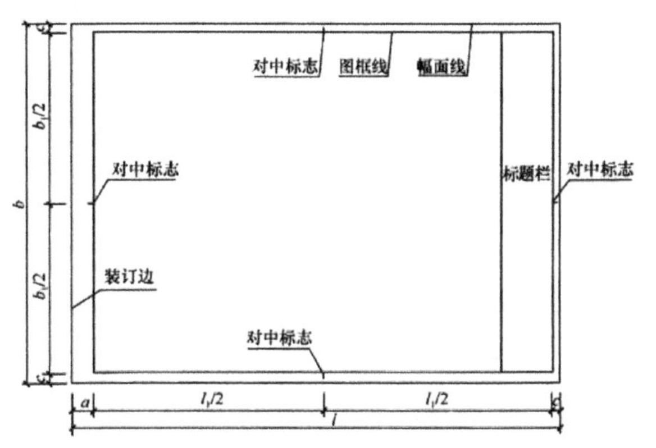

4.1.2 横式幅面常用格式(一)

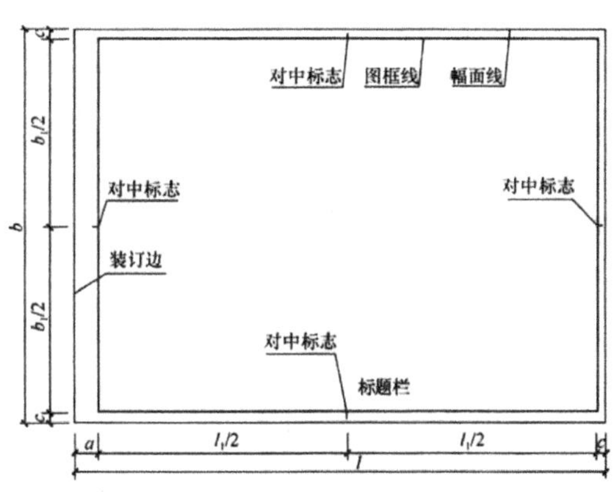

图 4.1.3 横式幅面常用格式(二)

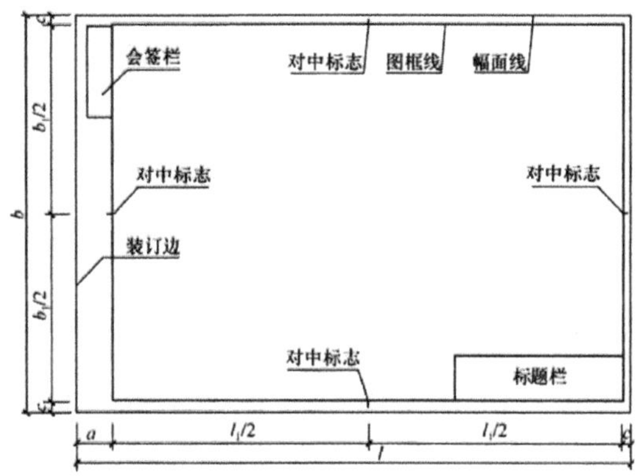

图 4.1.4 横式幅面常用格式(三)

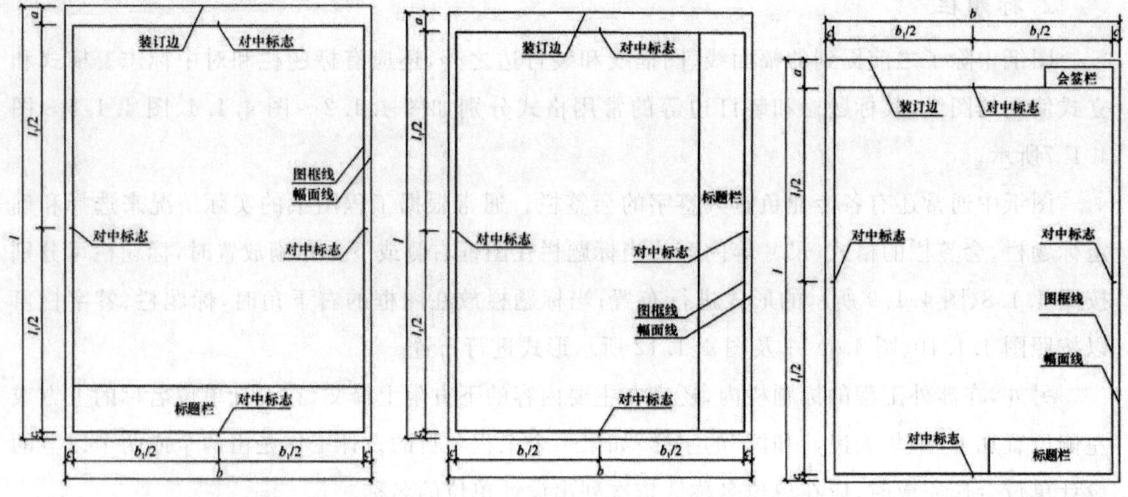

图 4.1.5 立式幅面常用格式(一)　图 4.1.6 立式幅面常用格式(二)　图 4.1.7 立式幅面常用格式(三)

30~50	设计单位名称区	注册师签章区	项目经理区	修改记录区	工程名称区	图号区	签字区	会签栏	附注栏

图 4.1.8 标题栏布置形式(一)

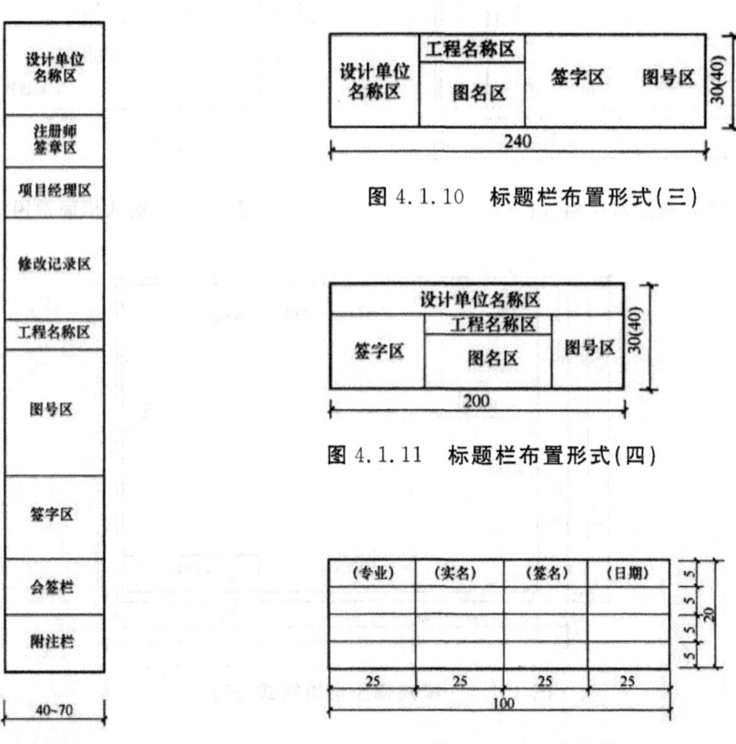

图 4.1.9 标题栏布置形式(二)

图 4.1.10 标题栏布置形式(三)

图 4.1.11 标题栏布置形式(四)

图 4.1.12 会签栏

(二)图线

建筑施工图的图形信息以图线为载体进行表达，建筑施工图的图线分为粗线、中粗线、中线和细线，绘图时根据图纸的复杂程度与比例大小，选择粗线的线宽即为基本线宽，用字母 b 表示，基本线宽宜按照图纸比例及图纸性质从 1.4mm、1.0mm、0.7mm、0.5mm 线宽系列中选取。选定基本线宽之后，再根据粗线∶中粗线∶中线∶细线＝1∶0.7∶0.5∶0.25 的比例确定其余线宽。依据《房屋建筑制图统一标准》(GB/T50001－2017)的规定，建筑施工图中常用的线宽组可从下表 4.1.3 的线宽组列表中选用，但是，在同一张图纸内，相同比例的各图样应采用相同的线宽组。

不同幅面大小的图纸，其图框线、标题栏的线宽要求也有所不同，具体规定如下表 4.1.4 所示。

表 4.1.3 常用线宽组

单位:mm

线宽比	线宽组			
b	1.4	1.0	0.7	0.5
0.7*b*	1.0	0.7	0.5	0.35
0.5*b*	0.7	0.5	0.35	0.25
0.25b	0.35	0.25	0.18	0.13

表 4.1.4 图框、标题栏线宽规定

单位:mm

幅面代号	图框线	标题栏外框线对中标志	标题栏分格线幅面线
A0、A1	*b*	0.5*b*	0.25*b*
A2、A3、A4	*b*	0.7*b*	0.35*b*

建筑施工图中不同的绘制对象采用不同的线型进行表达，《房屋建筑制图统一标准》(GB/T 50001－2017)、《建筑制图标准》(GB/T 50104－2010)对图线的使用有非常详细的规定(表 4.1.5)，例如绘制建筑平面图、剖面图中被剖切到的主要可见轮廓线时，采用粗实线；绘制建筑平面图等的定位轴线时，要采用细单点长画线；绘制拟建、扩建建筑物的外轮廓线时，采用中粗虚线。

表 4.1.5 图线的相关规定

名称		线型	线宽	用途
实线	粗	————	*b*	主要可见轮廓线
	中粗		0.7*b*	可见轮廓线、变更云线
	中	————	0.5*b*	可见轮廓线、尺寸线
	细		0.25*b*	图例填充线、家具线

名称		线型	线宽	用途
虚线	粗		b	见各有关专业制图标准
	中粗		$0.7b$	不可见轮廓线
	中		$0.5b$	不可见轮廓线、图例线
	细		$0.25b$	图例填充线、家具线
单点长画线	粗		b	见各有关专业制图标准
	中		$0.5b$	见各有关专业制图标准
	细		$0.25b$	中心线、对称线、轴线等
双点长画线	粗		b	见各有关专业制图标准
	中		$0.5b$	见各有关专业制图标准
	细		$0.25b$	假想轮廓线、成型前原始轮廓线
折断线	细		$0.25b$	断开界线
波浪线	细		$0.25b$	断开界线

了解了线宽线型的相关规定，在图线绘制过程中还需要注意以下事项：

(1)虚线、单点长画线或双点长画线的线段长度和间隔，宜各自相等。

(2)单点长画线或双点长画线，当在较小图形中绘制有困难时，可用实线代替。

(3)单点长画线或双点长画线的两端，不应采用点(图 4.1.13)。点画线与点画线交接或点画线与其他图线交接时，应采用线段交接。

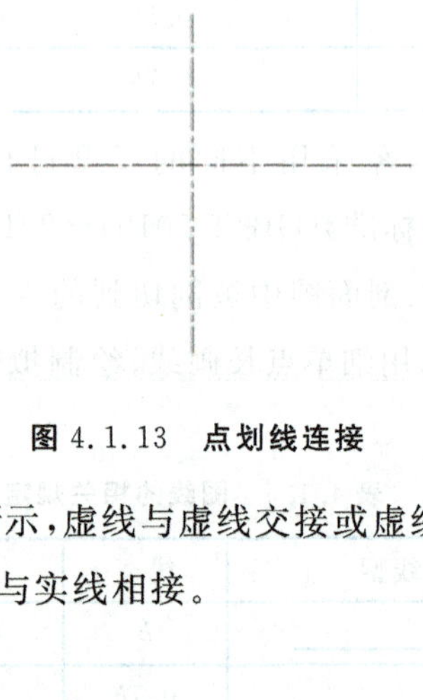

图 4.1.13 点划线连接

(4)如图 4.1.14～图 4.1.16 所示，虚线与虚线交接或虚线与其他图线交接时，应采用线段交接，虚线为实线的延长线时，不得与实线相接。

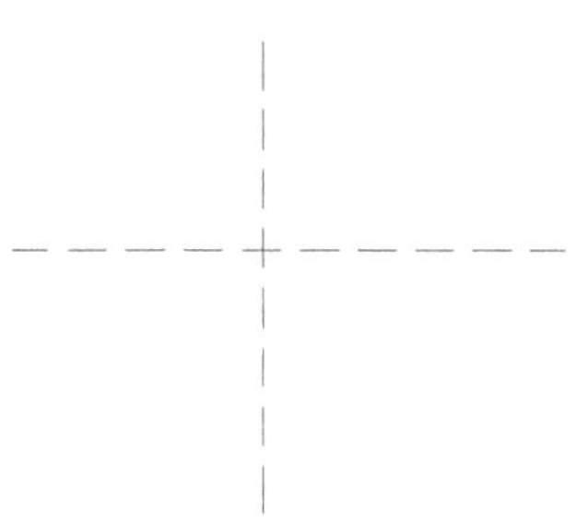

图 4.1.14 虚线连接(一)

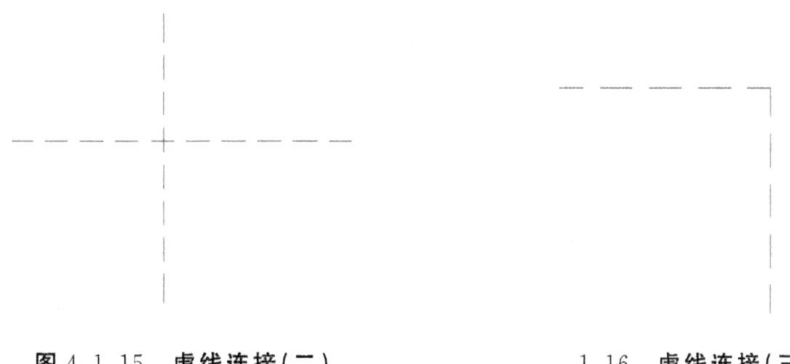

图 4.1.15 虚线连接(二) .1.16 虚线连接(三)

(5)图线不得与文字、数字或符号重叠、混淆,不可避免时,应首先保证文字的清晰(图 4.1.1)。

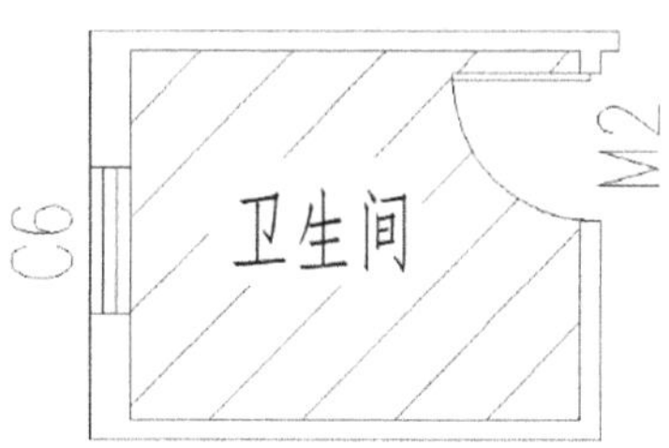

图 4.1.17 图线、文字的关系示意

(三)字体

在建筑施工图纸中,对图形对象不能完全表达清楚的内容,通常采用文字进行注释。根据《房屋建筑制图统一标准》(GB/T 50001—2017)、《建筑制图标准》(GB/T 50104—2010)对文字字体的规定,图纸上书写的文字、数字、符号等信息,应该符合笔画清晰、字体端正、排列整齐、标点正确等基本要求。

常用的汉字和字母、数字等非汉字的字高按表 4.1.6 所示常用字高表进行选择,非汉字的字高不得小于 2.5 mm,汉字常用的字高为 3.5 mm、5 mm、7 mm、10 mm 等,非汉字常用的字高为 3 mm、4 mm、6 mm、8 mm 等。当字高比较大时,字高可以按表 4.1.5 中所列数值的$\sqrt{2}$倍进行递增。汉字通常采用长仿宋字体，长仿宋字高宽关系见表 4.1.7 所示。非汉字常采用Roman 字体，书写规则见表 4.1.8 所示。非汉字如果需要采用斜体字时，倾斜方式应该为从字的底线逆时针向上倾斜 75°。

表 4.1.6 常用字高

单位：mm

字体种类	汉字矢量字体	True type 字体及非汉字矢量字体
字高	3.5、5、7、10、14、20	3、4、6、8、10、14、20

表 4.1.7 长仿宋字高宽关系

单位：mm

字高	3.5	5	7	10	14	20
字宽	2.5	3.5	5	7	10	14

表 4.1.8 非汉字书写规则

书写格式	字体	窄字体
大写字母高度	h	h
小写字母高度(上下均无延伸)	$7/10h$	$10/14h$
小写字母伸出的头部或尾部	$3/10h$	$4/14h$
笔画宽度	$1/10h$	$1/14h$
字母间距	$2/10h$	$2/14h$
上下行基准线的最小间距	$15/10h$	$21/14h$
词间距	$6/10h$	$6/14h$

(四)比例

在手绘建筑施工图的过程中，通常需要按照一定的比例将建筑物的实际尺寸进行缩放，才能放置到相应的图框内。绘制到图框内的建筑图样与建筑物的实体尺寸的比值就称为比例。比例的表达方式通常是以符号"："将两个阿拉伯数字间隔开来，如 1：50。图纸的比例通常放置在图名的右侧，与图名的基准取平，字高通常比图名的字高取小一号或小二号(图 4.1.18)。

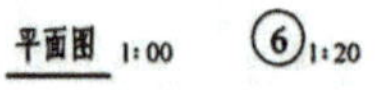

平面图 1:00　⑥1:20

图 4.1.18 比例

根据图纸表达内容的不同及所绘图形的复杂程度，可以选择不同的比例进行绘制。例如建筑平面图可以选用 1：100 的比例，节点详图可以选用 1：20 的比例，建筑总平面图则可选用 1：1000的比例。下表 4.1.9 中给出了绘图的常用比例，使用时可以根据需要进行选取。

表 4.1.9 绘图比例

常用比例	1:1、1:2、1:5、1:10、1:20、1:30、1:50、1:100、1:150、1:200、1:500、1:1000、1:200
可用比例	1:3、1:4、1:6、1:15、1:25、1:40、1:60、1:80、1:250、1:300、1:400、1:600、1:5000、1:10000、1:20000、1:50000、1:100000、1:200000

(五)符号

为使建筑意图表达的更加完整和清晰，建筑施工图中常采用多种符号来连接和补充基本图形。《房屋建筑制图统一标准》(GB/T 50001－2017)中对常用符号也做了具体规定，绘图时，一定要按照标准的规定进行。

1. 剖切符号

为了表达清楚建筑形体内部较复杂处的形状和结构，通常需要用到剖面图和断面图，剖面图和断面图分别由对应的剖切符号来进行表达。建筑施工图的剖切符号一般标注在首层平面图上，局部剖切的剖切符号通常标注在包含剖切部位的最下面一层的平面图上。

剖切符号由剖切位置线和剖视方向线构成(图 4.1.19)。剖切位置线代表假想的剖切平面的位置，剖视方向线代表移走观察者的视线方向。为区分不同的剖面图，剖切符号通常还需要进行编号。剖切位置线通常采用 6～10mm 的粗实线表示，剖视方向线则采用 4～6mm 的粗实线绘制。剖切符号的编号通常按照剖切顺序，从右向左、从下向上进行编排，采用粗体阿拉伯数字注写在剖视方向线的端部。对应的剖面图则采用相同的数字作为图名，如图 4.1.20 中编号为 1 的剖切符号代表的剖切对应的剖面图则为 1－1。若剖面图不能和被剖切的建筑形体在一张图纸中进行表达时，可以在剖切位置线的另一侧注明剖面图所在的图纸编号，如图4.1.19中的建施－5。

对于内部构造十分复杂，一次剖切不能完全将其构造或结构表达清楚的形体，可以采用多个平面联合剖切的方式。其剖切符号的表达方式如图 4.2.21 中编号为 3 的剖切符号所示，为避免转折处的符号与其它图形对象发生混淆，在转角的外侧加注与原剖切符号相同的编号数字 3。

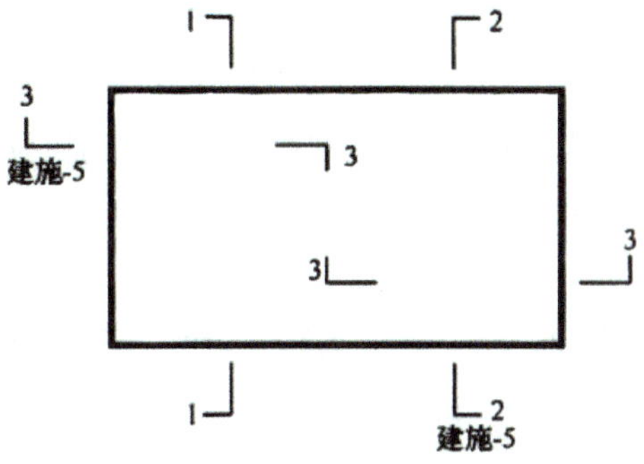

图 4.1.19 剖切符号

而在断面图中，剖切符号包含剖切位置线和编号，编号注写在剖切位置线的一侧，注写侧则代表剖视方向(图 4.1.20)。

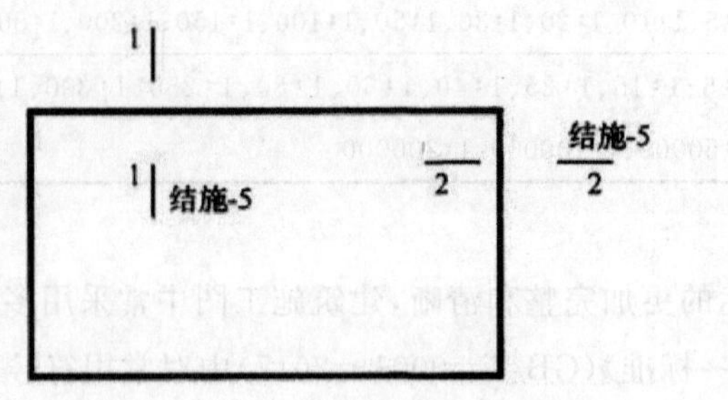

图 4.1.20 断面的剖切符号

3.索引符号与详图符号

若施工图纸中某一部位需要引用详图才能表达清楚,详图可能和该部位在同一张图纸,也可能在不同的图纸中进行表达。那这个时候我们就用索引符号去指示清楚详图所在的位置,而在详图所在的位置绘制相应的详图编号来呼应当前引用部位,这样通过索引符号和详图符号即可实现详图和该引用详图部位的相互查找。

索引符号由细实线绘制的直径为 8mm~10mm 的圆和水平直径构成(图 4.1.21)。索引出的详图与被索引的详图在同一图纸时,在索引符号的上半圆中采用阿拉伯数字注明该详图的编号,在下半圆中画一段水平细实线[图 4.1.21(b)]。索引出的详图与被索引的详图不在同一图纸时,在索引符号的上半圆中注明该详图的编号,在下半圆中注明该详图所在图纸的编号[图 4.1.21(c)]。若索引出的详图引用的是标准图集上的详图,则在索引符号的上半圆中注明该详图的编号,下半圆中注明该详图在标准图集的页码,并在索引符号水平直径的延长线上加注该标准图集的编号[图 4.1.21(d)]。

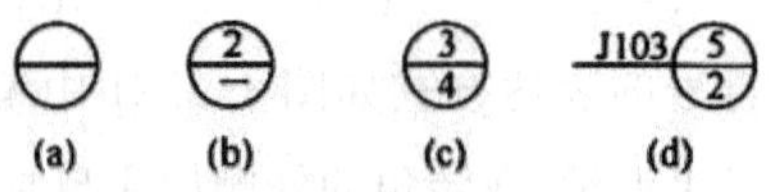

图 4.1.21 索引符号

当索引符号用于索引剖视详图时,应在被剖切的部位绘制剖切位置线,并以引出线引出索引符号,引出线所在的一侧应为剖视方向,即剖视方向为由剖切位置线看向引出线(图4.1.22)。图 2.1.22(a)~图 2.2.22(e)图的剖视方向为从左向右及从下向上。

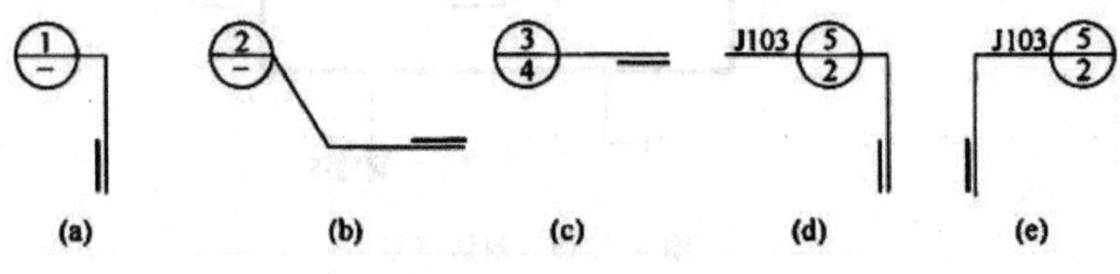

图 4.1.22 剖视详图的索引符号

与索引符号呼应的详图符号采用直径为 14mm 的粗实线圆来表达。并应符合下列规定：

(1)当详图与被索引的图样同在一张图纸内时，应在详图符号内用阿拉伯数字注明详图的编号(图 4.1.23)；

(2)当详图与被索引的图样不在同一张图纸内时，应用细实线在详图符号内画一水平直径，在上半圆中注明详图编号，在下半圆中注明被索引的图纸的编号(图 4.1.24)。

图 4.1.23　与被索引图样同在一张图纸内的详图索引

图 4.1.24　与被索引图样不在同一张图纸内的详图索引

3.引出线

施工图纸中不能完全采用图形表达清楚的内容，可采用引出线注加文字说明来进行补充。引出线一般采用细实线绘制，可采用与水平方向夹角为 0°、30°、45°、60°、90°的直线引出，再折成水平线，以方便注写文字或连接索引符号。文字可以注写在水平线的端部或上方，与索引符号连接时连接在直径上(图 4.1.25)。若同时引出几个相同部分，即几个相同的部分共用引出线时，引出线宜互相平行，也可以会交于一点(图 4.1.26)。

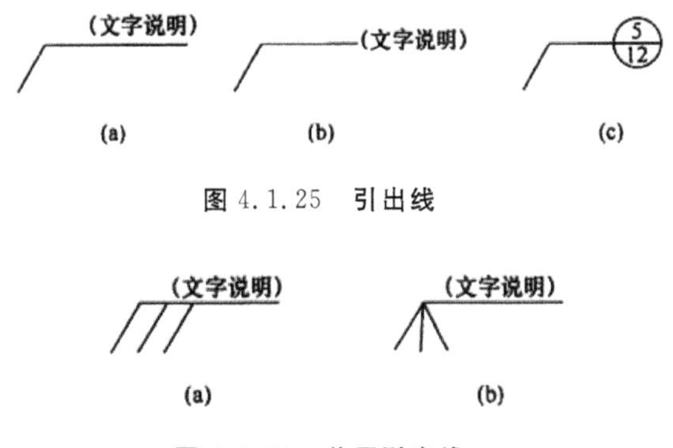

图 4.1.25　引出线

图 4.1.26　共用引出线

对于楼板、墙体类构件，若需要描述其构造层次，则需采用多层构造共用引出线。绘制时，应用圆点示意各层次，并用细实线将圆点连接起来，通过被引出的各层，在图形外采用文字说明的形式进行注写。文字说明可注写在水平线的上方或端部，说明的顺序应由上至下，并应与被说明的层次对应一致[图 4.1.27(a)～(c)]；如层次为横向排序，则由上至下的说明顺序应与由左至右的层次对应一致[图 4.1.27(d)]。

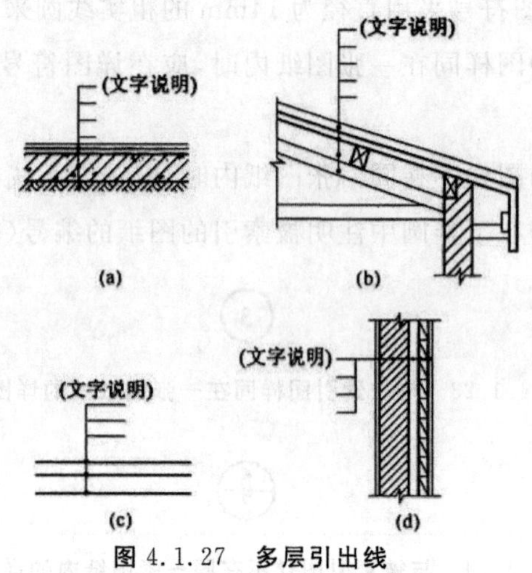

图 4.1.27 多层引出线

4.其他符号

1)对称符号

对称符号由对称线和两端的两对平行线组成(图 4.1.28)。平行线采用中实线绘制,长度取为 6～10mm,每对的间距取为 2～3mm;对称线采用细单点长画线绘制,两端超出平行线 2～3mm,垂直平分于两对平行线。

图 4.1.28 对称符号

(2)连接符号

连接符号一般以折断线表示需连接的两个部分。当需要连接的两个部位距离比较远时,折断线两端靠近图样一侧应标注连接编号,连接编号以大写的英文字母表示。被连接的两部分采用相同的字母进行编号(图 4.1.29)。

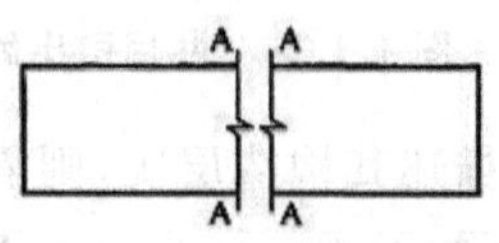

图 4.1.29 连接符号

(3)指北针

通常需要在建筑施工图的首层平面图中绘制指北针,指北针的具体绘制方法如图 4.1.30 所示。采用细实线绘制直径为 24mm 的圆,指针指针尾部的宽度为 3mm,指针头部应注“北”或“N”字。若需用较大直径绘制指北针,指针尾部的宽度取为直径的 1/8。

图 4.1.30 指北针

(六)图例

在绘制建筑总平面图时，需要表达清楚新建建筑与原有建筑的位置关系以及相关的道路、绿化、水电管线等信息，所以相关内容的表达需要符合《总图制图标准》(GB/T 50103－2010)对于图例的相关规定，部分常用总平面图例如表 4.1.10 所示。在绘制总平面图中的常见内容时，必须按照标准给出的图例来进行绘制，对标准中未给出的内容可以采用自编图例表达，但是须注明。

在识读与绘制较大比例的建筑施工图时，我们经常会用到建筑材料图例，在建筑平、立、剖面图的识读与绘制过程中也经常会用到建筑构造图例，《房屋建筑制图统一标准》(GB/T 50001－2017)对常用建材图例进行了详细的规定，部分常用建材图例见表 4.1.11，《建筑制图标准》(GB/T 50104－2010)对常用建筑构造图例也有相应的规定，部分常用建筑构造图例见表4.1.12。

当采用常用的建材时，必须按照制图标准给出的建材图例进行表达，对标准中未给出的建筑材料，可以使用自编图例，但是自编图例不得与标准中已有建材图例重复。在绘制建材图例时，图例表达应清楚正确，图例线间隔均匀，疏密适当，两个相同的图例相接时，图例线可以错开表示或使图例线方向相反(图 4.1.31)。

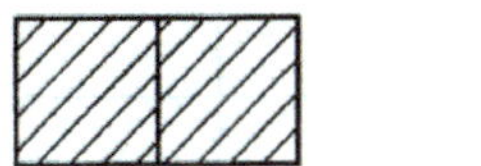

图 4.1.31 相同图例相接的表示方法

表 4.1.10 常用总平面图例

序号	名称	图例	备注
1	新建建筑物	X= Y= ① 12F/2D H=59.00m	(1)以粗实线表示新建建筑与室外地坪相接处±0.00 外墙定位轮廓线，在图形右上角表示地上、地下层数，建筑高度，出入口位置，以外墙定位轴线交叉点坐标定位； (2)地下建筑以粗虚线表示； (3)建筑上部外挑建筑用细实线表示

序号	名称	图例	备注
2	原有建筑物		细实线表示
3	计划扩建的预留地或建筑物		中粗虚线表示
4	拆除的建筑物		细实线表示
5	建筑物下面的通道		
6	铺砌场地		
7	围墙及大门		
8	台阶及无障碍坡道	(1) (2)	(1)台阶 (2)无障碍坡道
9	坐标	X=105.00 Y=425.00	
10	消火栓井		
11	盲道		
12	新建道路	0.30% 100.00 R=6.00 107.50	
13	原有道路		
14	计划扩建的道路		

序号	名称	图例	备注
15	拆除的道路		
16	管线	—代号—	
17	落叶针叶乔木		
18	常绿阔叶灌木		
19	草坪		
20	植草砖		

表 4.1.11 **常用建筑材料图例**

名称	图例	备注	名称	图例	备注
自然土壤			混凝土		断面较小，图例线不易绘出时，可涂黑或深灰
夯实土壤			钢筋混凝土		
砂、灰土			木　材		上为横断面下为纵断面
砂砾石、碎砖三合土			泡沫塑料材料		
石　材			金　属		图形小时可涂黑或深灰
毛　石			玻　璃		
砖砌体			防水材料		比例大时采用上面图例

多孔材料	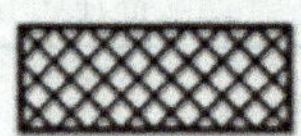	水泥珍珠岩、泡沫混凝土、蛭石制品等	粉　刷		本图例采用较稀的点

表 4.1.12　常用建筑构造及构配件图例

序号	名称	图例	备注
1	墙体	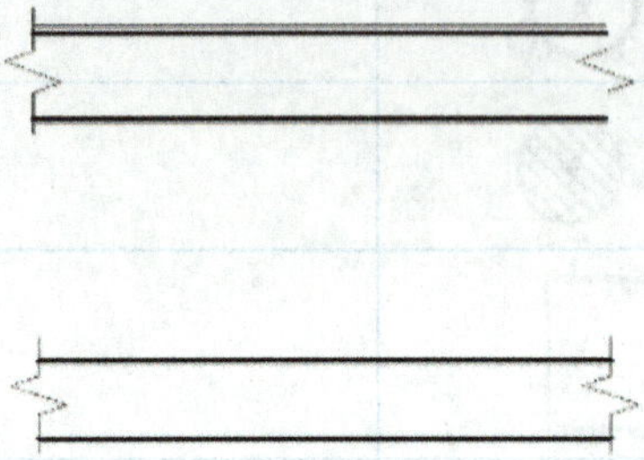	上图为外墙，下图为内墙
2	楼梯	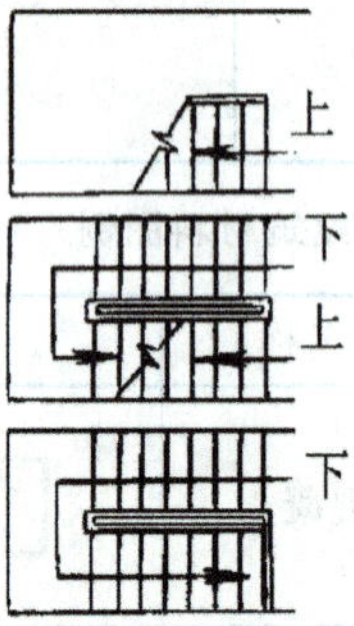	由上至下依次为底层楼梯平面、中间层楼梯平面、顶层楼梯平面
3	坡道	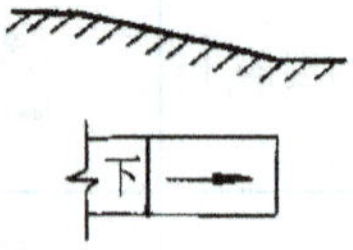	长坡道
		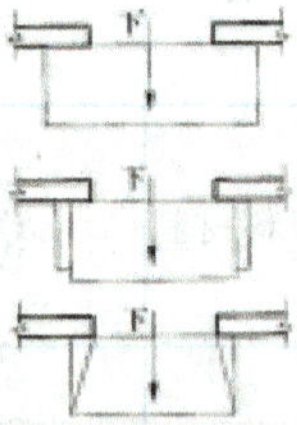	由上至下依次为两侧垂直的门口坡道、有挡墙的门口坡道，两侧找坡的门口坡道
4	台阶	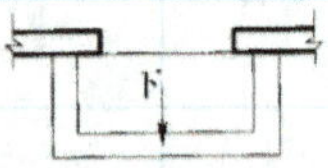	
5	平面高差	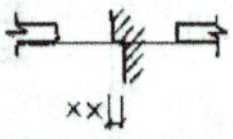	
6	检查口		左图为可见、右图为不可见

序号	名称	图例	备注
7	孔洞		
8	坑槽		
9	墙预留洞、槽	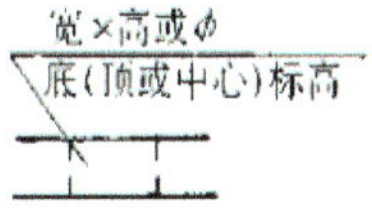 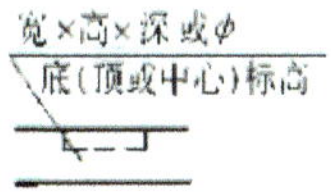 宽×高或ϕ 底(顶或中心)标高　宽×高×深或ϕ 底(顶或中心)标高	左图为预留洞、右图为预留槽
10	地沟		左图为有盖板地沟、右图为无盖板明沟
11	烟道	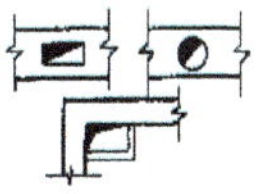	
12	风道	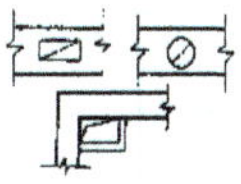	
13	新建的墙和窗	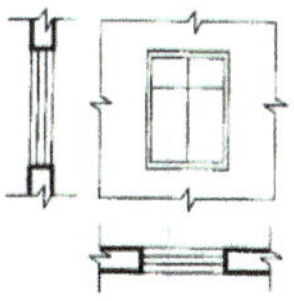	
14	空门洞	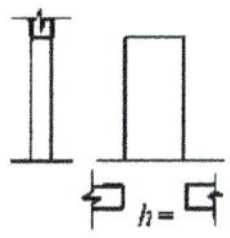 $h=$	h 为门洞高度

序号	名称	图例	备注
15	单面开启单扇门（包括平开或单面弹簧）	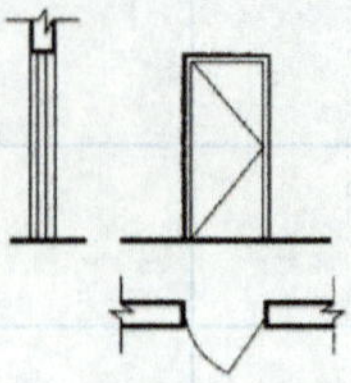	门的名称代号用 M 表示；平面图中，下为外，上为内，门开启为 90°、60°或 45°，开启弧线宜绘出；立面图中，开启线实线为外开，虚线为内开，开启线交角的一侧为安装合页一侧，开启线在建筑立面图中可不表示，在立面大样图中可根据需要绘出；剖面图中，左为外，右为内
16	双面开启单扇门（包括双面平开或双面弹簧）	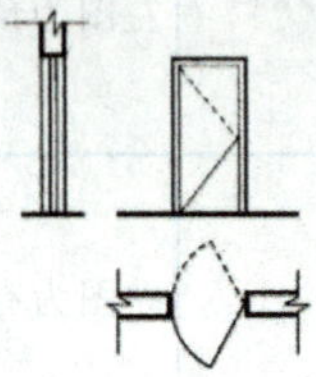	
17	单面开启双扇门（包括平开或单面弹簧）	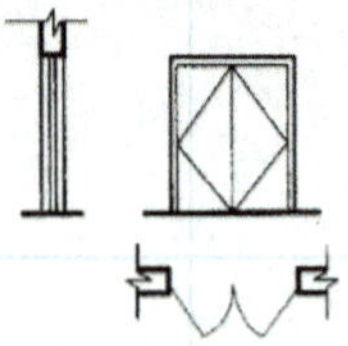	
18	双面开启双扇门（包括双面平开或双面弹簧）	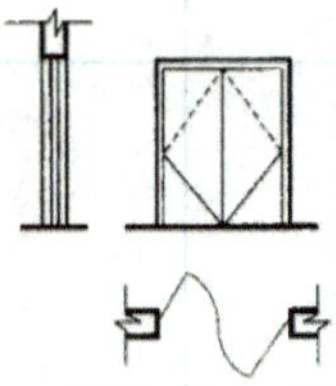	
19	折叠门	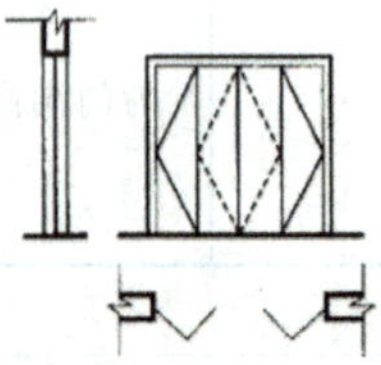	门的名称代号用 M 表示；平面图中，下为外，上为内；立面图中，开启线实线为外开，虚线为内开，开启线交角的一侧为安装合页一侧；剖面图中，左为外，右为内
20	墙洞外单扇推拉门	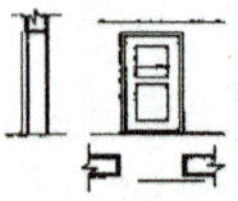	门的名称代号用 M 表示；平面图中，下为外，上为内；剖面图中，左为外，右为内
21	墙洞外双扇推拉门	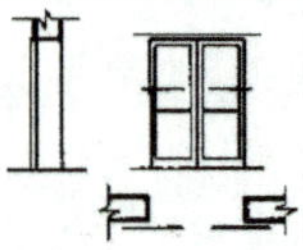	

序号	名称	图例	备注
22	固定窗	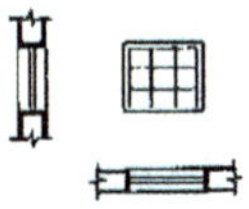	窗的名称代号用 C 表示;平面图中,下为外,上为内;立面图中,开启线实线为外开,虚线为内开,开启线交角的一侧为安装合页一侧。开启线在建筑立面图中可不表示,在门窗立面大样中需绘制;剖面图中,左为外,右为内。虚线仅表示开启方向,项目设计不表示。
23	单层外开平开窗	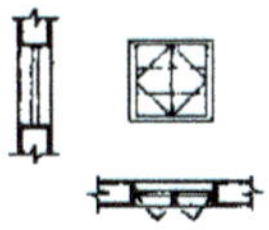	
24	上悬窗	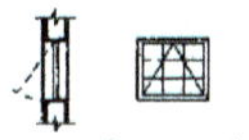	
25	中悬窗	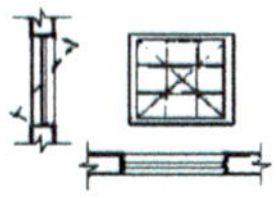	
26	下悬窗	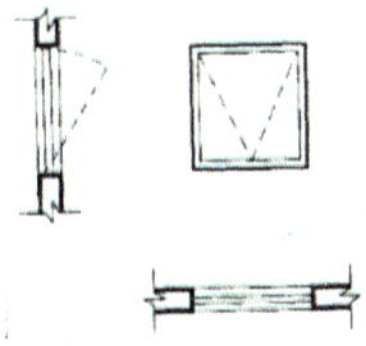	
27	单层推拉窗	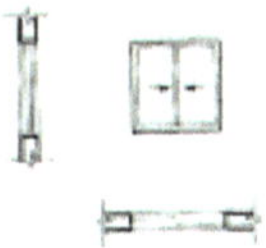	

七、轴线

定位轴线是用来确定建筑物主要结构及构件位置的尺寸基准线。在建筑物的主要承重墙体的位置都布置有轴线,其他构配件的位置也是根据其与定位轴线的关系来进行确定的(图 4.1.32)。轴线的具体规定如下:

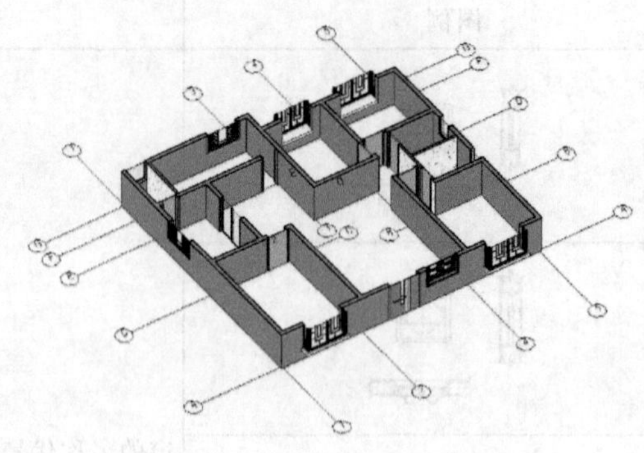

图 4.1.32　定位轴线

1. 表示方法

定位轴线采用细单点长画线绘制，端部绘制直径 8～10mm 的细实线圆，圆心应处在定位轴线的延长线或延长线的折线上(图 4.1.33)。

4.1.33　轴线的表示方法

2. 编号规则

定位轴线的编号，通常可采用四面标注或两面标注，两面标注时，标注在图样的下方和左侧。轴线的横向编号通常采用阿拉伯数字，从左至右顺序编排；竖向编号通常采用大写的英文字母，由下至上顺序编排。竖向编号采用的大写英文字母中，不得采用 I、O、Z，以避免与数字 1、0、2 混淆，当字母数量不够用时，可增用双字母或单字母加数字注脚(图 4.1.34)。

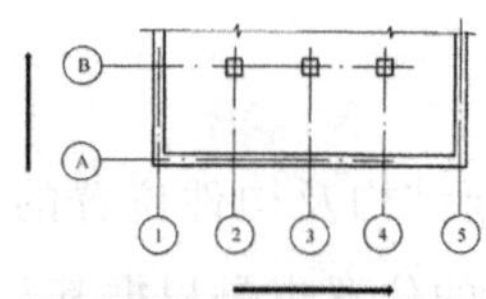

图 4.1.34　轴线的编号规则

如果建筑物特别复杂或者平面不规则，包含好多个分区，若采用上面的编号方式容易混乱，所以可以采用分区编号的形式。对于组合较复杂或多个子项的平面图，定位轴线可以采用分区编号或子项编号，编号的注写形式应为“分区号/子项号——该分区/子项编号”。分区号/子项号采用阿拉伯数字或大写英文字母表示，当采用分区编号或子项编号，同一根轴线有不止 1 个编号时，相应编号应同时注明(图 4.1.35)。

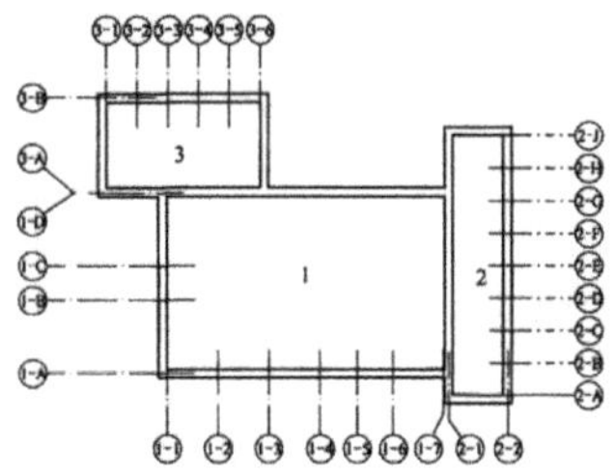

图 4.1.35 定位轴线的分区编号

对于一些次要的承重构件，定位时可以采用附加轴线的方式。附加定位轴线的编号应以分数形式表示，并应符合下列规定：

(1)两根轴线的附加轴线，应以分母表示前一轴线的编号，分子表示附加轴线的编号，编号宜用阿拉伯数字顺序编写；图 4.1.36(a)所示的附加轴线表示 2 号轴线之后附加的第 1 根轴线。

(2)1 号轴线或 A 号轴线之前的附加轴线的分母应以 01 或 0A 表示。图 4.1.36(b)所示的附加轴线表示 A 号轴线之前附加的第 2 根轴线。

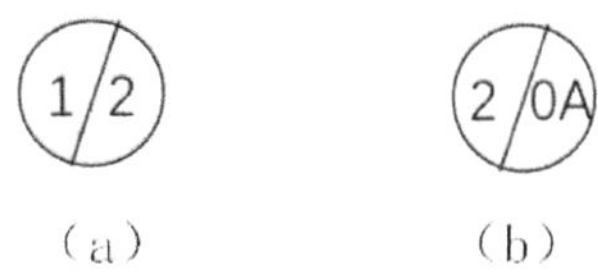

图 4.1.36 附加轴线

当一个详图适用于几根轴线时，应同时注明各有关轴线的编号(图 4.1.37)。通用详图中的定位轴线，应只画圆，不注写轴线编号。

图 4.1.37 共用详图的轴线编号

圆形与弧形平面图中的定位轴线，其径向轴线应以角度进行定位，其编号宜用阿拉伯数字表示，从左下角或－90°(若径向轴线很密，角度间隔很小)开始，按逆时针顺序编写；其环向轴线宜用大写英文字母表示，从外向内顺序编写(图 4.1.38、图 4.1.39)。圆形与弧形平面图的圆心宜选用大写英文字母编号(I、O、Z 除外)，有不止 1 个圆心时，可在字母后加注阿拉伯数字进行区分，如 P1、P2、P3。折线形平面图中定位轴线的编号形式如图 4.1.40)。

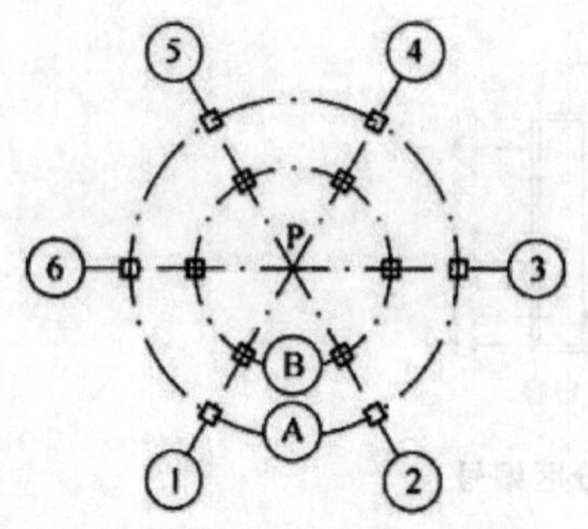

图 4.1.38 圆形平面定位轴线的编号

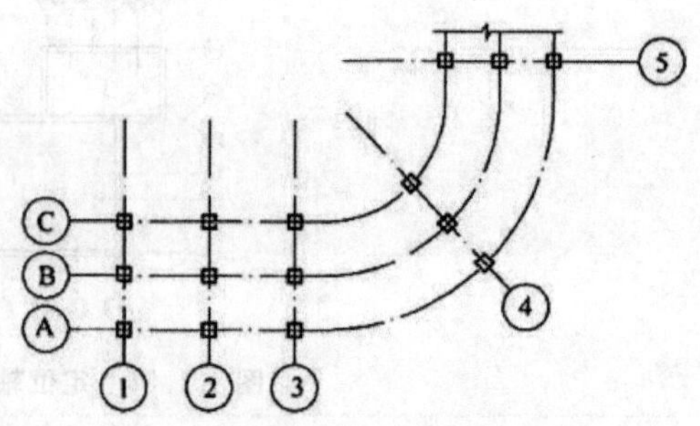

图 4.1.39 弧形平面定位轴线的编号

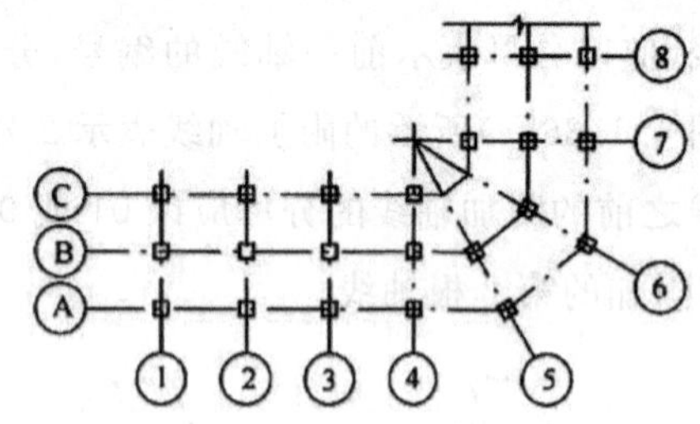

图 4.1.40 折线形平面定位轴线的编号

(八)尺寸标注

施工图纸中,需要采用尺寸标注的形式去补充完善建筑的大小相关的信息,以建筑平面图为例,其上需要标注内部尺寸和外部尺寸,外部尺寸又包含三道尺寸线,由此可见,施工图中会出现大量的尺寸信息,而实际工程施工时,会按照标注的尺寸进行,所以,标注尺寸时必须认真耐心,保证标注尺寸的正确和完整,否则会给工程造成一定的损失。《房屋建筑制图统一标准》(GB/T 50001—2017)对尺寸标注的相关规定如下:

1.尺寸的组成

建筑图样上的尺寸包含尺寸界线、尺寸线、尺寸起止符号和尺寸数字等内容(图 4.1.41)。

其中,尺寸界线一般采用细实线绘制,与被注长度垂直,一端应离开图样的轮廓线不小于2mm,另一端应超出尺寸线 2~3mm。必要时可利用图样轮廓线、中心线及轴线作为尺寸界线(图 4.1.42)。

尺寸线也采用细实线绘制,与被注长度平行(即与尺寸界线垂直),两端可以尺寸界线作为边界,也可以超出尺寸界线 2~3mm。建筑图样的任何图线都不得用作尺寸线。

尺寸起止符号用中粗斜短线绘制,其倾斜方向应与尺寸界线成顺时针 45°,长度宜为 2~3mm(图 4.1.43)。轴测图中用小圆点表示尺寸起止符号,小圆点直径 1mm[图4.1.44(a)]。半径、直径、角度与弧长的尺寸起止符号,宜用箭头表示,箭头尾部宽度为 b,其中 b 不宜小于1mm,箭头长度为 4~5 倍的尾部宽度[图 4.1.44(b)]。

建筑图样上的尺寸，以标注的尺寸数字为准，不应从图上直接量取。尺寸数字采用阿拉伯数字标注，尺寸的单位，除标高及总平面以米为单位外，其他必须以毫米为单位。尺寸数字的方向，应按图 4.1.45(a)的规定注写。若尺寸数字在 30°斜线区内，也可按图 4.1.45(b)的形式注写。

尺寸数字应依据其方向注写在靠近尺寸线的上方中部。如没有足够的注写位置，最外边的尺寸数字可注写在尺寸界线的外侧，中间相邻的尺寸数字可上下错开注写，可用引出线表示标注尺寸的位置(图 4.1.46)。

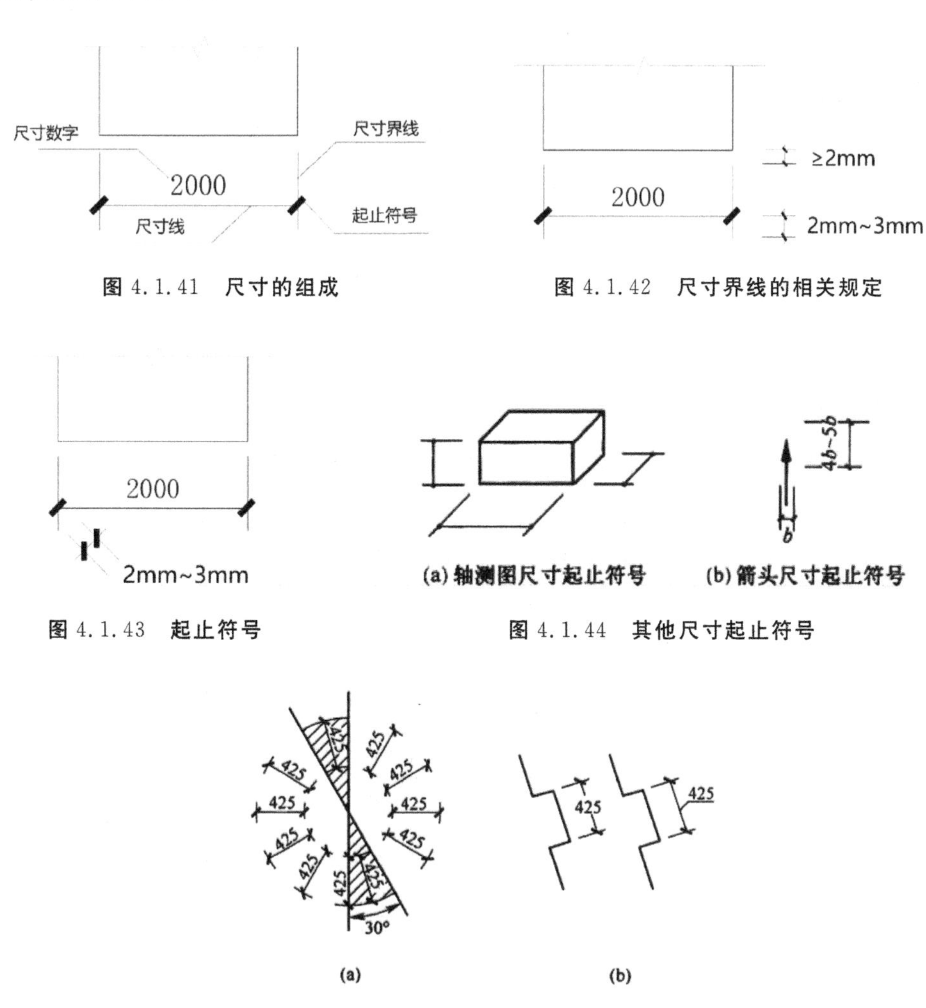

图 4.1.41　尺寸的组成

图 4.1.42　尺寸界线的相关规定

图 4.1.43　起止符号

图 4.1.44　其他尺寸起止符号

图 4.1.45　尺寸数字的注写方向

图 4.1.46　尺寸数字的注写位置

2. 尺寸的排列与布置

尺寸宜标注在图样轮廓以外，不宜与图线、文字及符号等相交(图 4.1.47)。互相平行的尺寸线，应从被注写的图样轮廓线由近向远整齐排列，较小尺寸应离轮廓线较近，较大尺寸应离轮廓线较远。图样轮廓线以外的尺寸界线，距图样最外轮廓之间的距离不宜小于 10mm。平行排列的尺寸线的间距宜为 7～10mm，并应保持一致，总尺寸的尺寸界线应靠近所指部位，中间的分尺寸的尺寸界线可稍短，但其长度应相等(图 4.1.48)。

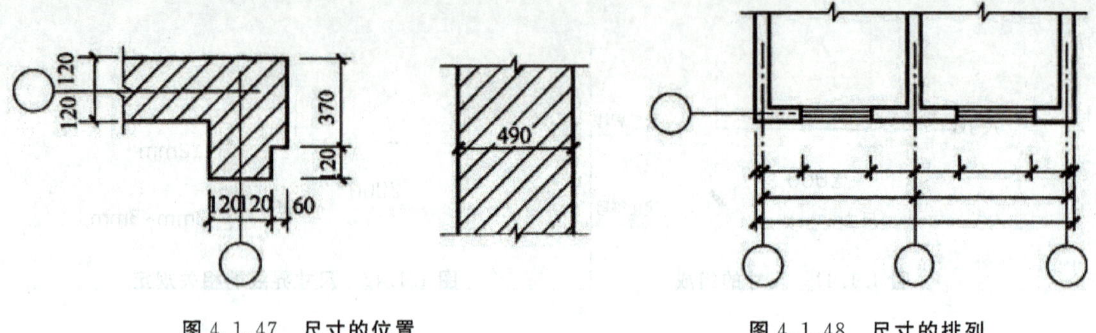

图 4.1.47　尺寸的位置　　　　图 4.1.48　尺寸的排列

3. 其他尺寸标注

对于一些特殊类型的图形对象进行尺寸标注时，分别有不同的标注要求，如表 4.1.13 所示。

表 4.1.13　尺寸标注

序号	标注类型	标注方式示例	说明
1	半径	R20	

序号	标注类型	标注方式示例	说明
2	圆弧	(1) 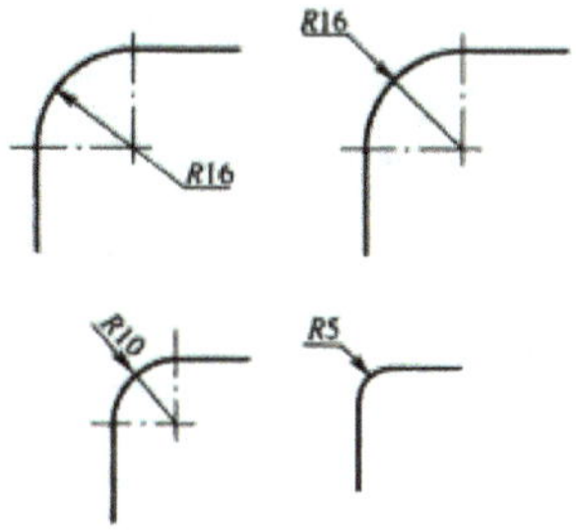 R16 R16 R10 R5 (2) R150 R150 	(1)小圆弧的标注方式； (2)大圆弧的标注方式
3	直径	(1) 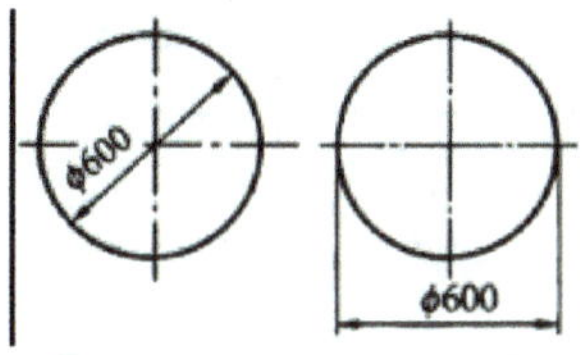 φ600 φ600 (2) φ24 φ24 φ12 φ4 φ16 φ16 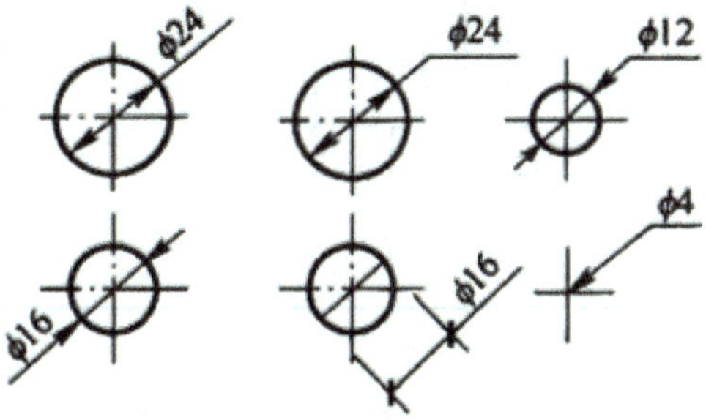	(1)圆直径的标注方法； (2)小圆直径的标注方法
4	角度	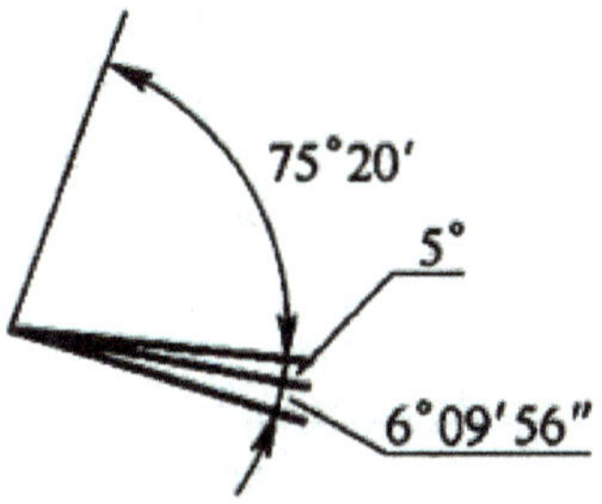 75°20′ 5° 6°09′56″	角度的尺寸界线采用所表示角的两条边表示；尺寸线采用圆弧表示；角度的起止符号采用箭头，如果绘制箭头的位置不够，可采用圆点代替；角度数字应沿尺寸线方向进行注写

序号	标注类型	标注方式示例	说明
5	弧长	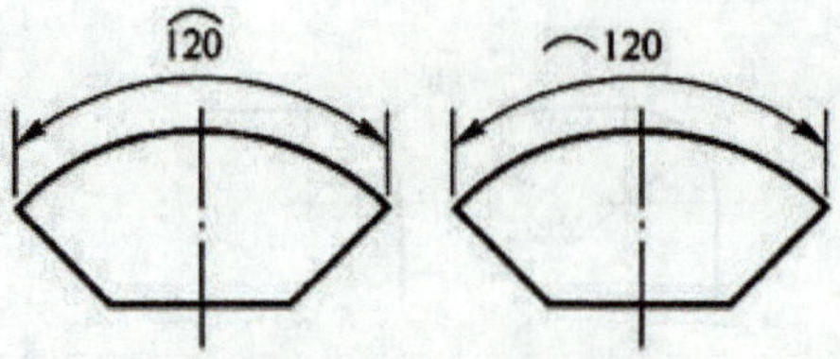 ⌒120　⌒120	弧长的尺寸界线垂直于对应圆弧的弦；尺寸线采用与对应圆弧同心的圆弧线来表示；起止符号用箭头表示；弧长数字上方或前方应加注圆弧符号“⌒”
6	弦长	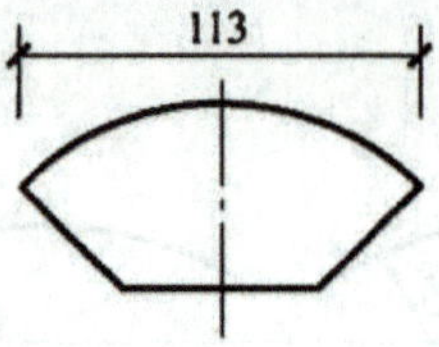 113	弦长的尺寸界线应垂直于该弦，尺寸线采用平行于该弦直线表示；起止符号用中粗斜短线表示
7	薄板厚度	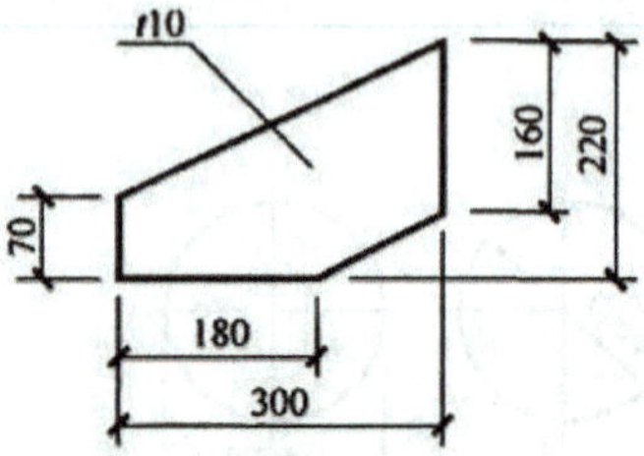 t10　70　160　220　180　300	标注薄板板厚尺寸时，应在厚度数字前加厚度符号“t”
8	正方形	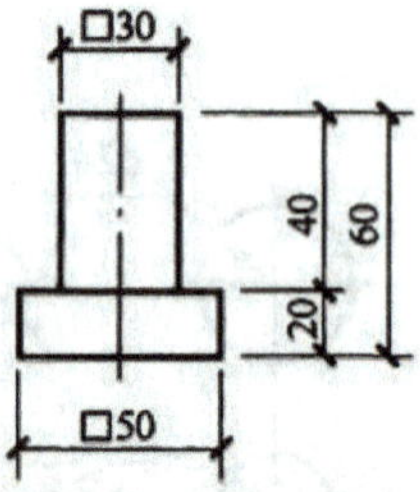 □30　40　60　20　□50	在与正方向平面垂直的面上标注正方形尺寸时，除了可以采用“边长×边长”的形式外，还可以采用在边长数字前加正方形符号“□”的方式
9	坡度	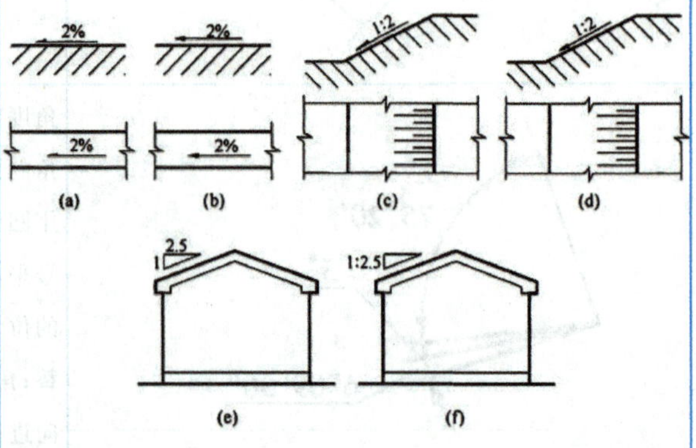 2%　2%　1:2　1:2　2%　2%　(a)　(b)　(c)　(d)　1　2.5　1:2.5　(e)　(f)	坡度可采用坡度符号“←”或“←”来表达，坡度数字注写在坡度符号的上方，坡度符号的箭头指向下坡方向[图(a)～(d)]。坡度也可用直角三角形的形式标注[图(e)～(f)]

序号	标注类型	标注方式示例	说明
10	非圆曲线	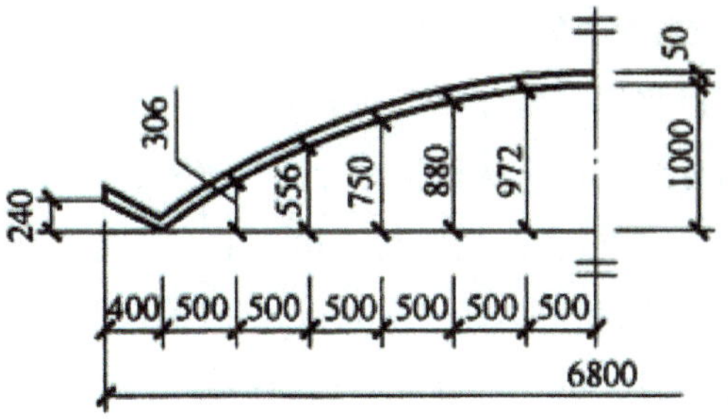 306 240 556 750 880 972 50 1000 400 500 500 500 500 500 500 6800	外形为非圆曲线的构件，可用坐标形式标注尺寸
11	连续等长尺寸	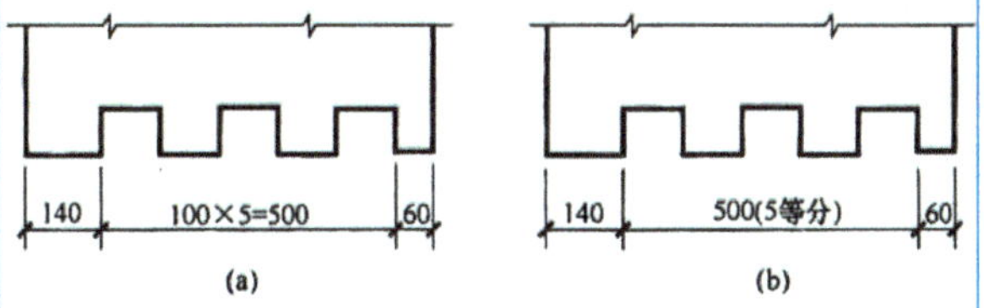 140 100×5=500 60 (a) 140 500(5等分) 60 (b)	连续排列的等长尺寸，可用“等长尺寸×个数＝总长”[图(a)]或“总长(等分个数)”[图(b)]的形式标注
12	相同元素	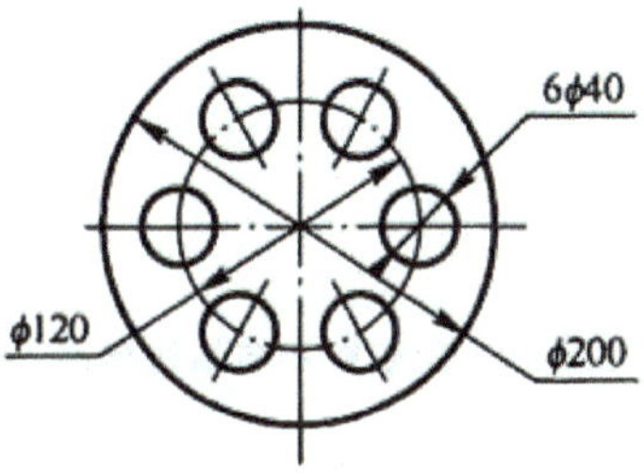 6ϕ40 ϕ120 ϕ200	当图样由多个相同元素构成时，可以只标注其中一个元素的尺寸
13	对称构件	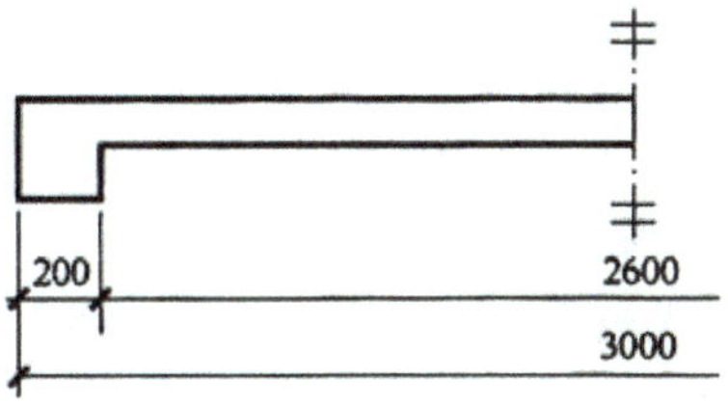 200 2600 3000	对称构配件采用对称省略画法时，该对称构配件的尺寸线应略超过对称符号，仅在尺寸线的一端画尺寸起止符号，尺寸数字应按整体全尺寸注写，其注写位置宜与对称符号对齐
14	相似构	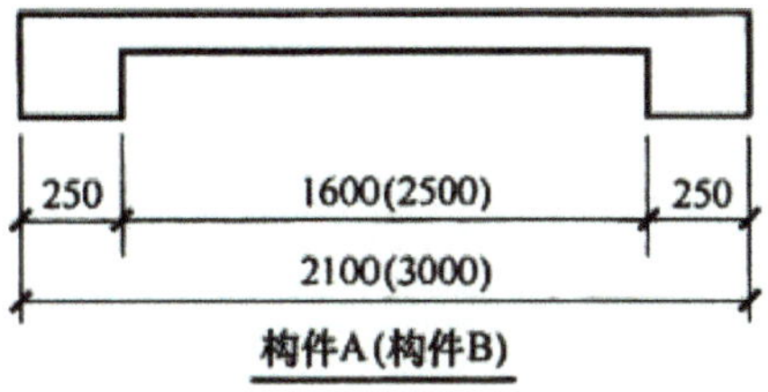 250 1600(2500) 250 2100(3000) 构件A(构件B)	当构配件的外形或构造做法相同，仅局部尺寸有所区别时，可采用统一图形绘制，将其中一个不同尺寸数字注写在括号内，与图名中的构件名称对应一致

4. 标高

标高是标注建筑物各部分高度的另一种尺寸形式。

依据不同的分类标准，可以将标高划分为不同的类型：

按照基准的不同，可以划分为绝对标高和相对标高。绝对标高以青岛附近黄海平均海平面为基准，即以黄海平均海平面为零点，目标位置与平均海平面的高差就是目标位置的绝对标高，比零点高为正值，比零点低为负值；相对标高一般是以建筑物底层室内某指定地面为基准，即指定底层室内某地面高度为零点，目标位置与指定零点的高差就是目标位置的相对标高，相对标高同样是高于零点为正，低为负。

根据指示位置的不同，可以分为建筑标高和结构标高（图 4.1.49)，建筑标高指建筑装饰完成后的建筑面层标高，即图中面层做法上部对应的标高，而结构标高是指结构板面的标高，不含建筑装饰。

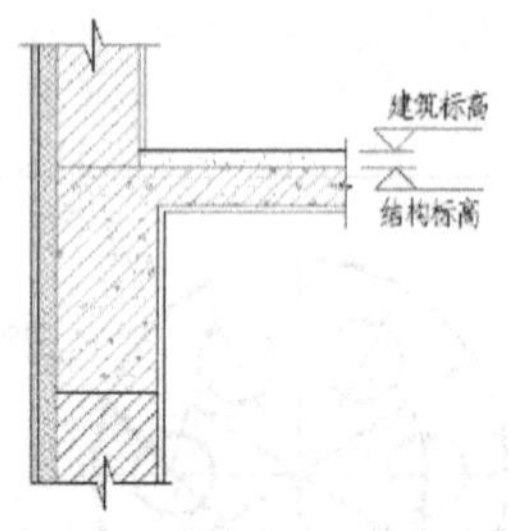

图 4.1.49 建筑标高与结构标高

标高通过标高符号来进行表达，标高符号的相关规定如下：

1)符号表示

标高符号采用细实线绘制的等腰直角三角形来表示，三角形的高度约为 3mm[图 4.1.50(a)]，如果绘制标高时图纸空间不够，可以采用图 4.1.50(b)的形式，从直角顶点引出一条竖直线再折成水平线，其中竖直段 h 的高度可根据需要选取，水平段 l 的长度可根据需要注写的标高数字进行选取。三角形的尺寸要求没有变化。在建筑施工图中，总平面图的室外地坪标高与其他部位的标高表示方法有所不同，总平面图的室外地坪标高通常采用涂黑的三角形表示，其余内容与上面所表示的标高基本相同，具体绘制要求如图 4.1.51 所示。

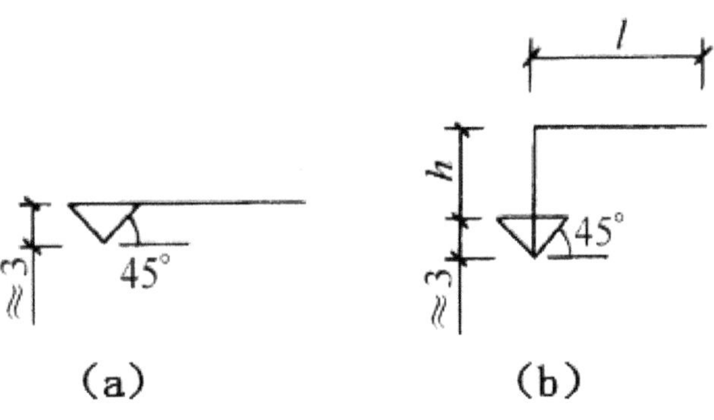

图 4.1.50　标高符号

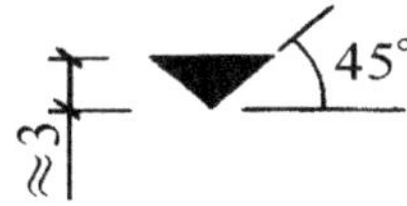

图 4.1.51　总平面图室外地坪标高符号

2)数字注写

标高数字的注写规则如下：

(1)标高符号的尖端应指至被注高度的位置。尖端可以指向上或指向下，标高数字通常注写在标高符号的上侧或下侧(图 4.1.52)，数字注写的位置应该与标高的指向对应起来。

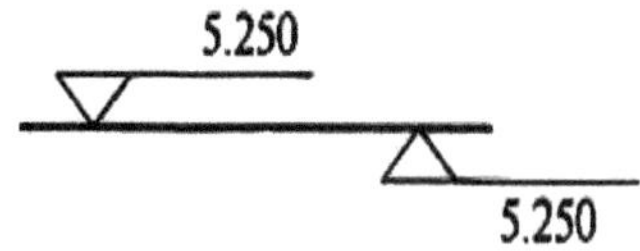

图 4.1.52　标高数字注写

(2)标高数字应以米为单位，注写到小数点后第三位；在总平面图中，可注写到小数点后第二位。零点标高应注写成±0.000[图 4.1.53(a)]，正数标高前不注“+”，负数标高前应注“-”，如图 4.1.54(b)、(c)所示，在正值 3.200 前不注“+”，负值 0.300 前加注“-”。如果需要在图纸中的同一位置处表示几个不同标高时，可以采用将不同的标高值按顺序自下至上排成一列的方式进行注写(图 4.1.54)。

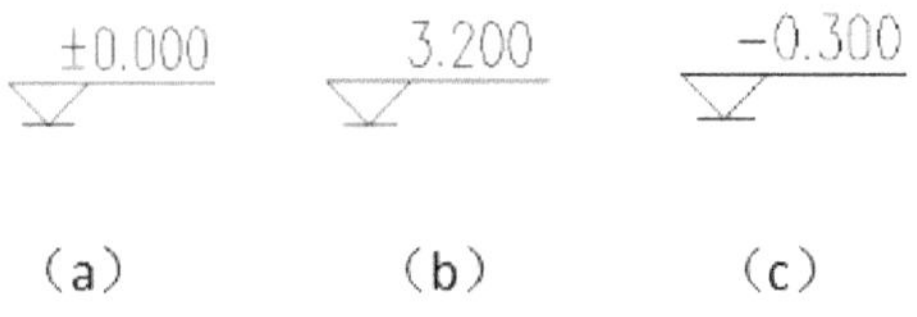

±0.000　　3.200　　-0.300

(a)　　(b)　　(c)

图 4.1.53　标高数字表达

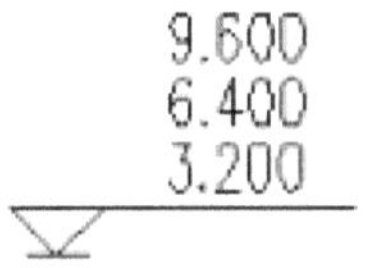

9.600
6.400
3.200

图 4.1.54　同一位置注写多个标高数字

第三部分

识读建筑施工图

项目五 识读一套建筑施工图纸

任务一　识读建筑施工图纸并完成图纸纪要

任务描述

按照《房屋建筑制图统一标准》(GB/T50001－2017)、《建筑制图标准》(GB/T 50104—2010)、《住宅设计规范》(GB 50096—2011)、《民用建筑设计统一标准》(GB 50352—2019)等建筑设计规范要求，正确识读建筑施工图纸，掌握建筑施工图纸图示内容以及图示画法(图 5.1.1)。

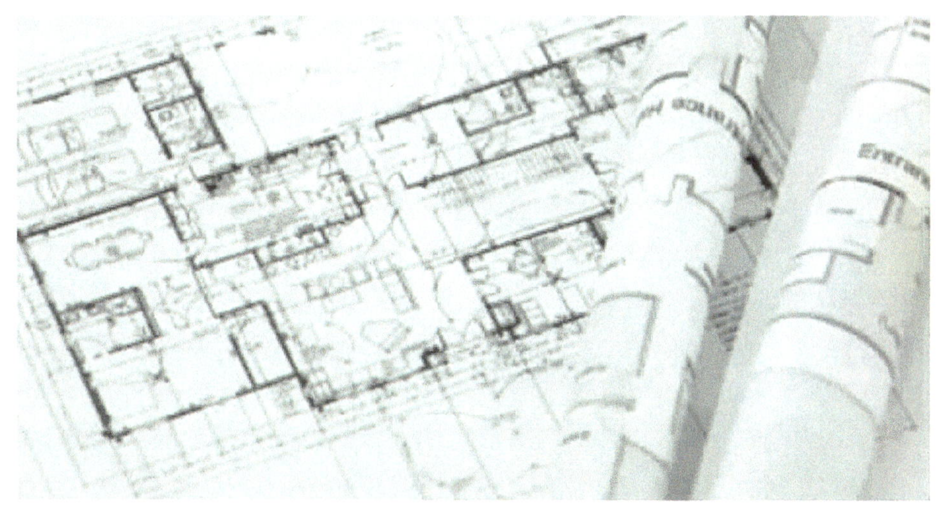

图 5.1.1　平面图纸

知识目标：

(1)掌握底层平面图必要的图示内容；掌握平面图图例及图示方法；

(2)掌握标准层平面图图示内容；知道特殊楼层平面图必要图示内容；

(3)掌握顶层平面图必要的图示内容；知道楼梯等构件在顶层特殊的图示方法；

(4)掌握屋顶平面图的图示内容及图示方法。

能力目标：

(1)通过阅读平面图纸,能明白建筑的尺寸、功能、形状、楼层标高等基本信息;

(2)根据特殊的图示符号索引,掌握建筑细部的构造做法;

(3)按照规范、图集规定的制图规定,掌握建筑门窗、烟道、地漏、管道等附属构配件的尺寸、位置和构造;

(4)熟悉平面图纸,为识读建筑剖面图和立面图打好基础。

素质目标:

(1)培养学生认真、严谨的工作态度;

(2)培养学生爱岗敬业的工匠精神。

建筑设计总说明(一)

■ 工程总述

一、工程概况:

1.建筑单位：XXXX 卫生服务中心。

2.建筑地点：XX 区。

3.建筑工程等级：三级。

4.建筑设计使用年限：50 年。

5.建筑防火分类：二类。

6.建筑抗震设防烈度：八度。

7.建筑结构类型：框架-剪力墙结构。

8.建筑总面积：1960.46M □。

9.建筑基底面积：282.30M □。

10.建筑总层数：六层。

11.建筑总高度：22.05M ；室内外高差为：0.45M 。

12.设计标高：本工程相对高程€0.00的绝对高程(黄海系)现场决定。

二、设计范围:

1.本工程的施工图设计包括建筑、结构、给排水电气等专业的配套内容，不含室内装修等专业的施工图设计内容。

2.本建筑施工图仅含建筑定位，其它另见设计。

三、设计依据:

1.相关的文件:

(1).初步设计文件。

(2).规划、人防、消防、市政主管部门的批复文件。

(3).建设单位提出的修改意见。

2.相关的主要规范、规定:

(1).《建筑工程设计文件编制深度规定》(2008 年)。

(2).《民用建筑设计通则》(GB50352-2011) 。

四、标注说明:

1.除标高及总平面图中的尺寸以米计外，其它图纸中的尺寸均以毫米计。图中所注明的标高除注明外均为建筑完成标高。

2.图中尺寸均以标注为准，不得在图纸中量取。

五、本说明未提及的各项材料规格、材质、施工及验收等要求，均应遵照国家标准GB 各项工程施工及验收规范进行。

六、的当门窗建筑部件另行委托设计、制作和安装时，生产厂家必须具有国家认定的相应资质，其产品的各项性能指标应符合相关的技术规范要求。还应及时提供与结构主体有关的予埋件和予留洞口的尺寸、位置、误差范围等，并应配合施工，厂家制作前应复核土建施工后的相关尺寸以确保安装无误。

七、施工前请认真阅读本工程各专业的施工图设计文件，并组织施工图技术交底。施工中如与图纸问题，应及时与设计单位协商处理，未经设计许可或技术鉴定不得改变图纸。

八、根据《建筑工程质量管理条例》第二章第十一条的规定，建设单位应将本工程的施工图设计文件报有关主管部门审查，未经审查、批准的设计文件不得使用。

九、未尽事宜应严格按国家的规范、规定及当地有关文件的规定要求进行施工。

■ 建筑防火

一、依据规范:

1.《建筑设计防火规范》GB50016-2014 。

2.《建筑内部装修设计防火规范》(GB50222-2001 修订)。

二、施工注意事项:

1.防火墙及防火隔墙应砌筑至梁底，不得留有缝隙。

2.管道穿过防火墙及楼板处应采用不燃材料将四周填实，管道的保温材料应为不燃材料。

3.防火门等消防产品应选用国家颁发生产许可证的企业生产的合格产品，以及经国家有关部门检验合格并符合建筑工程消防安全要求的建筑构件、配件及装饰材料。

图纸目录

编号	图纸编号	图纸内容	图纸规格	备注	编号	图纸编号	图纸内容	图纸规格	备注
1		图纸封面	2# 图纸		42	电施01	电气设计说明(一)	2# 图纸	
2	建施01	建筑设计总说明(一)、图纸目录	2# 图纸		43	电施02	电气设计说明(二)	2# 图纸	
3	建施02	建筑设计总说明(二)	2# 图纸		44	电施03	强、弱电、火灾报警系统图	2# 图纸	
4	建施03	建筑用料说明、门窗明细表	2# 图纸		45	电施04	配电箱系统图	2# 图纸	
5	建施04	底层平面图	2# 图纸		46	电施05	底层配电平面图	2# 图纸	
6	建施05	二层平面图	2# 图纸		47	电施06	底层照明平面图	2# 图纸	
7	建施06	三~五层平面图	2# 图纸		48	电施07	二层照明平面图	2# 图纸	
8	建施07	六层平面图	2# 图纸		49	电施08	二层配电平面图	2# 图纸	
9	建施08	屋面平面图、电梯机房、水箱间	2# 图纸		50	电施09	三~五层照明平面图	2# 图纸	
10	建施09	屋面构架图、电梯机房、水箱间屋面平面	2# 图纸		51	电施10	三~五层配电平面图	2# 图纸	
11	建施10	西立面图	2# 图纸		52	电施11	六层照明平面图	2# 图纸	
12	建施11	东立面图	2# 图纸		53	电施12	六层配电平面图	2# 图纸	
13	建施12	南侧立面图、A-A 剖面图	2# 图纸		54	电施13	屋面及电梯机房照明平面图	2# 图纸	
14	建施13	楼、电梯平面详图	2# 图纸		55	电施14	屋面及电梯机房配电平面图	2# 图纸	
15	建施14	地沟平面图	2# 图纸		56	电施15	基础地平面图	2# 图纸	
16	建施15	建筑节点详图、墙身大样图	2# 图纸		57	电施16	屋面防雷平面图	2# 图纸	
17	建施16	屋面构架详图、门窗大样图	2# 图纸		58	电施17	底层弱电平面图	2# 图纸	
18	建施17	楼、电梯剖面图	2# 加长图纸		59	电施18	二层弱电平面图	2# 图纸	
					60	电施19	三~五层弱电平面图	2# 图纸	
19	结施01	结构设计总说明(一)	1# 图纸		61	电施20	六层弱电平面图	2# 图纸	
20	结施02	结构设计总说明(二)	1# 图纸		62	电施21	底层消防平面图	2# 图纸	
21	结施03	基坑开挖平面示意图、地基处理说明	2# 图纸		63	电施22	二层消防平面图	2# 图纸	
22	结施04	基础梁平面配筋图、基础梁加腋示意及配筋	2# 图纸		64	电施23	三~五层消防平面图	2# 图纸	
23	结施05	基础底板平面配筋图、基础梁加腋示意及配筋	2# 图纸		65	电施24	六层消防平面图	2# 图纸	
24	结施06	底层柱、边缘构件、构造柱、墙平面图定位	2# 图纸		66	电施25	电梯机房及水箱间消防平面图	2# 图纸	
25	结施07	底层柱、边缘构件、墙配筋图	2# 图纸						
26	结施08	二层柱、边缘构件、构造柱、墙平面图定位	2# 图纸		67	水施01	底层给排水平面图		
27	结施09	二层柱、边缘构件、墙配筋图	2# 图纸		68	水施02	二层给排水平面图		
28	结施10	三层柱、边缘构件、构造柱、墙平面图定位	2# 图纸		69	水施03	三层给排水平面图		
29	结施11	三层柱、边缘构件、墙配筋图	2# 图纸		70	水施04	四层给排水平面图		
30	结施12	四~六层柱、边缘构件、构造柱、墙平面图定位	2# 图纸		71	水施05	五层给排水平面图		
31	结施13	四~六层柱、边缘构件、墙配筋图	2# 图纸		72	水施06	屋顶给排水平面图		
32	结施14	顶层柱、边缘构件、构造柱、墙配筋及平面定位	2# 图纸		73	水施07	给排水系统图(一)		
33	结施15	二层梁平面配筋图	2# 图纸		74	水施08	给排水系统图(二)		
34	结施16	三~六层梁平面配筋图	2# 图纸		75	水施09			
35	结施17	七层梁平面配筋图	2# 图纸		76	水施10			
36	结施18	楼梯顶盖梁平面配筋图、电梯坑井配筋示意图	2# 图纸		77	水施11			
37	结施19	二层结构平面图	2# 图纸		78	水施12			
38	结施20	三~五层结构平面图	2# 图纸		79	水施13			
39	结施21	六层结构平面图	2# 图纸		80	水施14			
40	结施22	七层(屋顶)结构平面图	2# 图纸		81	水施15			
41	结施23	楼梯结构平面图、楼梯梁、板配筋图	2# 图纸		82	水施16			

建筑设计总说明（二）

7. 防火窗应符合现行国家标准《防火窗》GB16809的规定。
8. 除通风竖井外，管道井安装完管线后，应在每层楼板处补浇相同标号的钢筋混凝土将楼板封实。
9. 电缆井、管道井与房间、走道等相连通的孔隙应采用防火封堵材料封堵。

■ 建筑防水

一、屋面防水：
根据《屋面工程技术规范》（GB2050345-2012），防水等级为Ⅱ级，一道设防。具体见工程做法。

二、其他防水
1. 防水材料应有质保材料，防水工程施工应由防水材料厂家承担以确保质量。
2. 相关楼（地）面防水层详见工程做法。
3. 卫生间的楼地面标高，应比同层其他房间、走廊的楼地面标高低20。
4. 卫生间楼板四周除门洞外，做250高C20混凝土翻边（一次浇注，保证严密防水、防渗漏）。
5. 卫生间楼面防水-1.5厚聚氨酯防水涂膜，四周翻起300高。
6. 卫生间顶棚做防潮层，做法采用20厚1：2.5水泥砂浆掺防水剂抹平。
7. 强弱电井道设 高素混凝土门槛。
8. 穿外墙的管线均应在混凝土浇筑前埋设套管，构造见详图。

■ 节能专项设计

一、设计依据
1. 《民用建筑热工设计规范》（GB50176-2016）；
2. 《建筑设计防火规范》（GB50016-2014 ）；2018年版
3. 《公共建筑节能设计标准》（ GB50189-2015）；

二、所属气候分区寒冷地区甲类公共建筑，建筑体型系数 S=0.29。

三、节能构造与做法：
1. 屋顶保温层采用 100厚挤塑聚苯板 ，（XPS）其燃烧性能级别为B2级。
屋顶与外墙交界处，屋顶开口部位四周，采用泡沫混凝土保温板（A级），做防火隔离带， 宽度 500mm，
厚度 60mm，其燃烧性能级别为A级。 平均传热系数 Km=0.30 W/M·K < 限值0.50
2. 外墙构造为:240厚非承重空心砖外墙外贴80厚泡沫混凝土保温板。
其燃烧性能级别为A级。 平均传热系数 Km=0.58 W/M·K < 限值 0.60
3. 挑空楼板构造为:200厚钢筋混凝土楼板贴 厚泡沫混凝土保温板。
其燃烧性能级别为A级。 传热系数 K=0.48 W/M·K < 限值 0.50
4. 外门窗不同朝向窗墙面积比如下：

南	北	东	西
		0.24	0.46

（、东向、西向）外门窗采用 塑钢Low-E中空玻璃窗(在线)(空气间层9mm)
其传热系数 K=2.10 W/M²K < 限值 2.2
太阳得热系数 SHGC=0.40

5. 外窗气密性等级6级。
6. 全年供暖和空调总耗电量： 37.00 kWh/M² < 参照建筑 37.46 kWh/M²
7. 经权衡判断后满足节能设计规范要求。

四、保温材料的技术指标：
1. 门窗与墙体或其它围护结构连接处应为弹性构造，采用防潮型保温材料填塞，
缝隙处应采用密封剂或密封胶密封。
2. 挤塑聚苯板保温性能技术要求： 导热系数 0.033W/M·K 密度为 28.5 Kg/M³ 燃烧性能为B2级。
泡沫混凝土保温板保温性能技术要求： 导热系数 0.054 W/M·K 密度为 160 Kg/M³ 燃烧性能为A级。

五、凸出墙面的混凝土构件应满包保温材料。

六、围护结构保温措施做法采用《外墙外保温建筑构造》10J121。

七、注意事项：
1. 外门、窗框靠墙部位的缝隙应采用高效保温材料填实并用建筑密封膏嵌缝，不得用水泥砂浆勾缝；
屋面、外墙变形缝处的缝隙，应采用高效保温材料封闭。
2. 屋顶防水层或可燃保温层应采用不燃材料进行覆盖。

八、围护结构保温措施做法采用《外墙外保温建筑构造》10J121。

九、本次设计选用的保温材料应由当地消防部门审查合格后方可施工。

■ 无障碍设计

一、依据规范： 《无障碍设计规范》（ GB 50763-2012 ）。

二、在以下部位考虑无障碍设施：
建筑入口及室内高差处的坡道，相关内外门、无障碍电梯等。
另需特别注意以下几点：
供轮椅通行的门应安装视线观察玻璃、横执把手和关门拉手，并应采用轻度弹簧门。
在门扇的下方 应安装高0.35m 的护门板，入口门应以斜坡过度。出口大门地面高差不应大于15mm，
并以斜坡过度。详见有关建施图纸及《建筑无障碍设计》（12J926）图集。

■ 安全防范设计

一、建筑物外墙突出物，包括窗台、雨水管、装饰线等处采取防止攀登措施。
大于等于可踏部位，高度从可踏面计算。

二、外窗等处窗台距地高度不足 0.9 米处，均设防护栏杆，栏杆高度 1.1米，栏杆垂直杆件间净距 <=0.11

三、屋面所有外窗、底层及其他有入侵可能的外窗或洞口设防盗护栏， 做法参见陕 09J03页23节点 4

■ 环保设计

一、依据规范：《民用建筑工程室内环境污染控制规范》（GB50325-2010,2013年修订版），
以及相关建筑设计规范的有关规定。

二、本工程采取的环保措施：
1. 所采用的水泥、沙石、石料、卫生洁具等无机非金属建筑材料和装修材料，
放射性指标限量，游离甲醛释放量限量，防腐、防潮处理剂的选用及工程中所使用的阻燃剂、
混凝土外加剂氨的释放量应符合《民用建筑工程室内环境污染控制规范》第4.3.1,4.3.3,4.3.10,4.3.11
诸强制性条文之规定。

建筑设计总说明（三）

2. 有噪声影响的房间均采取吸声或隔声处理；
3. 有射线危害的房间均采取防护设施；
4. 废弃物的运输与处理均符合有关规程。

三、室内污染物控制分类Ⅱ类，室内空气污染物的活度和浓度应符合以下要求：

污染物名称	活度、浓度限值
氡	≤400(Bq/m³)
游离甲醛	≤0.1(mg/m³)
苯	≤0.09(mg/m³)
氨	≤0.2(mg/m³)
TVOC	≤0.6(mg/m³)

■ 墙体

一、 结构柱柱的位置、厚度、构造详见结施图。

二、 砌体墙

1. 填充墙： 非承重空心砖，
2. 两种不同墙体、预留洞应采取防裂措施，采用钢丝网砂浆面层加强。
3. 过梁
   (1) 当洞 宽度>300，以及位于钢筋混凝土柱或墙边的现浇过梁，详见结施图。
4. 墙身留洞
   钢筋混凝土构件上的留洞见结施图。建施图仅标示 300x300 以上的预留洞， 以下者根据设备 300x300 工种图纸配合预留。
5. 土建施工时，应与设备专业密切配合，做好预埋、预留。
6. 砂浆应采用预拌砂浆，并按《预拌砂浆 JGJ/T 223-2010》相关规定采用。
7. 竖井内侧随砌随抹 厚水泥砂浆，并赶光压实。

■ 门窗及玻璃工程

一、 依据规范

1.《建筑玻璃应用技术规程》（ JGJ113-2015 ）；
2.《建筑安全玻璃管理规定》 （发改运行[2003]2116 号文）。

二、 非标准门窗立面见门窗详图，该图仅表示门窗的洞口尺寸、分樘示意、开启扇位置及形式。据此，生产厂家应结合建筑功能、当地气候及环境条件，确定门窗的抗风压、水密性、气密性、隔声、隔热、防火、防玻璃炸裂等技术要求，按照相应规范负责设计、制作与安装。

三、 黑色断桥铝合金型材，玻璃采用 中空玻璃。外窗开启扇处均设纱窗。

四、 除注明者外，平开内门立樘与开启方向墙面平。弹簧门、内窗及外门窗立樘均为墙中。

五、 外窗开启高度距地大于2.0米时，应设手动或机械开窗装置。

六、 外窗（含阳台门）气密性不应低于 GB/T7106-2008 中规定的7级。外窗的抗风压，水密性，隔声，隔热等级均按国家及当地相关规范执行。

七、 以下部位应采用安全玻璃

1. 面积大于 1.5m² 的窗玻璃、或玻璃底边离最终装修面小于 500mm 的落地窗。
2. 门厅和其他出入口等部位
3. 易发生碰撞的建筑玻璃应设置醒目标志或设护栏等防撞措施，可能发生高处人体或玻璃坠落的应设置可靠栏杆。

八、 外开窗应有加强牢固窗扇的措施。

■ 室内二次装修

一、 室内二次装修的部位详见工程做法。

二、 不得破坏建筑主体结构承重构件和超过结施图中标明的楼面荷载值。也不得任意更改公用的给排水管道、暖通风管及消防设施。

三、 不得任意降低吊顶控制标高以及改动吊顶上的通风与消防设施。

四、 不应减少安全出 及疏散走道的净宽和数量。

五、 室内二次装修设计与变更均应遵守《建筑内部装修设计防火规范》（GB50222-2017），并应经原设计单位的认可。

六、 二次装修设计应符合《民用建筑工程室内环境污染控制规范》（GB50325-2010,2013年修订版）的规定。

■ 其它要求

1.外墙面砖应符合《外墙饰面砖工程施工及验收过程》(GJBJ126-2000)、《建筑工程饰面砖粘结强度检验标准》(GJBJ110-97)、《建筑装饰装修工程质量验收规范》(GB50210-2001)的有关规定。

2.所有予埋木砖及木制品与墙体接触部位均须涂刷两道环保型防腐剂。

3.室内为混合砂浆粉刷时，墙、柱和门窗洞口的阳角应用20厚1:2水泥砂浆做护角，其高度>2000，每侧宽度》50。

4.屋面水落口、水落斗选用PVC材质白色水斗及水管，尺寸及构造见屋面平面。

5.雨蓬及屋面处设置的古建筑瓦、脊、雉尾及其它构件尽可能采用成品构件。图中仅画出构造示意。

6.设计说明标题前加“X”者，本设计不采用该条款。

■ 电梯

一、 由于甲方未选定电梯厂家，为不影响设计进展，按国标13J404，72页，LEHY-Ⅱ系列技术参数进行设计。

二、 选用电梯的主要参数如下：

1. 每层设客梯 台,1载重量均为800kg，额定速度1.6m/s.
2. 电梯轿厢最小尺寸满足宽x深 . 1350x1400

三、 具体设计见相关建施图。

四、 电梯井壁、井底、机房楼面与墙身上的预埋件及预留孔，由厂家负责及时提供资料和配合施工。

五、 电梯做隔震隔声措施，具体措施如下：

a、电梯承重钢上再贴减振胶或吸声海绵体等，
b、对电梯主机增加弹簧减振器或橡胶减振器实现二次减振。
c、电梯与书房相邻处在电梯一层做20厚针刺毡隔声材料，做法见13J404页48

六、 当电梯井道底坑下方空间人员可到达时，应设置对重安全钳，并应得到厂家的书面文件确认其安全。

七、 无障碍电梯的候梯厅应符合下列规定：

1. 呼叫按钮高度为 0.90m~1.10m.
2. 电梯出入口处宜设提示盲道。
3. 电梯门洞的净宽度不宜小于 900mm.
4. 候梯厅应设电梯运行显示装置和抵达音响。

八、 无障碍电梯的轿厢应符合下列规定：

1. 轿厢门开启的净宽度不应小于800mm.
2. 在轿厢侧壁上应设高0.9m~1.10m 带盲文的选层按钮，盲文宜设置于按钮旁。
3. 轿厢三面壁上应设高850mm~900mm扶手，扶手应符合无障碍的相应规定。
4. 轿厢内应设电梯运行显示装置和报层音响。
5. 轿厢正面高900mm 处至顶部应安装镜子或采用有镜面效果的材料。
6. 电梯位置应设无障碍标志。

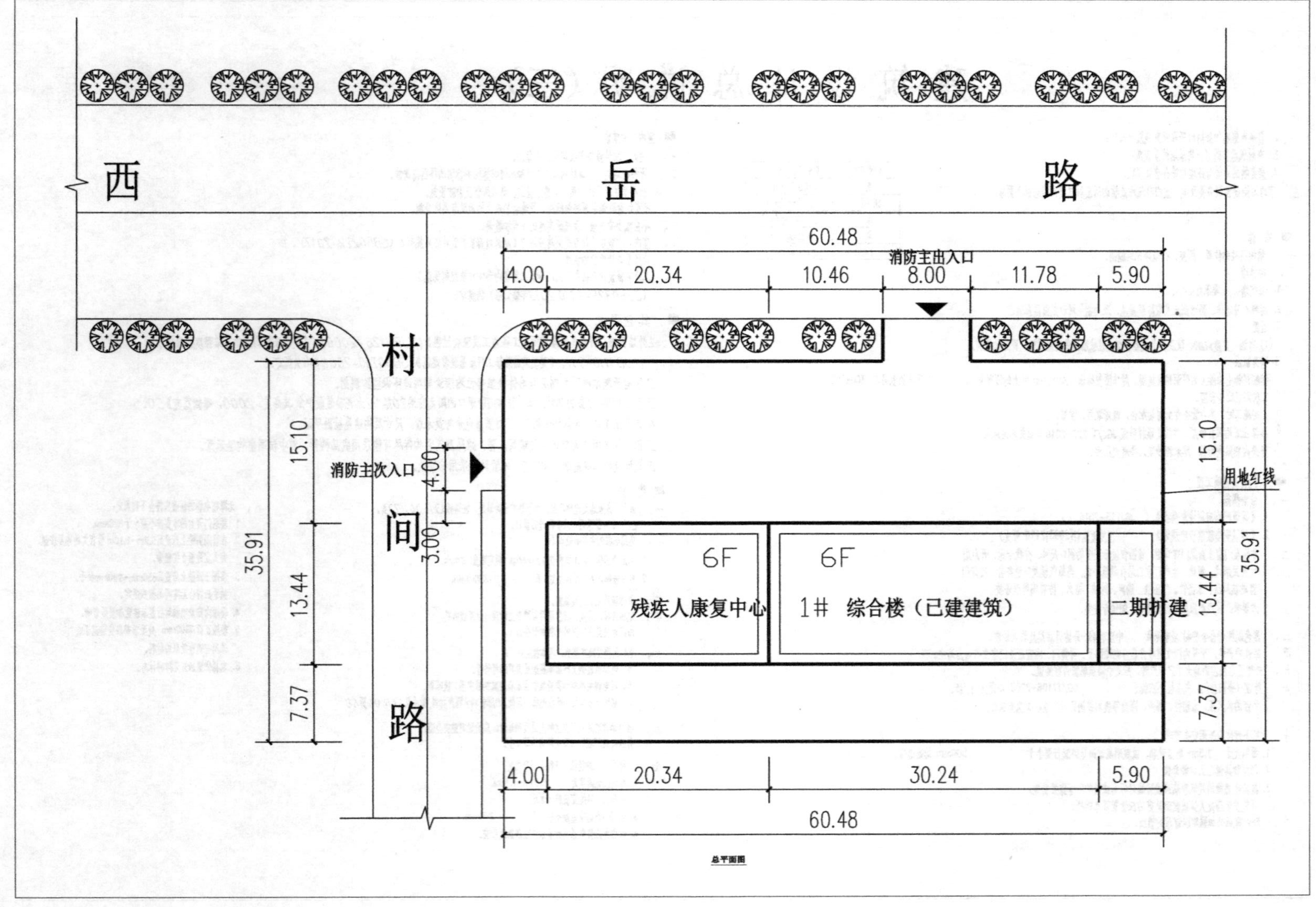

西
岳
路
村
间
路
60.48
4.00
20.34
10.46
消防主出入口
8.00
11.78
5.90
15.10
35.91
13.44
7.37
消防主次入口
4.00
3.00
6F
6F
残疾人康复中心
1# 综合楼（已建建筑）
二期扩建
用地红线
15.10
35.91
13.44
7.37
4.00
20.34
30.24
5.90
60.48
总平面图

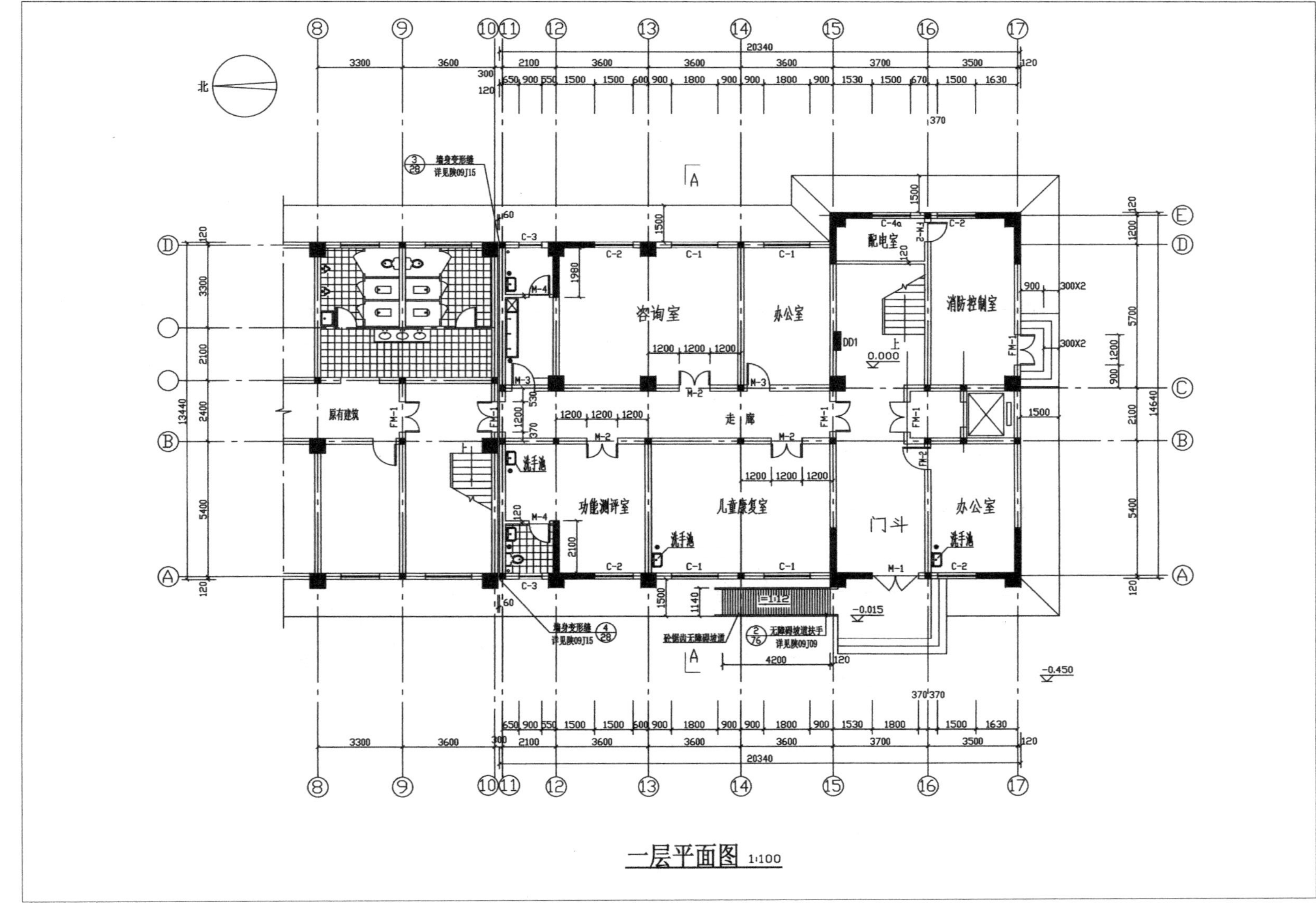
北
墙身变形缝
详见陕09J15
原有建筑
咨询室
办公室
配电室
消防控制室
走 廊
功能测评室
儿童康复室
门斗
办公室
洗手池
砼侧齿无障碍坡道
无障碍坡道扶手
详见陕09J09
i=1:12
0.000
-0.015
-0.450
20340
13440
14640
一层平面图 1:100

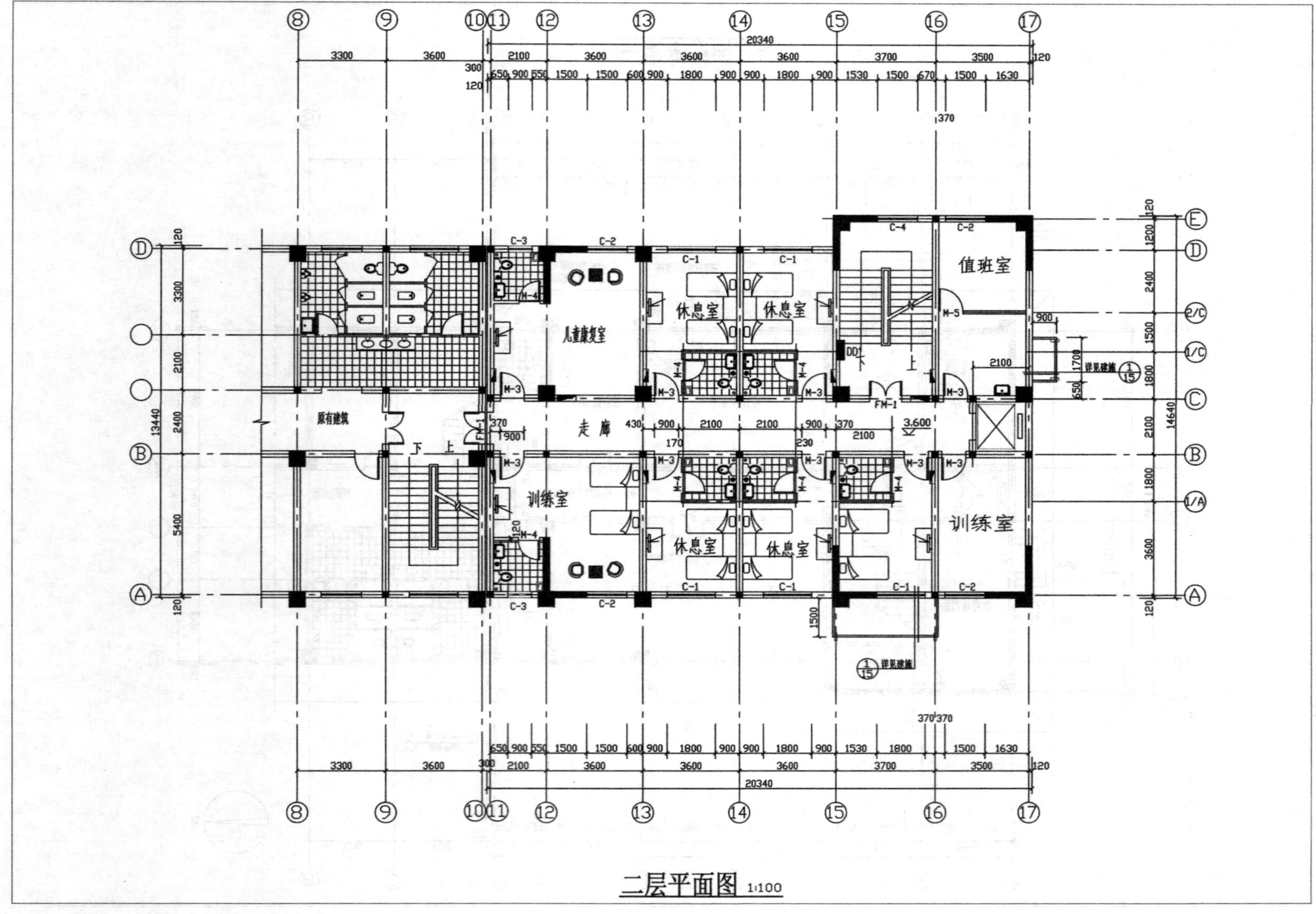
原有建筑
儿童康复室
休息室
休息室
值班室
走廊
训练室
休息室
休息室
训练室
详见建施
20340
14640
13440

二层平面图 1:100

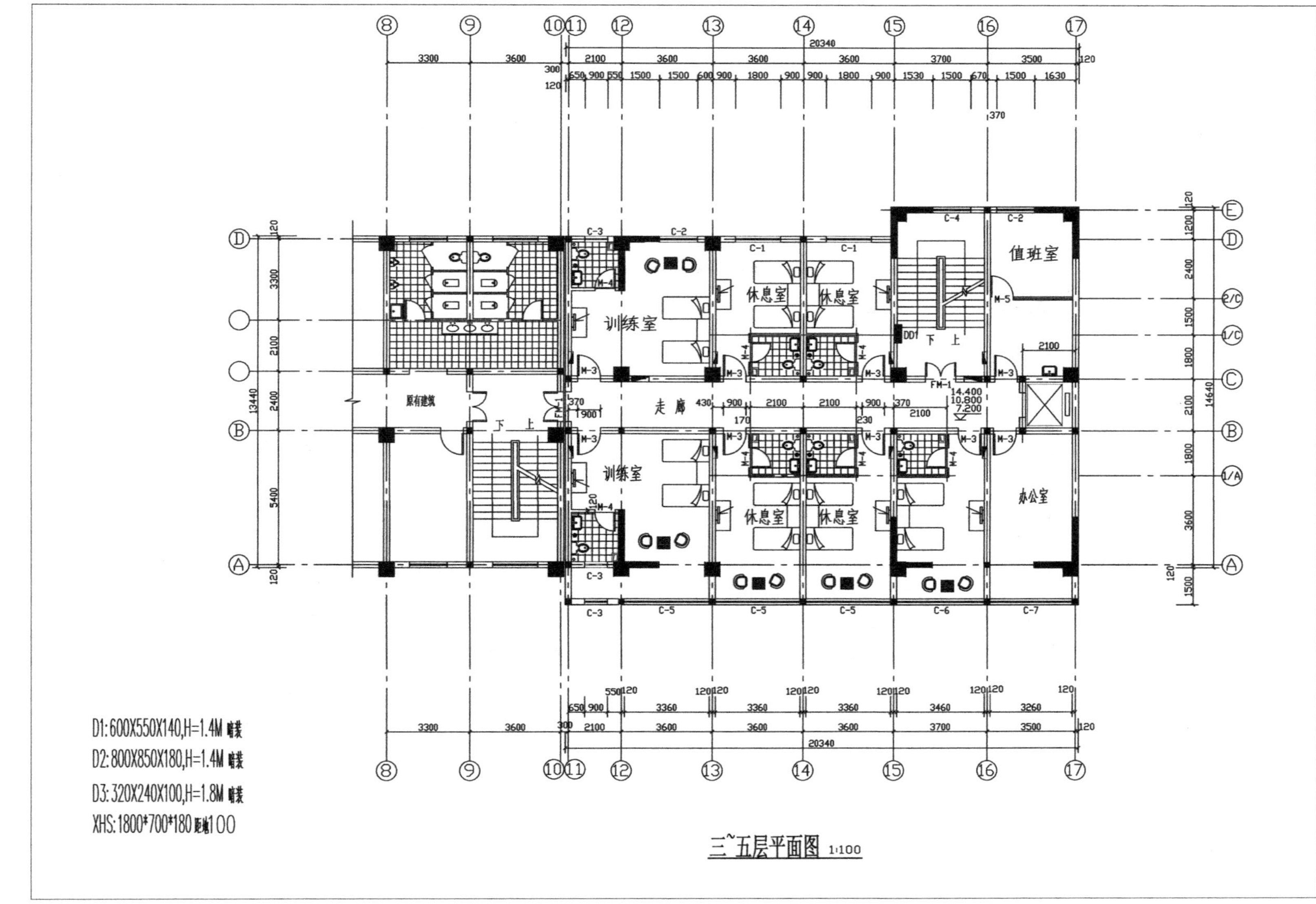
D1:600X550X140,H=1.4M 暗装
D2:800X850X180,H=1.4M 暗装
D3:320X240X100,H=1.8M 暗装
XHS:1800*700*180 距地100
原有建筑
训练室
休息室
走廊
值班室
办公室
14.400
10.800
7.200
20340
13440
14640

三~五层平面图 1:100

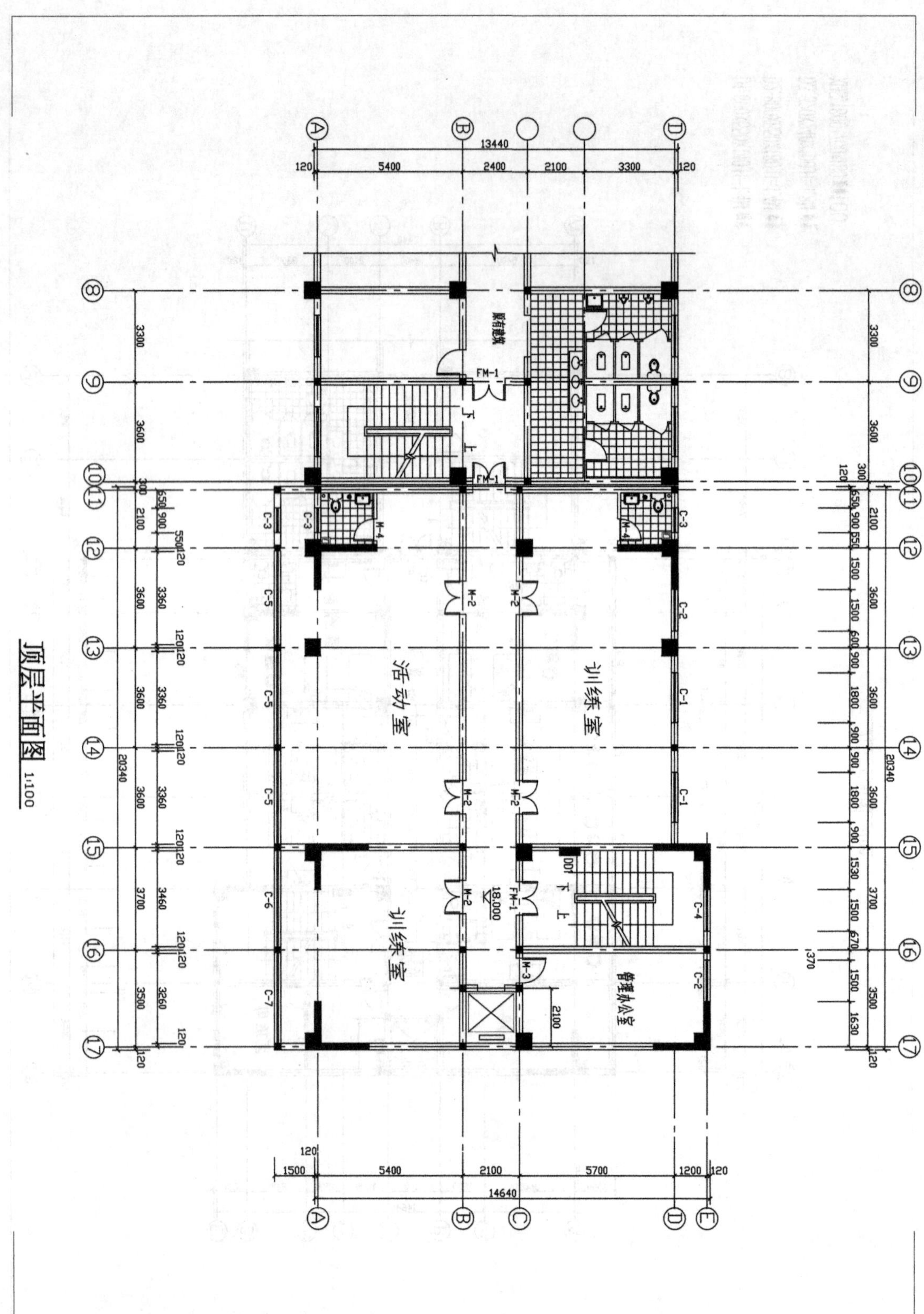
顶层平面图 1:100
活动室
训练室
训练室
管理办公室
FM-1
M-2
M-3
M-4
C-1
C-2
C-3
C-4
C-5
C-6
C-7
13440
14640
20340

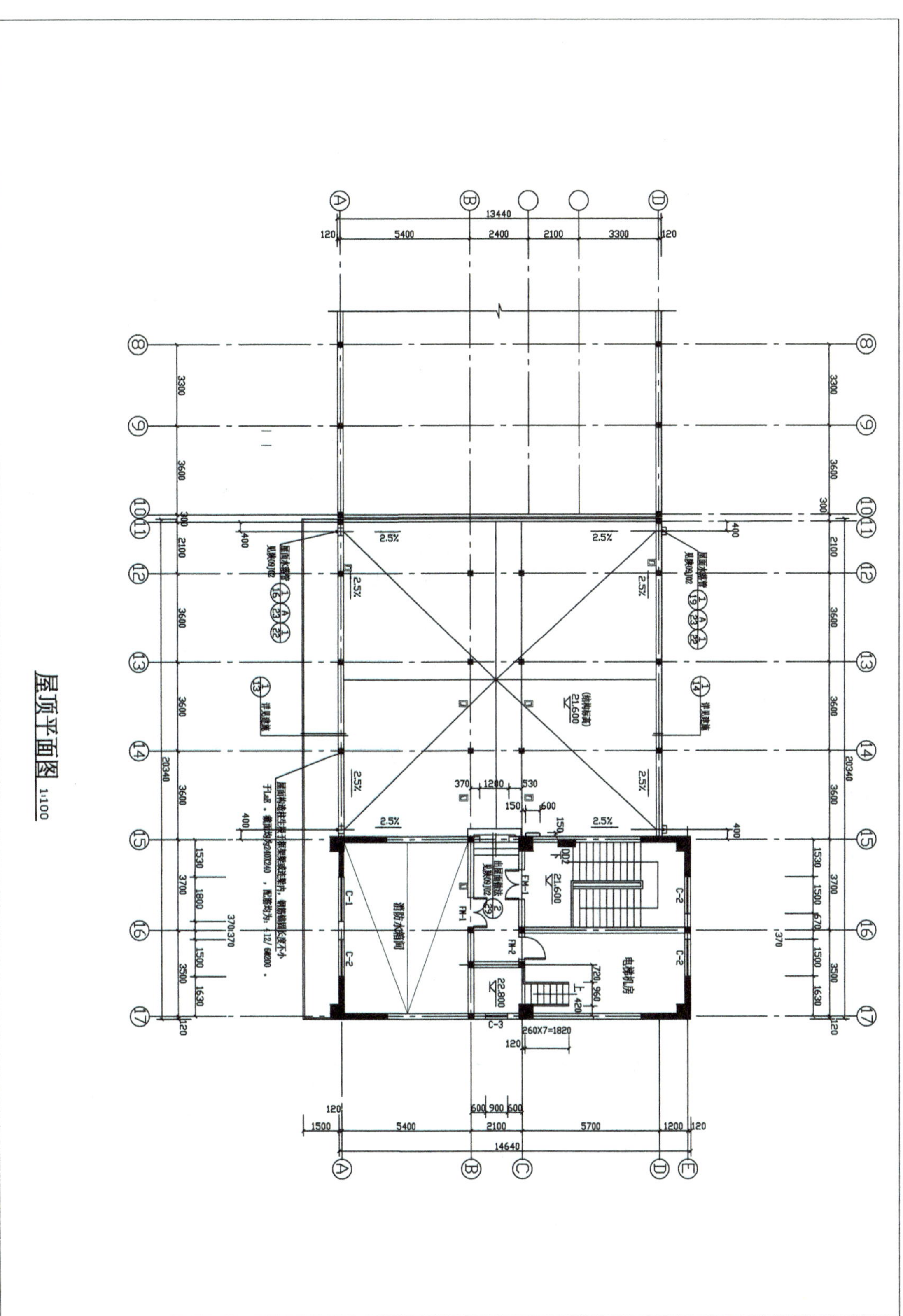
屋顶平面图
1:100
13440
120
5400
2400
2100
3300
120
2.5%
21.600
22.800
电梯机房
C-1
C-2
C-3
FM-1
FM-2
260X7=1820
1500
5400
2100
5700
1200
14640
20340
3300
3600
2100
3700
3500

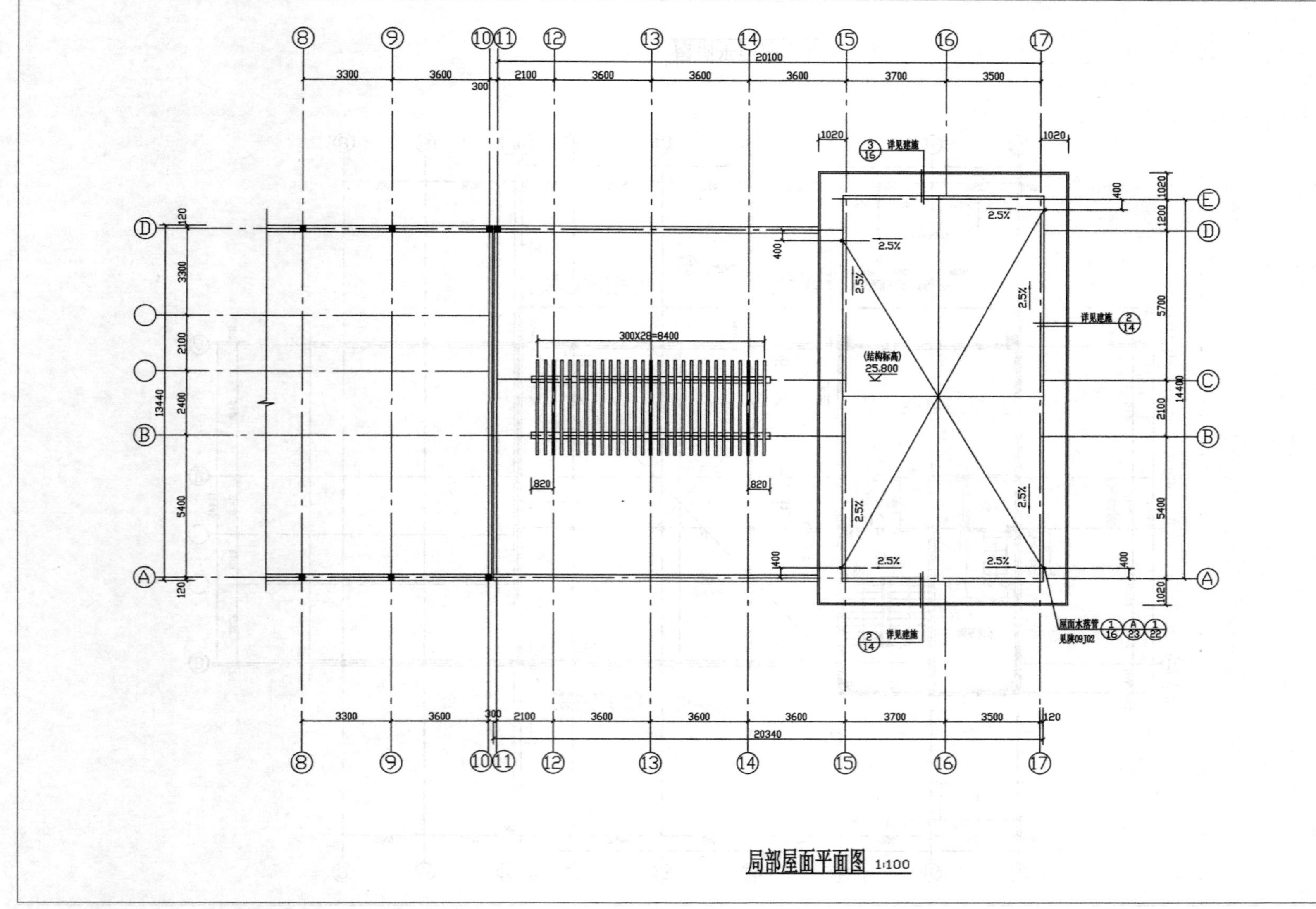

局部屋面平面图 1:100

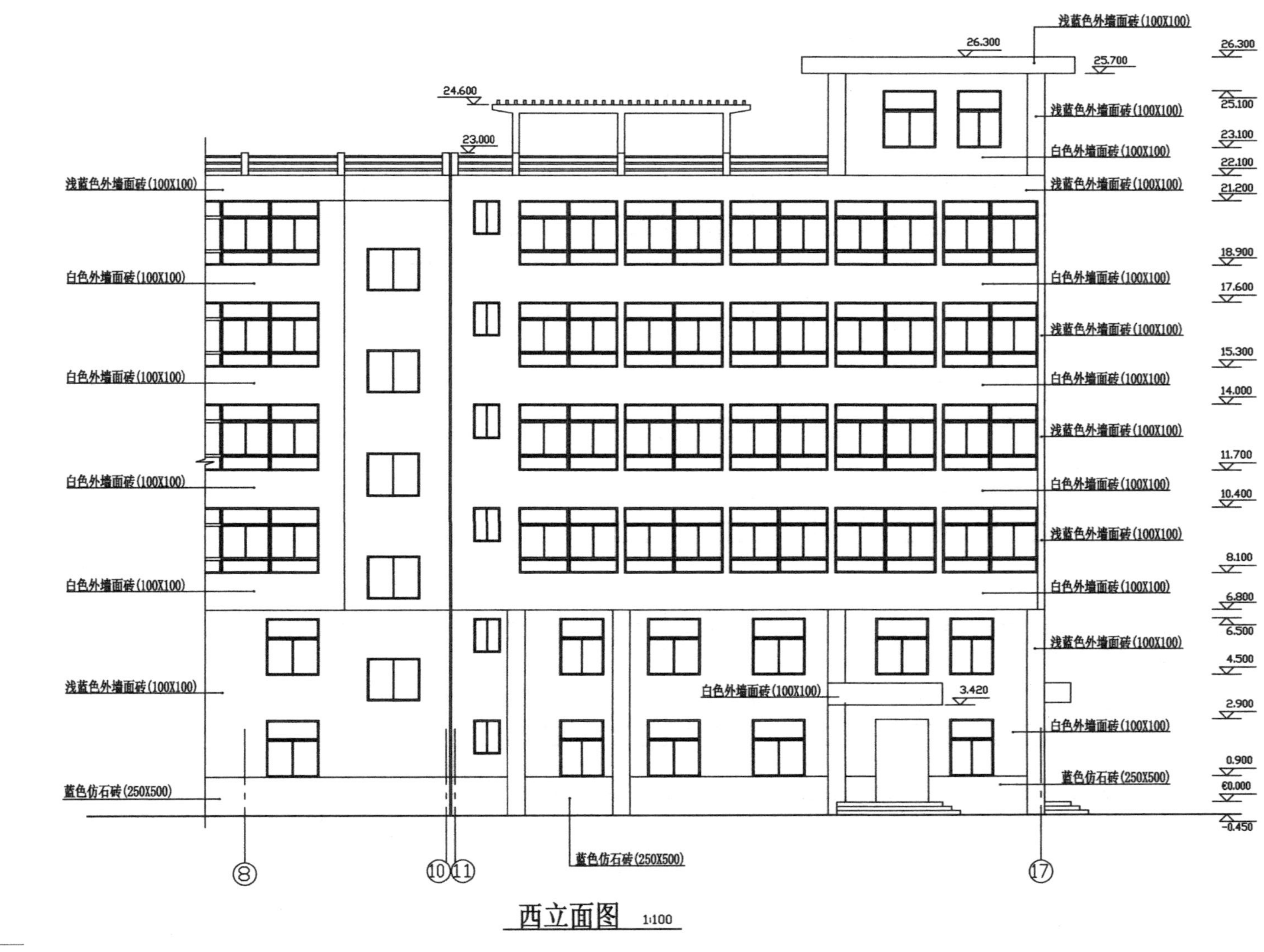
浅蓝色外墙面砖(100X100)
白色外墙面砖(100X100)
蓝色仿石砖(250X500)
26.300
25.700
25.100
24.600
23.100
23.000
22.100
21.200
18.900
17.600
15.300
14.000
11.700
10.400
8.100
6.800
6.500
4.500
3.420
2.900
0.900
±0.000
-0.450
⑧
⑩
⑪
⑰

西立面图 1:100

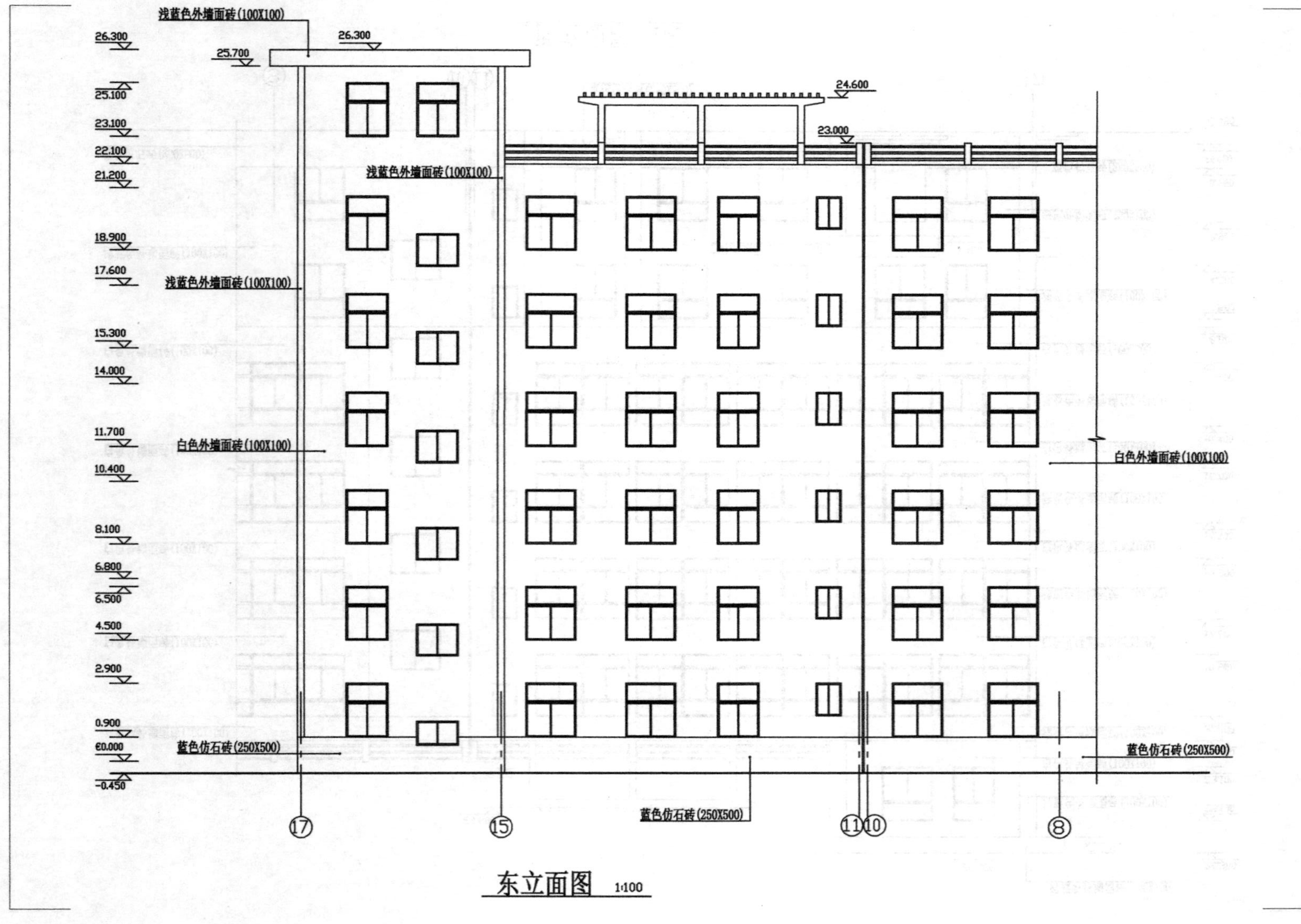

浅蓝色外墙面砖(100X100)
26.300
25.700
26.300
25.100
23.100
22.100
21.200
18.900
17.600
浅蓝色外墙面砖(100X100)
15.300
14.000
11.700
白色外墙面砖(100X100)
10.400
8.100
6.800
6.500
4.500
2.900
0.900
±0.000
蓝色仿石砖(250X500)
-0.450
24.600
23.000
浅蓝色外墙面砖(100X100)
白色外墙面砖(100X100)
蓝色仿石砖(250X500)
蓝色仿石砖(250X500)
⑰
⑮
⑪⑩
⑧

东立面图 1:100

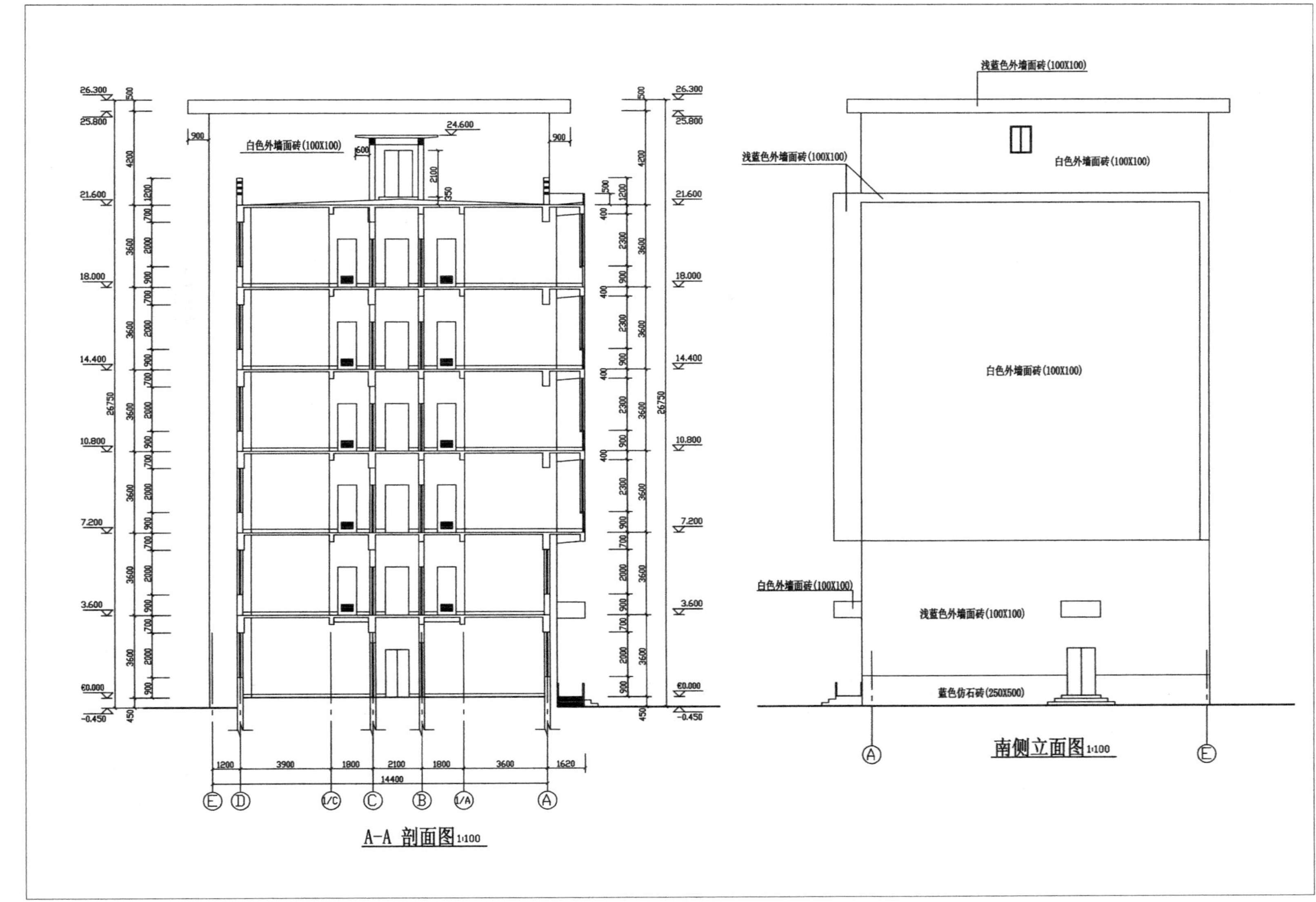
白色外墙面砖(100X100)
A-A 剖面图 1:100
浅蓝色外墙面砖(100X100)
浅蓝色外墙面砖(100X100)
白色外墙面砖(100X100)
白色外墙面砖(100X100)
白色外墙面砖(100X100)
浅蓝色外墙面砖(100X100)
蓝色仿石砖(250X500)
南侧立面图 1:100

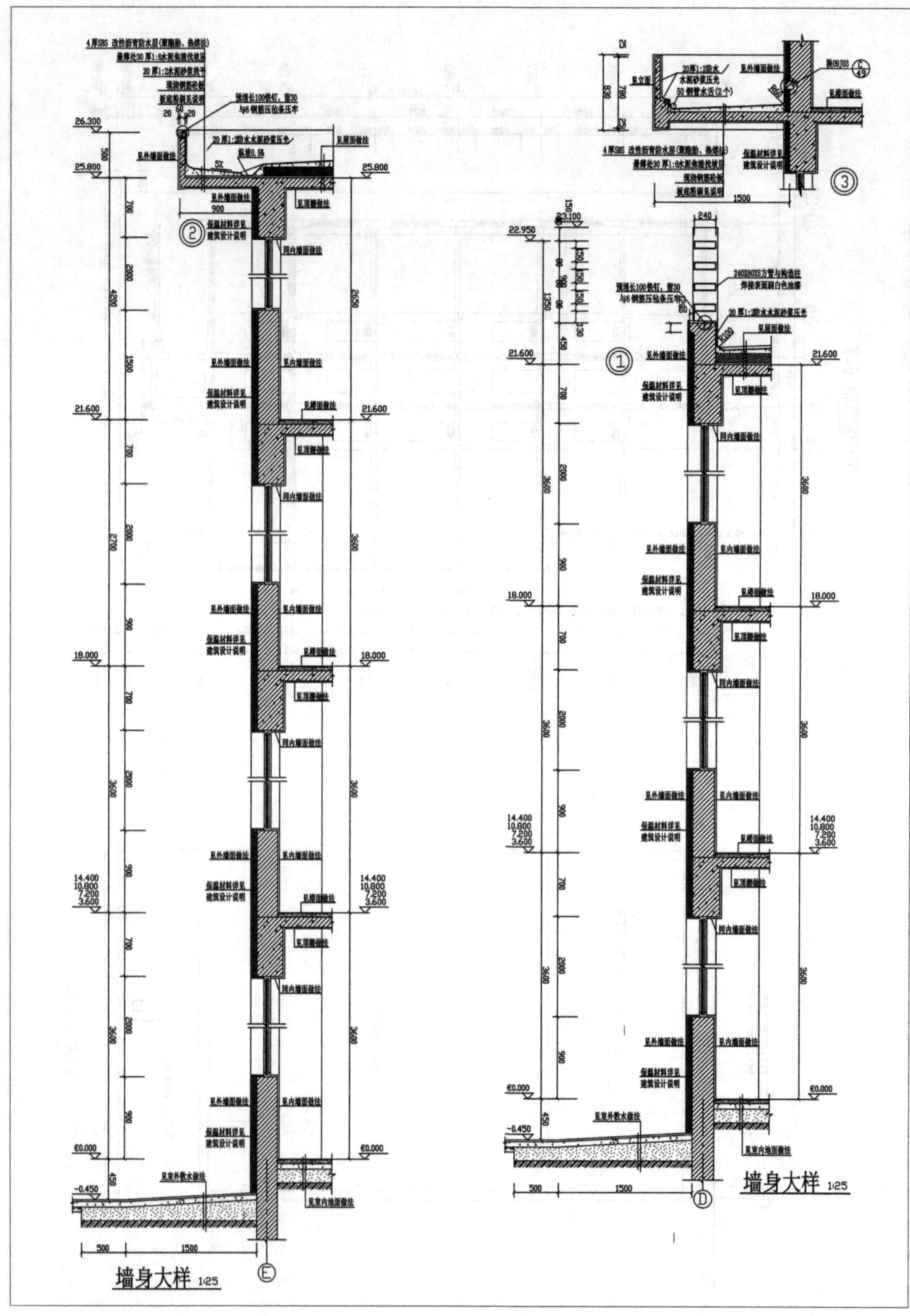
4厚SBS 改性沥青防水层(聚酯胎、热熔法)
最薄处30厚1:6水泥焦渣找坡层
20厚1:2水泥砂浆找平
现浇钢筋砼板
板底粉刷见说明
预埋长100铁钉，留30
与6钢筋压毡条压牢
20厚1:2防水水泥砂浆压光
见屋面做法
见外墙面做法
见顶棚做法
回内墙面做法
见内墙面做法
保温材料详见
建筑设计说明
见楼面做法
见室外散水做法
见室内地面做法
见立面
50钢管水舌(2个)
240X80X5方管与构造柱
焊接表面刷白色油漆
26.300
25.800
22.950
23.100
21.600
18.000
14.400
10.800
7.200
3.600
±0.000
-0.450
墙身大样 1:25
墙身大样 1:25

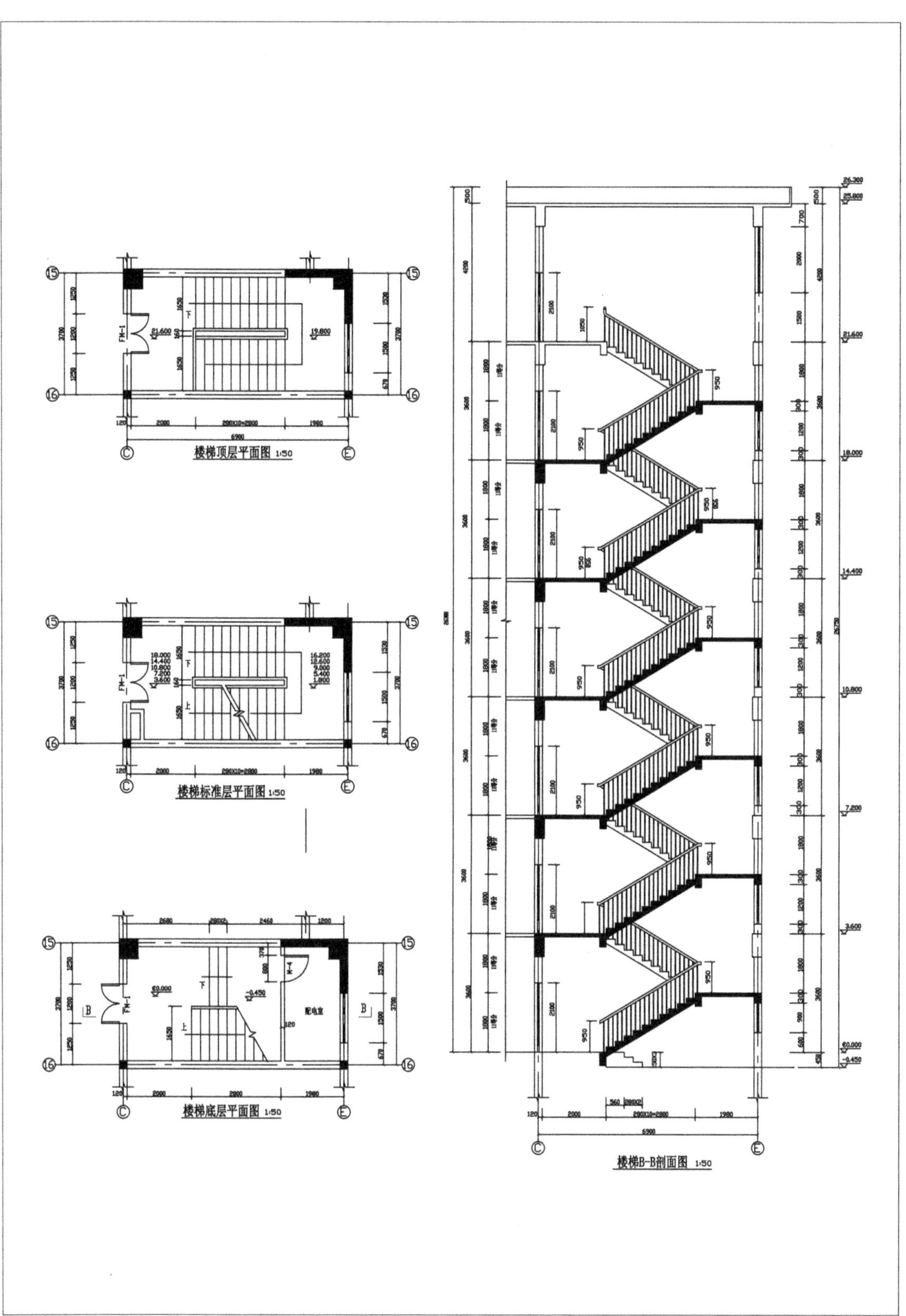
楼梯顶层平面图 1:50
楼梯标准层平面图 1:50
楼梯底层平面图 1:50
楼梯B-B剖面图 1:50

建筑平面图识图纪要 单位:mm

<table>
<tr><td colspan="2">建筑基本信息</td><td colspan="6"></td></tr>
<tr><td colspan="2">建筑朝向</td><td colspan="6"></td></tr>
<tr><td colspan="2">建筑总尺寸</td><td colspan="6"></td></tr>
<tr><td colspan="2">场地消防主、次入口宽度</td><td colspan="6"></td></tr>
<tr><td colspan="2">房间功能</td><td colspan="6"></td></tr>
<tr><td colspan="2">建筑出入口朝向及数量</td><td colspan="6"></td></tr>
<tr><td rowspan="3">房间尺寸</td><td>房间名称
（一层）</td><td></td><td></td><td></td><td></td><td></td><td></td></tr>
<tr><td rowspan="2">开间
进深</td><td></td><td></td><td></td><td></td><td></td><td></td></tr>
<tr><td></td><td></td><td></td><td></td><td></td><td></td></tr>
<tr><td colspan="2">门窗类型</td><td></td><td></td><td></td><td></td><td></td><td></td></tr>
<tr><td rowspan="3">门窗尺寸</td><td>代号
（一层）</td><td></td><td></td><td></td><td></td><td></td><td></td></tr>
<tr><td rowspan="2">宽度
高度</td><td></td><td></td><td></td><td></td><td></td><td></td></tr>
<tr><td></td><td></td><td></td><td></td><td></td><td></td></tr>
<tr><td rowspan="12">建筑标高</td><td>室外标高</td><td colspan="6"></td></tr>
<tr><td rowspan="5">正常房间标高</td><td>一层</td><td colspan="5"></td></tr>
<tr><td>二层</td><td colspan="5"></td></tr>
<tr><td>三层</td><td colspan="5"></td></tr>
<tr><td>四层</td><td colspan="5"></td></tr>
<tr><td>五层</td><td colspan="5"></td></tr>
<tr><td rowspan="5">特殊房间标高</td><td>一层</td><td colspan="5"></td></tr>
<tr><td>二层</td><td colspan="5"></td></tr>
<tr><td>三层</td><td colspan="5"></td></tr>
<tr><td>四层</td><td colspan="5"></td></tr>
<tr><td>五层</td><td colspan="5"></td></tr>
<tr><td>屋面标高</td><td colspan="6"></td></tr>
<tr><td rowspan="6">辅助构件</td><td>散水信息</td><td colspan="6"></td></tr>
<tr><td>门斗信息</td><td colspan="6"></td></tr>
<tr><td rowspan="3">楼梯信息</td><td>踏步尺寸</td><td colspan="5"></td></tr>
<tr><td>平台尺寸</td><td colspan="5"></td></tr>
<tr><td>扶手尺寸</td><td colspan="5"></td></tr>
<tr><td>室外坡道</td><td colspan="6"></td></tr>
</table>

	钢爬梯						
构件尺寸	砌体墙厚						
	隔墙厚度						
	柱尺寸						
雨篷信息	雨篷尺雨						
	雨篷详图位置						
变形缝信息	变形缝宽度及做法						
主要屋面信息	排水坡度						
	雨水管数量						
图例图示	剖切索引						
	详图索引						
	剖切符号						

建筑立、剖面图识图纪要

单位：m

轴线命名立面图	西立面	
	东立面	
屋面高度	主屋面	
	局部屋面	
主屋面女儿墙高		
屋面廊架标高		
D 轴外窗高度		
走廊段宽度		
出屋面门高		
A 轴外窗高度		
A 轴外侧外窗高		
南立面饰面材料		
东立面饰面材料		
西立面饰面材料		
局部屋面挑檐宽		
出屋面雨篷标高		
A－A 剖切位置		

<table>
<tr><td rowspan="7">判定门窗所属房间</td><td>南立面窗户</td><td></td></tr>
<tr><td>剖面 B～1/A 轴间门</td><td></td></tr>
<tr><td>东立面一层 17 轴右侧窗户</td><td></td></tr>
<tr><td>东立面二层 11 轴左侧窗户</td><td></td></tr>
<tr><td>西立面六层 11 轴右侧窗户</td><td></td></tr>
<tr><td>西立面四层 17 轴左侧窗户</td><td></td></tr>
</table>

大样图识图纪要

单位：m

<table>
<tr><td rowspan="3">屋面信息</td><td>E 轴外墙屋面做法</td><td></td></tr>
<tr><td>E 轴屋面挑檐宽度</td><td></td></tr>
<tr><td>D 轴女儿墙连接做法</td><td></td></tr>
<tr><td>散水宽度</td><td colspan="2"></td></tr>
<tr><td rowspan="12">楼梯信息</td><td>楼梯间门高度</td><td></td></tr>
<tr><td>楼梯扶手高度</td><td></td></tr>
<tr><td>梯段长度</td><td></td></tr>
<tr><td>梯段宽度</td><td></td></tr>
<tr><td>楼梯间窗户高度</td><td></td></tr>
<tr><td>楼梯间窗台高度</td><td></td></tr>
<tr><td>中间平台深度</td><td></td></tr>
<tr><td>楼层平台深度</td><td></td></tr>
<tr><td>标准层踏步尺寸、个数</td><td></td></tr>
<tr><td>楼梯间进深</td><td></td></tr>
<tr><td>楼梯间开间</td><td></td></tr>
<tr><td>楼梯井宽度</td><td></td></tr>
<tr><td>B—B 剖切位置</td><td colspan="2"></td></tr>
</table>

任务准备

学生以小组的形式进行识图。

班级		组号	组长	组长学号	指导老师	
小组成员	姓名		学号		识图任务	
	姓名		学号		识图任务	
	姓名		学号		识图任务	
	姓名		学号		识图任务	
	姓名		学号		识图任务	

任务实施

任务实施：

引导问题1:建筑施工图首页一般包含哪些内容？这些内容的作用是什么？

引导问题2:总平面图上必须要表示哪些内容？总平面图的比例一般采用哪些数值？

引导问题3:建筑施工平面图按照图示位置一般分为________平面图、__________平面图、_____________平面图、________________平面图。

引导问题4:平面图可以反映建筑哪些尺寸？

引导问题5:哪些内容只反映在一层平面图上？

引导问题6:雨篷一般出现在建筑______平面图上。

引导问题7:屋面平面图主要图示内容有哪些？

引导问题8:(5/—)图例表示的______详图，其表达的含义是____。

引导问题9:剖切符号一般绘制在______平面图上，⌉⌋表示形体剖切后，舍弃______半部分，朝______投影。

引导问题10:平面图尺寸标注一般为____道；由图形向外，第一道尺寸标注______，第二道尺寸标注______________;第三道尺寸标注______________________________________。

引导问题11:在建筑平面图中，地漏用______表示，坡度用__________表示，雨水管用___________表示；排气道用__________表示；电梯用_________表示。

引导问题12:立面图的命名有哪些方式？立面图主要图示内容有哪些？

引导问题13:剖面图的图示内容有哪些？

引导问题14:大样图的特征是什么?建筑的哪些部位一般使用大样图?

引导问题15:楼梯由__________、__________、__________三部分组成。根据投影特征,楼梯平面踏步个数与剖面踏步个数差__________。

评价反馈

任务评价表

<table>
<tr><td>班级</td><td></td><td>姓名</td><td></td><td>学号</td><td colspan="2"></td></tr>
<tr><td>评价项目</td><td colspan="4">评价标准</td><td>分值</td><td>得分</td></tr>
<tr><td>平面图识读</td><td colspan="4">能正确识图,掌握建筑平面功能组成</td><td>10</td><td></td></tr>
<tr><td>立面图识读</td><td colspan="4">能正确识图,并读出房间开间、进深等平面尺寸</td><td>10</td><td></td></tr>
<tr><td>剖面图识读</td><td colspan="4">能正确识图,掌握不同平面区域的标高设计</td><td>10</td><td></td></tr>
<tr><td>大样图识读</td><td colspan="4">根据规定图示画法,读懂图纸潜层信息</td><td>10</td><td></td></tr>
<tr><td>工作态度</td><td colspan="4">能谨慎细心地按照规定和程序耐心阅读图纸信息</td><td>10</td><td></td></tr>
<tr><td>团队协作</td><td colspan="4">能按时按量完成小组分配的读图任务</td><td>10</td><td></td></tr>
<tr><td>完成时间</td><td colspan="4">按照规定时间完成任务量</td><td>10</td><td></td></tr>
<tr><td>工作效率</td><td colspan="4">认真高效地完成识图任务</td><td>10</td><td></td></tr>
<tr><td>工作质量</td><td colspan="4">识图信息准确,纪要填写整齐、无误</td><td>10</td><td></td></tr>
</table>

任务小结

(1)识图时应首先了解建筑工程的使用功能,明确建筑类型,理解配套的功能构造。

(2)审查工程平面尺寸。建筑工程施工平面图一般有三道尺寸,第一道尺寸是细部尺寸,第二道尺寸是轴线间尺寸,第三道尺寸是总尺寸。检查第一道尺寸相加之和是否等于第二道尺寸、第二道尺寸相加之和是否等于第三道尺寸,并留意边轴线是否是墙中心线,识读下一层平面图尺寸时,检查与上一层有无不一致的地方。

(3)熟悉规范、标准的图示图例。按照详图索引、剖切索引的指引阅读图纸详细信息,将不同位置的图纸信息关联在一起。根据剖面符号、断面符号观察剖切位置,了解被剖切到的构件。

(4)观察平面不同区域的标高注释。特别注意有水房间(厨房、阳台、卫生间)、建筑的出入口、楼梯间等特殊位置的高度差。

(5)立面图应注意建筑高度方向的尺寸、房屋的外立面饰面说明以及建筑的门窗样式。注意标高标注的位置。

(6)剖面图识读时首先应该明确剖面的剖切位置,剖切位置一般在底层平面图上标记。结合平面图、立面图一起阅读剖面图纸。

(7)大样图主要详细描述外墙及楼地面、屋面详细做法,以及楼梯间详图。用大比例将细节反映清楚。

(8)识图时应认真、仔细,不同楼层平面应相互对比,找到功能、形状、尺寸、标高等信息的差异。

拓展练习

阅读以下建筑施工图纸,掌握待建建筑信息。

楼建筑设计总说明(一)

■ 总 述

一. 工程概况

1. 建设单位:
2. 项目名称:
3. 建设地点: XX县XX街。
4. 民用建筑工程设计等级: 三级;
5. 设计使用年限: 50年;
6. 防火设计: 本建筑分类为多层建筑; 耐火等级为二级。
7. 抗震设防烈度为7度。
8. 建筑结构形式: 建筑结构形式: 为剪力墙结构。设计使用年限50年, 抗震设防烈度为7度(0.1g)。
9. 建筑规模: X号楼为住宅楼, 为一梯二户单元式住宅楼, 共2个单元:

标准层住宅技术指标经济

套型	套型描述	套内使用面积(m^2)	套型阳台建筑面积(m^2)	套型量数	套型总使用建筑面积(m^2)	住宅总使用建筑面积(m^2)	计算比值(%)	套型总建筑面积(m^2)
D户型	三室两厅一卫一厨	$103.70m^2$	$3.3m^2$	14	$1451.8m^2$	$2595.6m^2$	83.89	$123.00m^2$
E户型	两室两厅一卫一厨	$81.70m^2$	$3.2m^2$	14	$1143.8m^2$			$98.00m^2$
	住宅楼总建筑面积				$3094.0m^2$		总户数	28
注: 1.住宅总建筑面积不含外墙保温(95mm)厚面积。 2.总建筑面积内均含本层公摊, 阳台均按半面积计。								

2号住宅楼总建筑面积: $3128.0m^2$

11. 建筑基底面积: $440.0m^2$;
12. 建筑层数: 地上七层;
13. 设计标高: ±0.000绝对标高值(黄海高程)600.770m(东大街道路中心绝对标高认为是600.000);
14. 建筑高度: 2号住宅楼总高度是: 23.375m (为室外设计地面至其檐口与屋脊的平均高度), 室内外高差为0.30m; 一层层高3.6m, 二层层高3.3m, 三至七层层高均为3.0m;
15. 本项目的总平面定位详见Z1图。

二. 设计范围:

1. 本工程的施工图设计包括2#住宅楼建筑、结构、给排水、暖通、电气等专业的配套内容。
2. 本建筑施工图仅承担一般室内装修设计, 精装修及特殊装修另行委托设计。
3. 本建筑施工图不含总平面布置图, 其总平面设计另见总施图。景观设计须另行委托。

三. 设计依据:

1. 相关文件:
1.1 建设单位所提供的设计任务书及经建设方认可的最终总平面图及户型平面图。
1.2 经规划、消防、市政等主管部门备案批准的报建图;
1.3 建设单位提供的有关文件;
1.4 设计合同编号: 0750
1.5 建设单位送审并通过的XXXXXXXXXX勘察院2016年11月4日《岩土工程勘察报告》;
2. 相关主要规范、规定:
2.1 《民用建筑设计通则》GB50352-2005。
2.2 《住宅建筑规范》GB50368-2005;
2.3 《住宅设计规范》GB50096-2011;
2.4 《建筑设计防火规范》GB50016—2014。
2.5 《建筑内部装修设计防火规范》GB50222-95 (2001年修订版)。
2.6 《严寒和寒冷地区居住建筑节能设计标准》JGJ26-2010。
2.8 《工程建设标准强制性条文·房屋建筑部份》(2013年版)。
2.9 《建筑安全玻璃管理规定》(发改运行[2008]2116号文)。
2.10 《建筑工程设计文件编制深度规定》(2016年版)。
2.11 《民用建筑工程室内环境污染控制规范》GB50325-2010。
2.12 《全国民用建筑工程设计技术措施》(规划·建筑2009年)。
2.13 《无障碍设计规范》GB50763-2012。
2.14 《屋面工程技术规范》GB50345-2012。
2.15 《安全防范工程技术规范》GB 50348-2004。
2.16 《民用建筑绿色设计规范》(JGJ/T229-2010, 备案号J1125-2010)。
2.17 《绿色建筑评价标准》GB/50378-2014。
2.18 《城市居住区规划设计规范》GB 50180-93(2016年版)。
2.19 《城市用地竖向规划规范》(JJ83-99)。
2.20 《城市道路设计规范》JJ37(2012)。
2.21 《建筑工程建筑面积计算规范》(GB /T50353-2013)。
2.22 其它条文中直接引用者不再重复。

四. 标注说明:

除标高的尺寸以m为单位外, 其他图纸的尺寸均以mm为单位。图中所注的标高除注明者外, 均为建筑完成面标高。尺寸均以标注的数字为准, 不得在图中量取。

五. 本说明未提及的各项材料规格、材质、施工及验收等要求, 均应遵照国家标准及地方各项工程施工及验收规范、规定进行。

六. 施工前请认真阅读本工程各专业的施工图文件, 并组织施工图技术交底。施工中如遇图纸问题, 应及时与设计单位协商处理。未经设计单位认可, 不得任意变更设计图纸。

七. 本工程要采购设备的各项性能指标应符合相关技术规范的要求。应及时向设计方提供与结构主体有关的预埋件和预留洞口的尺寸、位置, 误差控制及其它等技术要求。设计方及时进行及提供变更或补充设计。

八. 根据《建筑工程质量管理条例》第二章第十一条的规定, 建设单位应将本工程的施工图设计文件报有关主管部门审查, 未经审查, 未经审查批准, 不得使用。

九. 未尽事宜应严格按国家及当地有关现行规范、规定要求进行施工。

■ 建筑防火

一、依据规范

1. 《建筑设计防火规范》(GB 50016-2014年版);
2. 《住宅设计规范》(GB 50096-2011);
3. 《住宅建筑规范》(GB 50368—2005);
4. 《建筑内部装修设计防火规范》(GB 50222-95 2001年版);
6. 相应建筑设计规范中的有关规定。

二、总平面消防设计:

1. 防火间距设计:
各楼之间的建筑物间距均大于6米(多层与多层建筑物之间的间距为6米)。
2. 根据《住房城乡建设部关于加强城市电动车充电设施规划建设工作的通知》建规[2015]199号文件, 新建住宅配建停车位应100%预留充电设施, 故在总平面图中地面停车位上均预留了电动车充电设施。
3. 每个楼前的地面停车位上均设置三至四辆无障碍停车位, 具体位置详见总平面规划图。
4. 消防车道设计:
总平图中消防车道均设置在住宅出入口, 消防车道宽度均大于等于4米。

三、单体防火设计:

1. 防火(防烟)分区的划分:
本建筑为多层, 一梯二户单元式住宅, 每层为两个单元, 每层分为两个防火分区, 分别为一个单元一个.
1.1. 所有建筑室内装修应符合《建筑内部装修设计防火规范》相关规定。
1.2 在管道安装后, 管道井应在每层楼板处, 采用不低于楼板耐火极限的不燃烧材料体材料封堵, 管道井与房间.走道连通的孔洞也应采用不燃烧体材料封堵。
2. 安全疏散设计:
1) 概况
本工程为7层, 属单元式居住建筑, 共两个单元, 每单元设楼梯一部, 每部楼梯净宽均>1.1m, 。
3) 安全疏散: 住宅每单元设楼梯一部, 每部楼梯净宽均>1.1m;
3. 防火构造设计:
本工程层间窗槛墙大于等于1.2米, 防火分区间窗间墙设1000长防火垂壁, 满足规范要求;
4. 本建筑高度小于24m, 其保温材料的燃烧性能不应低于B1级。其中, 当采用B1级保温材料时, 每两层应设置水平防火隔离带。设置防火隔离带时, 应沿楼板位置设置宽度不小于300mm的A级保温材料。防火隔离带与墙面应进行全面积粘贴。隔离带构造做法: 参见10J121图集H-14。
5. 保温材料应采用不燃材料作防护层。防护层应将保温材料完全覆盖。建筑首层防护层厚度不应小于10mm, 其它楼层防护层厚度不应小于5mm。
6. 对于屋顶基层采用耐火极限不小于1.00h的不燃烧体的建筑, 其屋顶的保温材料不应低于B1级; 其他情况, 保温材料的燃烧性能不应低于B1级。屋顶与外墙交界处、屋顶开口部位四周的保温层, 应采用宽度不小于500mm的A级保温材料设置水平防火隔离带。
7. 基层墙体内部空腔及建筑幕墙与基层墙体、窗间墙、窗槛墙及裙墙之间的空间, 应在每层楼板处采用防火封堵材料封堵。

四、注意事项:

1. 防火墙及防火隔墙应砌至梁底, 不得留有缝隙。
2. 管道穿过防火墙及楼板处应采用不燃烧材料将周围填实。管道的保温材料应为不燃烧材料。
3. 除工艺及通风竖井外, 管道井安装完管线后, 应在每层楼板处补浇相同标号的钢筋混凝土将楼板封实。
4. 金属结构构件应喷涂满足相应规范要求的防火涂料。
5. 防火门、窗和防火卷帘等消防产品应选用国家颁发生产许可证的企业生产的合格产品, 以及经国家有合格并符合建筑工程消防安全要求的建筑构件、配件及装饰材料。家有合格并符合建筑工程消防安全要求的建筑构件、配件及装饰材料。
6. 建筑外保温系统的日常使用应符合下列规定:
6.1 与外墙和屋顶相贴邻的竖井、凹槽、平台等, 不应堆放可燃物。
6.2 火源、热源等火灾危险源与外墙、屋顶应保持一定的安全距离, 并应加强对火源、热源的管理。
6.3 不宜在采用外保温材料的墙面和屋顶上进行焊接、钻孔等施工作业。确需施工作业的, 应采取可靠的防火保护措施, 并应在施工完成后, 及时将裸露的外保温材料进行防护处理。
6.4 电气线路不应穿过可燃外保温材料。确需穿过时, 应采取穿管等防火保护措施。

■ 建筑节能设计

一. 依据规范:

住宅节能设计执行《严寒和寒冷地区居住建筑节能设计标准》JGJ26-2010,《外墙外保温工程技术规程》(JGJ 26-2010),《外墙外保温建筑构造》10J121.本建筑地处陕西省太白县城.

二. 概述及所属气候区: 住宅气候为寒冷(A)区;

本工程为地上为七层.

三. 围护结构参数:

2号住宅楼建筑节能设计(节能65%):

1. 总建筑面积(地上住宅部分, 一至七层为住宅): $3128.0m^2$;
2. 标准层建筑面积: $440.0m^2$;
3. 建筑外表面积: $2683.34m^2$;
4. 建筑体积: $9768.0m^3$;
5. 住宅部分体型系数: S=0.275<0.33
6. 各朝向窗墙比分别为: 南向 0.37<0.50 东向 0.03<0.35 西向 0.03<0.35 北向 0.153<0.30

四. 围护结构基本构造及传热系数(K)

1. 大屋面及水箱间屋面做法从上到下: (1).防水层; (2).水泥砂浆找平层25mm; (3).100厚EPS板; (4).1:6炉渣找坡层最薄处30mm。(5).现浇钢筋混凝土板100mm; (6).板下混合砂浆15mm。传热系数K=0.422W/(m^2·K)<0.45W/(m^2·K)。
2. 外墙为250、200厚钢筋砼或加气砼切块, 采用外保温, 保温层为95厚EPS板, 传热系数K = 0.50X1.2 = 0.60W/(m^2·K) = 0.60W/(m^2·K)。做法参见国标10J121,《外墙外保温构造图集》。
3. 楼梯间隔墙为200厚钢筋砼墙, 贴20mmEPS板, 传热系数K=1.28W/(m^2·K)<1.5W/(m^2·K)。
4. 户门为甲级防火门, 传热系数K=1.76W/(m^2·K)<2.0W/(m^2·K)。
5. 入口处外门为电子对讲门, 传热系数K=2.00W/(m^2·K)=2.00W/(m^2·K), 并能随时关闭。
6. 阳台悬空底板上下层各为20厚水泥砂浆, 保温层为70厚EPS板, 传热系数K=0.60W/(m^2·K)=0.6W/(m^2·K);
7. 飘窗板(从下到上), (1)20厚水泥砂浆 (2)4厚聚合物砂浆 (3)95厚EPS板 (4)4厚聚合物砂浆 (5)100厚钢筋砼板 (6)20厚混合砂浆传热系数K=0.50W/(m^2·K)<0.6W/(m^2·K);
9. 外窗和阳台推拉门, 均为中空玻璃塑钢窗。
10. 外门窗为中空玻璃塑钢窗: 窗墙比: 南向0.37、北向0.153、东向0.03、西向0.03: 选用陕09J06-2系列推拉窗, 中空玻璃间隔层厚度12mm, 空气层12(A), 传热系数: K=2.5W/(m^2·K)=2.5W/(m^2·K)、<2.8W/(m^2·K)、<3.1W/(m^2·K); 玻璃露点: 中空玻璃内为-40℃, 中空玻璃临室内12℃, 门的玻璃均采用安全玻璃。
11. 外窗的气密性不应低于现行国家标准《建筑外窗气密性、水密性、抗风压性能分级及检测方法》(GB/T7106-2008)规定的6级水平。
12. 保温材料EPS板, 密度18~22kg/m^3, 导热系数<0.041W/m^2·K, 压缩强度>0.1Mpa, 燃烧性能等级B1级; 玻璃棉板密度40~64kg/m, 导热系数<0.033W/m^2·K, 燃烧性能等级A级。
13. 屋顶与外墙交界处及屋顶开口部位四周, 屋面的保温材料为500宽100厚玻璃棉板, 屋顶防水层用30厚C20细石混凝土覆盖。

五. 外门窗(材料一含通阳台的门窗)与墙体间的缝隙用发泡聚氨酯填堵, 收口缝用弹性耐候密封膏补缝, 不得采用普通水泥砂浆补缝。

六. EPS板薄抹灰外墙保温系统:

应设抗裂分隔缝。基层与胶粘剂的拉伸粘结强度检验, 粘结强度不应低于0.3MPa, 并且粘结界面脱开面积不应大于50%。粘贴EPS板时, 应将胶粘剂涂在EPS板背面, 涂胶粘剂面积不得小于EPS板面积的40%。EPS板应按顺砌方式粘贴, 竖缝应进行错缝。墙转角处EPS板应交错互锁。门窗洞四角不得拼接, 应采用整块EPS板切割成形, EPS板接缝应离开角部至少200mm。装饰缝、门窗四角和阴角等处应做好局部加强网施工。变形缝应板接缝应离开角部至少200mm。装饰缝、门窗四角和阴角等处应做好局部加强网施工。变形缝应做好防水和保温的构造处理。

七. 构造做法: 系统节点详见10J121图集A-1、A-2、A-6、A-9; 通用节点详见10J121图集H-1、H-4、H-5、H-11、H-12、H-13。

八. 材料物理性能:

保温材料(耐火等级)	表观密度 kg/m^3	导热系数λ W/(m^2·K)	修正系数α
玻化微珠保温浆料(A级)	200~300	0.07	1.20
挤塑泡沫保温板(B2级)	40	0.03	1.20
聚苯泡沫保温板(B2级)	20	0.041	1.20
硬质岩棉保温板(A级)	110~130	0.04	1.20
非承重空心砖	1500~1700	0.52	1.0
混凝土屋面板	2500	1.74	1.00
水泥砂浆	1800	0.93	1.00
水泥焦渣	900	0.50	1.00

■ 建筑防水

一. 屋面防水:

1. 根据《屋面工程技术规范》(GB50345-2012), 防水等级为I级, 二道设防防水材料一道采用3厚SBS改性沥青防水卷材, 下面一道2厚SBS改性沥青防水涂膜, 严格按陕06J02(柔性防水屋面)部份相应节点施工。
2. 雨篷、通风井屋面、飘窗顶板等防水, 防水等级为II级, 一道设防设(采用复合防水层(0.7厚聚乙烯丙纶卷材+1.3厚聚合物水泥防水交结材料)。
3. 屋面排水组织见屋顶平面图, 住宅采用外排水管采用φ100UPVC管、空调冷凝水管采用φ50UPVC管, 管子颜色同外墙颜色。
4. 上层屋面雨水排至下一层屋面时, 雨水管出口处加设水簸箕, 详陕06J2(图示)。搭按照陕09J01"编制说明"及相应节点施工。
5. 外墙防水层的设防高度当无外保温时, 应高出室外地面0.50m; 当有外保温时, 详见"十二.外墙防水"。
6. 施工注意事项
7.1 穿外墙的管线均应在混凝土浇筑前埋设套管。

三. 外墙防水:

1. 《建筑外墙防水技术规程》(JGJ/T 235-2011);
虽然本工程所在地区年降雨量及风压值未在规定范围内, 为了保证外墙外保温材料热工性能及有效使用年限, 在易出现裂缝、损伤等产生漏水缺陷的局部外墙应采取防水补救措施。
2. 防水措施的使用部位: 飘窗板、雨棚板周边500mm范围内; 散水上500mm范围内。
3. 防水措施采用刚性防水层, 在外饰面下结合层改为涂刷1厚水泥基渗透结晶防水胶粉浆料, 如与柔性防水材料营(在柔性防水边缘)设250宽叠加层。
4. 外墙预留套管应长出外饰面20mm、周边250mm范围内; 在外墙安装管道的固定件, 其穿外墙保温层的锚栓周边板250mm范围内, 在外饰面下结合层改为涂刷1厚水泥基渗透结晶防水胶粉浆料。
5. 在外墙安装管道的固定件, 其穿外墙保温层的锚栓周边板250mm范围内涂刷无色透明的防水罩面剂。

四. 其它防水措施及构造:

1. 根据《住宅设计规范》(GB 50096-2011); 住宅的厨房、开敞阳台(或布置洗衣机的封闭阳台)设防水层; 厨房采用一道柔性防水层, 阳台采用一道刚性防水层。地面辐射采暖卫生间须做两道(隔离层)即柔性防水层, 在卫生间过门入设置止水墙过往管件须采取防水措施。
2. 接线间、管道间防水构造: 设置高出楼、地面100mm的混凝土门槛(楼、地面下穿过管线应设套管, 缝隙填封防水密封材料)。
3. 穿过楼板的水管、下水管、暖气管等管线均设套管, 在套管与楼板间周边150mm范围内涂刷1厚水泥基渗透结晶防水胶粉浆料。管道与套管填塞有弹性的防水、防火填充料。
4. 穿过楼板的成品排风道、排烟道, 在其地面及墙面周边150mm范围内涂刷1厚水泥基渗透结晶防水胶粉浆料。

■ 无障碍设计

一. 依据规范

《无障碍设规范计》(GB 50763—2012)第7.4.1条居住建筑进行无障碍设计, 本工程在以下部位设计了无障碍设施:

二、设计

1. 入口平台2100大于2000; 入口门安装视线观察玻璃; 横执把手和关门拉手; 在门扇下方安装高0.35m的护门板。
2. 每个建筑的出入口设置了无障碍坡道及本楼每个单元 设置一部电梯, 为普通兼无障碍电梯, 无障碍电梯厅净宽大于1800, 乘坐电梯可到达地上各住宅每层每户, 无障碍电梯设置要求详见电梯详图。
3. 根据无障碍规范第7.4.3条居住建筑应按每100套住房设置不少于2套无障碍住房, 无障碍住宅有具体居住人员时再由建设方进行改造, 本工程住房套型均具备改造成无障碍住房套型的条件。
4. 门厅外、阳台、卫生间有高差, 均不大于15mm, 安全防范设计并以斜坡过渡。

■ 信报箱设计

一. 依据规范:

《住宅设计规范》(GB50096-2011)第6.7.1条新建住宅应每套配套设置信报箱, 信报箱设置在每个单元的出口处。

二. 本工程在以下部位布置设施: 建筑附近集中设置亭。

■ 安全防范设计

一. 设计依据:《住宅建筑规范》(GB50368-2005),《安全防范工程技术规范》GB50348-2004), 以及相关建筑设计规范的有关规定。
根据规范第5.2.17条 家庭安全防护应符合下列规定:

建筑设计总说明（二）

1. 应符合第5.2.7条第1、3、4款的规定。
2. 应安装访客可视对讲系统，可视对讲主机内置摄像机宜具有逆光补偿功能或配置环境亮度处理装置，并应符合第5.2.12条第2款的相关规定。

二. 本工程宅楼均为钢制防火门兼防盗门（与门禁系统联控）；户门为防盗门；住宅楼门厅兼信报间内设防盗电子对讲门（与门禁系统联控）。

三. 楼梯宽度不应小于1.10m，楼梯踏步宽度不应小于0.26m，踏步高度不应大于0.175m。扶手高度不应小于0.90m。楼梯水平段栏杆长度大于0.50m时，其扶手高度不应小于1.05m。楼梯栏杆垂直杆件间净空不应大于0.11m。

四. 窗台高度小于0.90m者应设护窗栏杆，其距可踏踏面高度不小于0.90m；飘窗应设护窗栏杆，其距可踏踏面高度不小于0.90m。

五. 所有临空的阳台，窗户及上人屋面女儿墙均应保证在可登踏面以上有1.10m高安全防护栏板，采用垂直杆件做栏杆时，其杆件净距应不大于0.11m。

六. 室外通风口均设防鼠、防鸟侵入的金属防护网。

七. 一层设置防盗网，由用户自理。

八. 安全玻璃设置及适用部位详见《门窗及玻璃设计》篇。

■ 墙体设计

一. 依据规范：

《砌体结构设计规范》（GB50003-2001）；《多孔砖砌体结构技术规范》（JGJ 137-2001）；《轻集料混凝土小型空心砌块》GB/T 15229-2011。

二. 具体设计：

1. 承重墙、非承重墙：除混凝土墙、柱外，阳台外墙、内隔墙采用轻集料混凝土砌块，其它均采用承重多孔砖（MU7.5）用M5号水泥砂浆砌筑，定位及厚度见建施平面图。
2. 砖墙配筋及其与钢筋混凝土墙、柱的连接构造详见结施图。
3. 过梁：

3.1 根据非承重墙上洞口宽度及该处的墙体厚度，按Ⅰ级荷载级别，选用《混凝土过梁》陕09G05中相应的预制过梁。

3.2 当洞口宽度≥2400，详见结施图；位于钢筋混凝土柱或墙边的洞口，或预制过梁支座不足250时，改为相同配筋、标号的现浇钢筋混凝土过梁。

4. 通风竖井：工人无法进入造作的尺寸较小竖井，内侧用砌筑砂浆，随砌随抹10厚水泥砂浆，并赶光压实；其它竖井用内墙粉刷砂浆，抹20厚水泥砂浆，并赶光压实；成品风道按照所引用标准图集要求施工。
5. 墙身留洞：钢筋混凝土构件上的留洞见结施图。建施图仅标示300x300以上的预留洞口，300x300以下者根据设备工种图纸配合预留。

■ 环保设计

一. 依据规范：

《民用建筑工程室内环境污染控制规范》（GB50325-2010），《住宅设计规范》（GB50096-2011）。

二. 根据《住宅设计规范》（GB50096-2011）第6.4.7条 紧邻电梯的房间均设一道50厚EPS聚苯板采取隔音、减振措施。第6.10.1条住宅建筑内严禁布置存放和使用火灾危险性甲、乙类物品的商店、车间和仓库，并不应布置产生噪声、振动和污染环境卫生的商店、车间和娱乐设施。第6.10.2条住宅建筑内不应布置易产生油烟的餐饮店，当住宅底层商业布置有产生刺激性气味或噪声的配套用房，应做排气、消声处理。

第7.3.1条住宅卧室、起居室（厅）内噪声级，应满足下列要求：

1. 昼间卧室内的等效连续A声级不应大于45dB；
2. 夜间卧室内的等效连续A声级不应大于37dB；
3. 起居室（厅）的等效连续A声级不应大于45dB。

第7.3.2条分户墙和分户楼板的空气声隔声性能应满足下列要求：

1. 分隔卧室、起居室（厅）的分户墙和分户楼板，空气声隔声评价量（RW+C）应大于45 dB；
2. 分隔住宅和非居住用途空间的楼板，空气声隔声评价量（RW+Ctr）应大于51 dB。第7.5.3条住宅室内空气污染物的活度和浓度应复合以下规定：氡≤200(Bq/m³)，游离甲醛≤0.08(mg/m³)，苯≤0.09(mg/m³)，氨≤0.2(mg/m³)，TVOC≤0.5(mg/m³)。

三. 本工程采取的环保措施：

1. 本工程为二类民用建筑工程。工程所选用建筑材料和装修材料必须复合上述规范规定外，尚要符合国家现进的强制性标准的要求。采用的无机非金属建筑材料和装修材料，其放射性限量应符合《民用建筑工程室内环境污染控制规范》（GB50325-2010）第4.3.2条之规定，装修人造木板及饰面人造板的游离甲醛含量或释放量应符合《民用建筑工程室内环境污染控制规范》（GB50325-2010）第4.3.4条之规定，室内所使用的木质材料严禁采用沥青类防腐、防潮处理剂，不应在室内使用脲醛树脂泡沫塑料作为保温、隔热和吸声材料；工程中所使用的阻燃剂、砼外加剂的氨释放量不应大于0.10%。工程验收时必须进行室内环境污染物浓度检测，检测结果应符合表6.0.4的规定。
2. 与卫生间相邻卧室隔墙均设一道50厚EPS聚苯板进行隔声处理。
3. 有噪声源的电梯井、电梯机房、风机房等房间均设一道50厚EPS聚苯板进行吸声或隔声处理。要求设备基础、电梯导轨安装采取有效减振降噪措施。
4. 废弃物的运输与处理均符合有关规程。
5. 为符合可持续发展战略，保护可耕土地的有限资源。本工程尽量减少粘土砖尤其是普通粘土砖的使用量，尽量多地使用有利于可持续发展低能耗的墙体及其它建筑材料。

■ 住宅设计

一. 依据规范

《住宅设计规范》（GB50096-2011）；《住宅建筑规范》（GB50368-2005）

二. 概述：本工程为地上为七层，为二类住宅。

三. 设计：

1. 公共功能空间：每个单元设置公用楼梯间、客梯、门厅（兼信报间）等空间均满足使用及规范要求。
2. 户内功能空间：起居室、餐厅、卧室、卫生间、厨房、阳台等空间均满足使用面积、层高（空间体积）、采光、通风、隔音、日照的规范要求。

■ 电梯及候梯厅设计

一. 依据规范：《民用建筑设计通则》（GB50352-2005）。

二. 本工程由于建设单位没有指定电梯品牌，为了不影响设计进程，电梯井道暂时参照参照倚木电梯资料，结合满足规范要求担架使用的因素进行确定。

三. 电梯参数：

住宅部分本建筑为一个单元，设置一台电梯，载重及速度为：800KG-1.0M/S；1.电梯井道净尺寸：2.00Mx2.00M，2.最大行程：25.3m，3.顶层层高：4.70M；4.机房层高：3.3m，5.地坑深度：1.7m。

四. 电梯轿厢内要求：电梯内均设置不锈钢。内饰，满足无障碍要求；在轿厢侧壁上设高度0.9—1.1m带盲文的选层按钮，在轿厢三面壁上设高0.8—0.85m的扶手，轿厢在上下运行中与到达时应有清晰显示和报层音响，在轿厢正面壁上距地0.9m至顶部安装镜子，电梯厅应设电梯运行显示和抵达音响，电梯入口处设提示盲道；

五. 电梯层门应满足1h的耐火极限；候梯厅要求：不锈钢门套。

六. 电梯临居室部分墙体，井壁内墙应为吸声墙面，1.2厚水泥砂浆找平用建筑胶贴1.2厚岩棉板。

七. 紧邻电梯的房间均设一道50厚EPS聚苯板采取隔音、减振措施。

八. 当电梯进遮底坑下方空间人员可到达时应设置对重安全钳，并应得到厂家的书面文件确认其安全。

九. 具体设计见相关建施图，需与电梯订货资料核对配合后方可施工。

十. 电梯井壁、井底、机房楼面与墙身上的预埋件及预留孔，由厂家负责及时提供资料和配合施工。

十一. 为保证电梯顺利安装并满足安全使用要求，建设单位需在基础工程施工前完成电梯采购招标工作。由中标厂家及时核对施工图并提供电梯资料，如：施工图不能满足电梯资料技术要求，设计方需及时进行设计变更。由于厂家未能及时提供电梯资料，造成工程返工或任然无法满足电梯资料所造成的损失的责任由建设单位承担。

■ 门窗设计

一. 依据规范：《建筑玻璃应用技术规程》（JGJ113-2003）；《建筑安全玻璃管理规定》（发改运行[2003]2116号文）。

二. 非标准门窗立面见建施，该图仅表示门窗的洞口尺寸、分樘示意、开启扇位置及形式。据此，生产厂家应结合建筑功能、当地气候及环境条件，确定门窗的抗风压、水密性、气密性、隔声、隔热、防火、玻璃厚度、防玻璃炸裂等技术要求，以及安全玻璃的使用部位等应按国相应规范负责设计、制作与安装。

三. 框料为灰色铝合金塑材；玻璃为白色中空玻璃，住宅外窗开启扇处均在内侧设纱窗。

四. 除注明者外，平开内门立樘与开启方向墙面平，弹簧门、内窗及外门窗立樘均为墙中。

五. 所有单块玻璃面积大于0.5m²的有框玻璃门，单块玻璃面积大于1.5m²的外窗，低于0.5m的落地窗，均应采用安全玻璃（安全玻璃最大允许面积应符合JGJ113-2009表7.1.1-1的规定）。

六. 玻璃防爆裂措施：玻璃安装时不得在玻璃周边造成缺陷，对于已发生热爆炸的玻璃，应对玻璃边部进行精加工。玻璃内侧窗帘、百叶窗及其他遮挡物与玻璃之间的距离不应小于50mm。

七. 外窗气密性要求详见建筑节能设计。

八. 钢质门：门板要材料应符合《防盗安全门通用技术条件》GB17565的规定。门框材料厚度不应小于1.5mm，门扇板面板材料厚度不应小于0.6mm。

■ 室内二次装修

一. 依据规范：《建筑内部装修设计防火规范》（GB50096-2011）

二. 具体要求

1. 不得破坏建筑主体结构承重构件和超过结施图中标明的楼面荷载值。也不得任意更改公用的给排水管。
2. 不应减少安全出口及疏散走道的净宽和数量。
3. 室内二次装修设计与变更均应遵守《建筑内部装修设计防火规范》（GB50222-95），并应经原设计单位的认可。
4. 二次装修设计应符合《民用建筑工程室内环境污染控制规范》（GB50325-2010）。

■ 安全防范

一、本住宅小区的安全防范类型为基本型。

二、沿小区周界封闭设置钢围栏，高度不低于1.8m，竖杆间距不大于15cm，且1.m以下无横撑。

三、一层安装内置式防护窗，且窗外设钢防盗网。

四、单元防护门设访客对讲系统，且与消防系统互联，当发生火灾时，单元防盗门模可自动打开。每户客厅有紧急救助报警系统。

■ 施工注意事项

一、施工时应严格遵守国家施工验收规范，全面熟悉各有关专业图纸，协调施工，未经设计单位同意不得擅自更改设计。

二、施工图未明确处，应及时通知设计方进行核实，在甲方、设计、施工、监理各方共同协商后确定。

三、土建施工时必须与设备专业施工密切配合，预先确定管道穿墙、楼板位置和设备埋件位置，以便预留孔洞及予埋铁件；不允许在墙上、板上随意凿洞，破坏结构。

四、图中所选用标准图中的预埋件、预留洞，如楼梯、平台钢栏杆、门窗、建筑配件等，在结构施工时要予埋或予留，本图所标注的各种留洞与预埋件应与结施、水、暖、电、各专业密切配合后，确认无误方可施工。

五、在施工和使用过程中，不得随意改变使用功能和使用环境。

六、土建施工均以施工图中标注尺寸为准。

七、本设计中所引用的标准图，施工时必须通读全册，特别是"总说明"、"说明"等部分，施工时必须全部按标准图的要求施工。

八、图上未注明及未明确处，均应按国家现行有关设计规范、规程进行执行和施工。

■ 施工图须经规划、消防、审图办等有关部门审批后方可施工，否则本图仅能作为备料及安排计划之用。

■ 绿色建筑设计

一、依据规范

《民用建筑绿色设计规范》（JGJ/T229-2010，备案号J1125-2010）；

《绿色建筑评价标准》（GB/T50378-2014）；

《绿色保障性住房技术导则》（试行）。

1. 本工程绿色建筑等级为一星级。本场地原为棚房临建，现改为居住用地及商业用地。该项目未非法占用及破坏需特殊保护的区域。该场地无洪涝、滑坡、泥石流等自然灾害及含氡土壤的威胁，无电磁辐射危害和火、爆、有毒物质等危害源。
2. 该工程人均居住用地指标为：（$A=\frac{4741.00m^2}{64户\times3.2人/户}$ = 23.15m²/人。
3. 本工程满足大寒日3小时日照标准，且不降低周边建筑的日照标准。
4. 景观绿化物种不对人体危害，因地制宜地选取植物物种。
5. 绿地率为30%，公共建筑绿地暂不对外开放绿化物种因地制宜，且对人体无害。
6. 本工程地下空间仅为消防水池及水泵房，小区内绿地为透水地面。
8. 本工程地面小车停车70辆，停在建筑物的楼前、西侧及东侧。
9. 本项目总容积率为2.11。
10. 本工程无玻璃幕墙光污染。
11. 场地内生活污水经化粪池后排入城市污水管网，本工程无超标污染源。
12. 卧室、起居室及各主要功能房间外墙、分户墙及楼板的空气声计权隔声量大于45dB，起居室内噪声及等效连续A级小于45dB；卧室内噪声级夜间等效连续A级不大
13. 场地、建筑入口、主要公共活动空间严格按《无障碍设计规范》（GB50763）设计施工。
14. 电梯具有节能运行控制系统。
15. 各居住空间通风开口面积与房间地板面积之比均大于5%，户间无视线干扰，有双卫生间的住户，至少有一卫生间设有外窗。建筑立面无大块玻璃幕等光污染。
16. 建筑材料必须满足《建筑材料放射性核素限量》（GB6566）、《民用建筑工程室内环境污染控制规程》（GB50325）及陕西省限制、禁止使用建筑材料及制品的规定，优先选用地方材料。
17. 节能、保温等符合国家和地方的现行规定（详见本图"节能"部分）。
18. 严格按《绿色建筑评价标准》（GB/T 50378-2014）之9.1~9.2及《民用建筑绿色设计规范》（JGJ/T229-2010、备案号J1125-2010）之相关内容进行施工管理。
19. 按《绿色建筑评价标准》（GB/T 50378-2014）之10.1~10.2及《民用建筑绿色设计规范》（JGJ/T229-2010、备案号J1125-2010）之相关内容进行运营管理。
20. 单元防护门设访客对讲系统，且与消防系统互联，当发生火灾时，单元防盗门模可自动打开，每户客厅有紧急救助报警系统。

工程做法表

（表中做法编号详见陕09J01图集{建筑用料及做法}）

项目	适用范围	类别	编号	附注
墙体				见设计总说明及结构图，外墙外保温详见建筑设计总说明。
散水	除入口处外，其余部分	混凝土	散3	散水宽1000，坡度为4%
室外台阶、踏步	入口处	地砖面层台阶	台3	地砖均为防滑地砖
坡道	入口处坡道	地砖面层坡道	坡9	
外墙面	全部	外墙涂料	外12	色彩见立面图建施J10至建施J12，保温材料为95厚EPS板
地面	卫生间、厨房、阳台	铺地砖地面（有防水）	地29	防水为1.5厚非焦油聚氨脂涂膜，面层二次装修作。
	前室及公用部分	铺地砖地面	地30	
楼面	电梯机房	水泥砂浆楼面（无垫层）	楼3	
	楼梯间	水泥砂浆楼面（无垫层）	楼3	
	卫生间、厨房、阳台	铺地砖楼面（有垫层、有防水）	参楼40、41	防水为1.5厚非焦油聚氨脂涂膜，面层二次装修作。
	卧室、起居室、餐厅	铺地砖楼面（有垫层）	楼40	面层二次装修作。
	前室及公用部分	铺地砖楼面（有垫层）	楼40	
油漆	楼梯扶手	磨亮调和漆	油21	木材面
	楼梯栏杆	调和漆	油21	灰白色
	露明铁件	银粉漆	油20	
踢脚		同楼地面面层做法		150高，楼梯、前室及公用部分统一施工，其它房间二次装修作
内墙面	一层楼梯间过道部分、电梯前室	釉面砖墙面	内108、109	贴500X500浅米黄色面砖，
	厨房	釉面砖墙面	内108、109	面层二次装修作
	卫生间	釉面砖墙面	内108、109	防水为1.5厚非焦油聚氨脂涂膜，面层二次装修作。
	其余全部	乳胶漆墙面	内32、33	除公共部分外，其余均为住户二次装修作
内墙护角	全部	1∶2水泥砂浆护角		高1800，两边各宽50
顶棚	全部	板底乳胶漆顶棚（A）	棚17	除公共部分外，面层均为住户二次装修作
屋面	楼梯间、电梯机房	卷材自带保护层屋面	屋Ⅱ4	防水：一道3厚SBS改性沥青防水卷材，下面一道3厚SBS改性沥青防水涂膜。保温：EPS板100厚。找坡：1∶6水泥焦渣最薄处30（坡度2%）
	大屋面	混凝土平瓦屋面	坡屋Ⅱ2	防水：一道3厚SBS改性沥青防水卷材，下面一道3厚SBS改性沥青防水涂膜。保温：EPS板100厚，坡屋顶的颜色为砖红色。

注明一：

1、住户要进行二次装修，则内墙面及室内地面的面层均不做。

2、外墙涂料要求：施工前必须制作高级涂料样板，经建设、监理、设计等单位确认后方可施工。

门窗明细表

类型	设计编号	洞口尺寸(mm)	数量							图集选用			备注
			1层	2层	3～5层	6层	7层	WF	合计	图集名称	页次	选用型号	
防火门	乙FM1221	1200X2100						2	2	陕02J06-1	55	FM₁(乙)-1221a	1~7F为入户门，由建设方选购防寒、防盗、防火之功能.
	乙FM1021	1000X2100	4	4	4X3=12	4	4	2	30	陕02J06-1	55	FM(乙)-1021a	
	丙FM0618	600X1800	4	4	4X5=20	4	4		28	陕02J06-1	55	FM₁(丙)-0618a	做200高混凝土门槛，做法参照索引图集
阳台推拉门	STM1830(27)	1800X3000(2700)	2	2					4	陕09J06-2	78	MST2-34	做法参照索引图集，窗上皮贴梁底. 括号为二层推拉门高度
	STM1530(27)	1500X3000(2700)	2	2					4	陕09J06-2	78	MST2-35	做法参照索引图集，窗上皮贴梁底. 括号为二层推拉门高度
	STM2430(27)	2400X3000(2700)	4	4					8	陕09J06-2	78	MST2-38	做法参照索引图集，窗上皮贴梁底. 括号为二层推拉门高度
	STM1824	1800X2400			4X3=12	4	4		20	陕09J06-2	78	MST2-26	做法参照索引图集，窗上皮贴梁底
	STM1524	1500X2400			2X3=6	6	6		18	陕09J06-2	78	MST2-30	做法参照索引图集，窗上皮贴梁底
	STM2424	2400X2400			4X3=6	12	12		30	陕09J06-2	79	MST2-56	做法参照索引图集，窗上皮贴梁底
木门	MM07521	750X2100	6	6	6X3=18	6	6		42	陕09J06-1	22	M_{13}-0821	做法参照索引图集
	MM0921	900X2100	10	10	10X3=30	10	10		70	陕09J06-1	26	M_{15}-0921	做法参照索引图集
	MM1524	1500X2400	2						2	陕09J06-1	31	M_{19}-1524	做法参照索引图集
塑钢推拉窗	SC1821(18)	1800X2100(1800)	2	2					4	陕09J06-2	53(45)	CST-272(67)	窗台高900，括号为二层窗高，做法参照索引图集。
	SC1521(18)	1500X2100(1800)	6	6					12	陕09J06-2	52(44)	CST-245(33)	窗台高900，括号为二层窗高，做法参照索引图集。
	SC0921(18)	900X2100(1800)	4	4					8	陕09J06-2	44	CST-30	窗台高900，括号为二层窗高，做法参照索引图集。
	SC0621(18)	600X2100(1800)	2	2					4	陕09J06-2	44	CST-30	窗台高900，括号为二层窗高，做法参照索引图集。
	SC1815	1800X1500			2X3=6	2	2		10	陕09J06-2	45	CST-60	窗台高900，做法参照索引图集。
	SC0915	900X1500			4X2=12	4	4	2	22	陕09J06-2	44	CST-18	窗台高900，做法参照索引图集。
	SC1515	1500X1500			8X3=24	8	8	2	42	陕09J06-2	44	CST-24	窗台高900，做法参照索引图集。
	SC0615	600X1500			2X3=6	2	2		10	陕09J06-2	44	CST-07	窗台高900，做法参照索引图集。
	SC1518	1500X1800					2		2	陕09J06-2	44	CST-34	窗台高900，做法参照索引图集。
	SC1818	1800X1800					4		4	陕09J06-2	45	CST-72	窗台高900，做法参照索引图集。
													注：立面图中的弧形窗做法参照陕09J06-2第38、39、40页异形窗立面图。
阳台塑钢推拉窗	YTC0824(21)	800X2400(2100)	8	8					16	陕09J06-2	44	CST-28	窗台高600，做法参照索引图集，括号为二层窗高度。
	YTC2824(21)	2800X2400(2100)	4	4					4	陕09J06-2	56	CST-364(357)	窗台高600，做法参照索引图集，括号为二层窗高度。
	YTC0818	800X1800			8X3=24	8			32	陕09J06-2	44	CST-28	窗台高600，做法参照索引图集。
	YTC2818	2800X1800			4X3=12	4			16	陕09J06-2	50	CST-221	窗台高600，做法参照索引图集。
	YTC1018	1000X1800					8		8	陕09J06-2	44	CST-28	窗台高600，做法参照索引图集。
	YTC3618	3600X1800					4		4	陕09J06-2	63	CSTZ-08	窗台高600，做法参照索引图集。
塑钢飘窗	SPC2624(21)	2600X2400(2100)	2	2					4	详见建施	J14		窗台高600，括号为二层窗高
	SPC2324(21)	2300X2400(2100)	2	2					4	详见建施	J14		窗台高600，括号为二层窗高
	SPC1924(21)	1900X2400(2100)	2	2					4	详见建施	J14		窗台高600，括号为二层窗高
	SPC2618	2600X1800			2X3=6	2			8	详见建施	J14		窗台高600
	SPC2318	2300X1800			2X3=6	2			8	详见建施	J14		窗台高600
	SPC1918	1900X1800			2X3=6	2			8	详见建施	J14		窗台高600

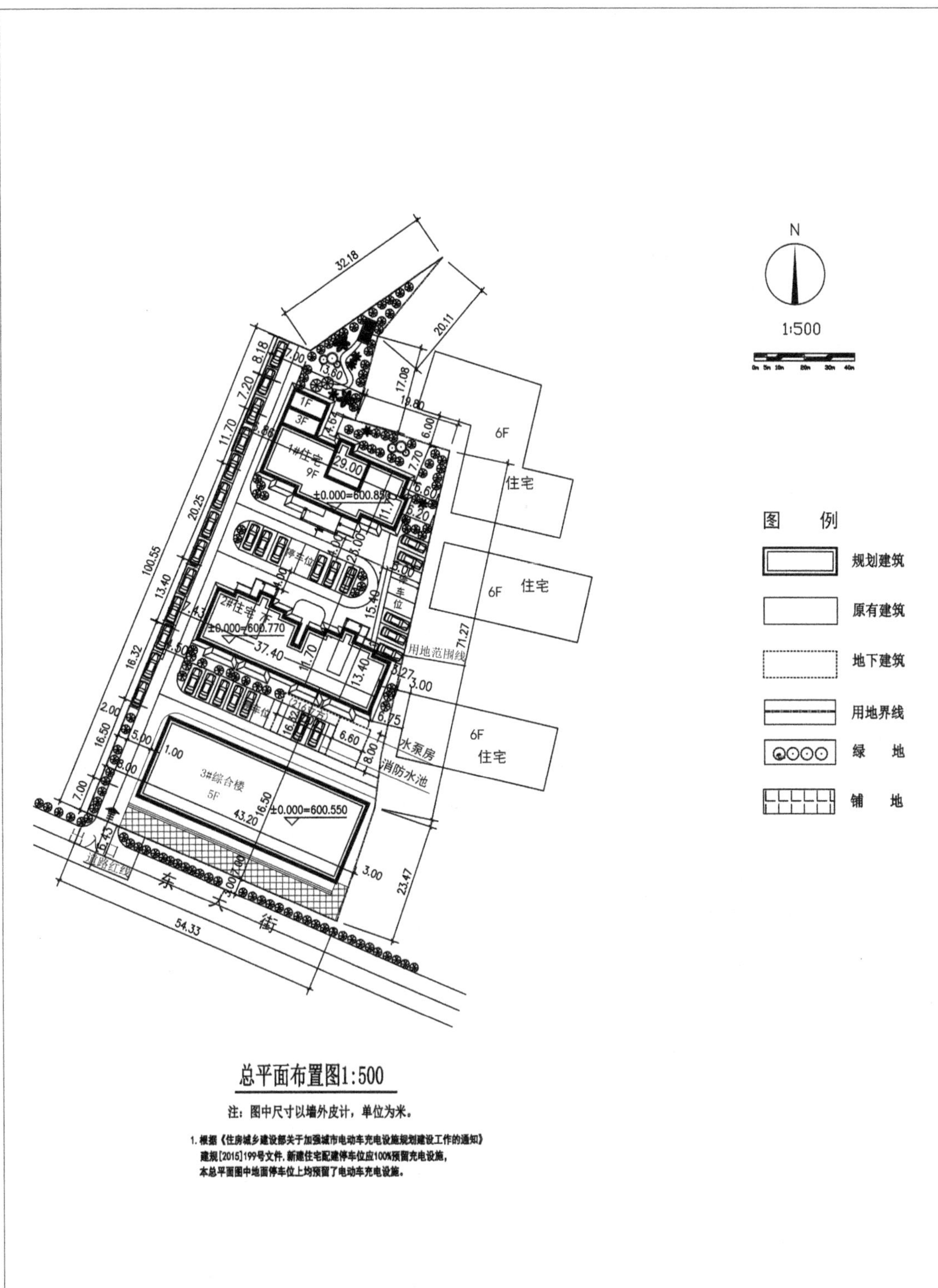

总平面布置图1:500

注：图中尺寸以墙外皮计，单位为米。

1. 根据《住房城乡建设部关于加强城市电动车充电设施规划建设工作的通知》建规[2015]199号文件，新建住宅配建停车位应100%预留充电设施，本总平面图中地面停车位上均预留了电动车充电设施。

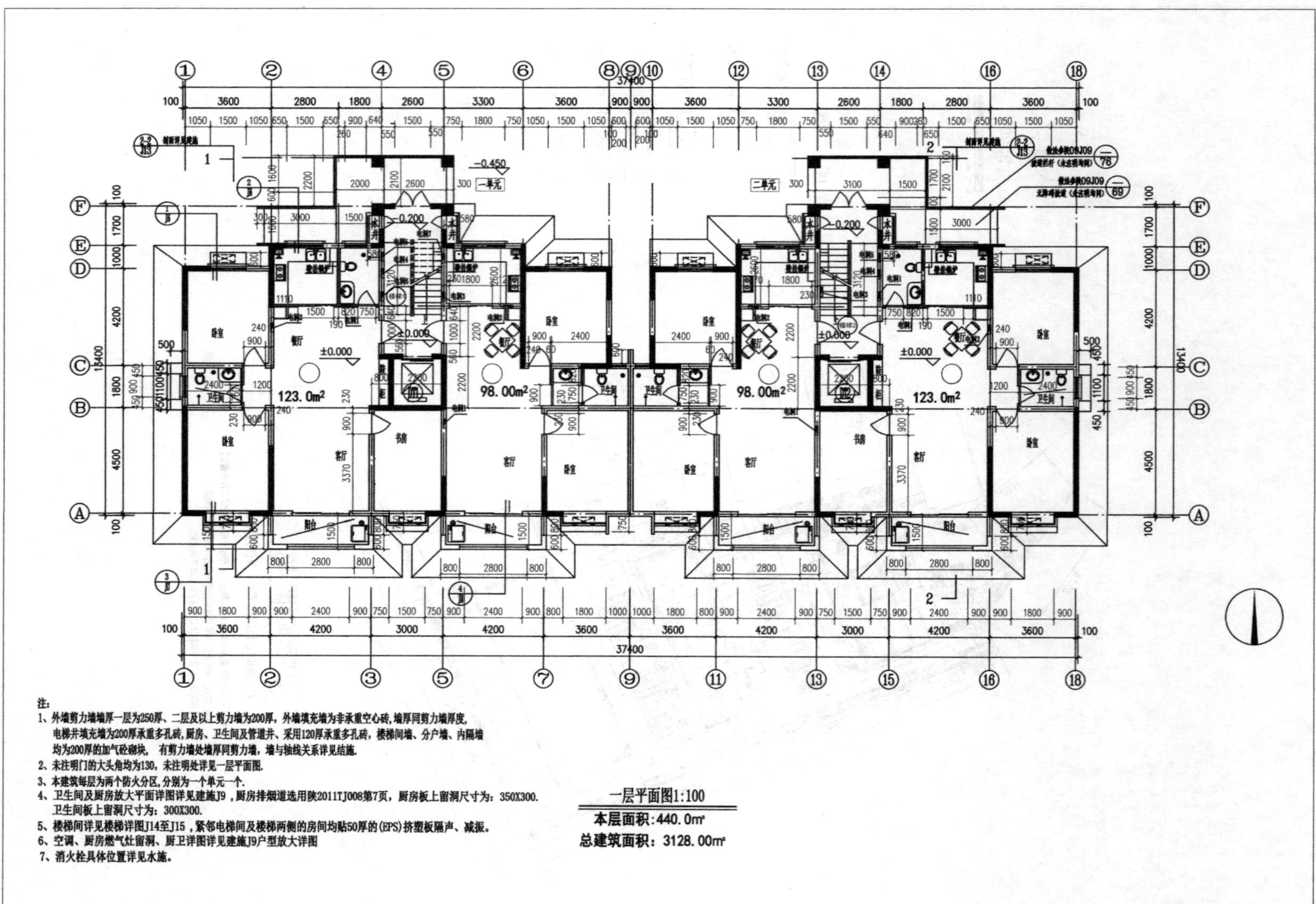
注:
1、外墙剪力墙墙厚一层为250厚、二层及以上剪力墙为200厚，外墙填充墙为非承重空心砖,墙厚同剪力墙厚度,
电梯井填充墙为200厚承重多孔砖,厨房、卫生间及管道井、采用120厚承重多孔砖，楼梯间墙、分户墙、内隔墙
均为200厚的加气砼砌块， 有剪力墙处墙厚同剪力墙，墙与轴线关系详见结施.
2、未注明门的大头角均为130，未注明处详见一层平面图.
3、本建筑每层为两个防火分区,分别为一个单元一个.
4、卫生间及厨房放大平面详图详见建施J9，厨房排烟道选用陕2011TJ008第7页，厨房板上留洞尺寸为：350X300.
卫生间板上留洞尺寸为：300X300.
5、楼梯间详见楼梯详图J14至J15，紧邻电梯间及楼梯两侧的房间均贴50厚的(EPS)挤塑板隔声、减振。
6、空调、厨房燃气灶留洞、厨卫详图详见建施J9户型放大详图
7、消火栓具体位置详见水施。
一层平面图1:100
本层面积:440.0㎡
总建筑面积：3128.00㎡

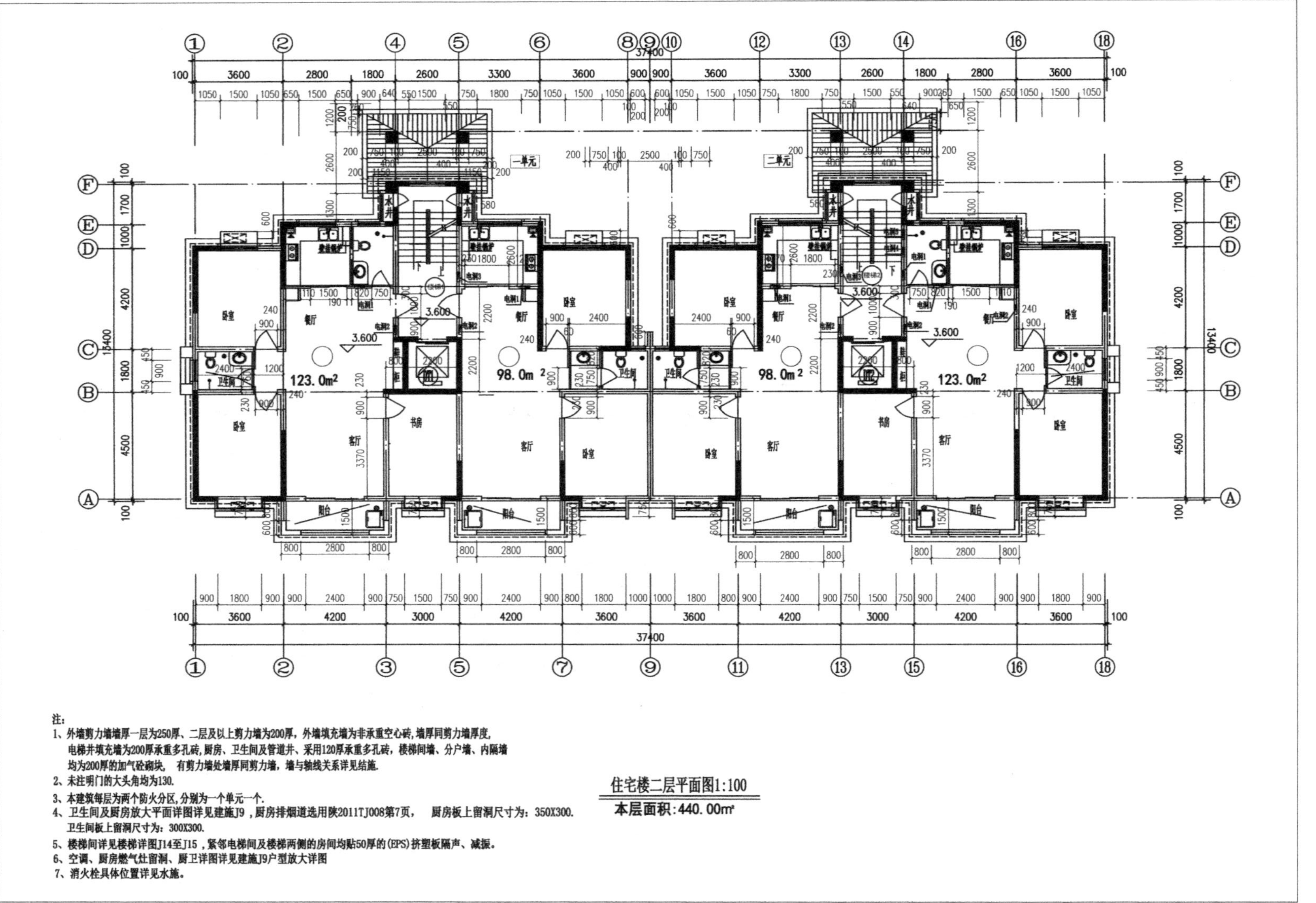
住宅楼二层平面图1:100
本层面积:440.00㎡
注:
1、外墙剪力墙墙厚一层为250厚、二层及以上剪力墙为200厚，外墙填充墙为非承重空心砖，墙厚同剪力墙厚度，
电梯井填充墙为200厚承重多孔砖，厨房、卫生间及管道井、采用120厚承重多孔砖，楼梯间墙、分户墙、内隔墙
均为200厚的加气砼砌块，有剪力墙处墙厚同剪力墙，墙与轴线关系详见结施。
2、未注明门的大头角均为130.
3、本建筑每层为两个防火分区，分别为一个单元一个.
4、卫生间及厨房放大平面详图详见建施J9，厨房排烟道选用陕2011TJ008第7页，厨房板上留洞尺寸为：350X300.
卫生间板上留洞尺寸为：300X300.
5、楼梯间详见楼梯详图J14至J15，紧邻电梯间及楼梯两侧的房间均贴50厚的(EPS)挤塑板隔声、减振。
6、空调、厨房燃气灶留洞、厨卫详图详见建施J9户型放大详图
7、消火栓具体位置详见水施。

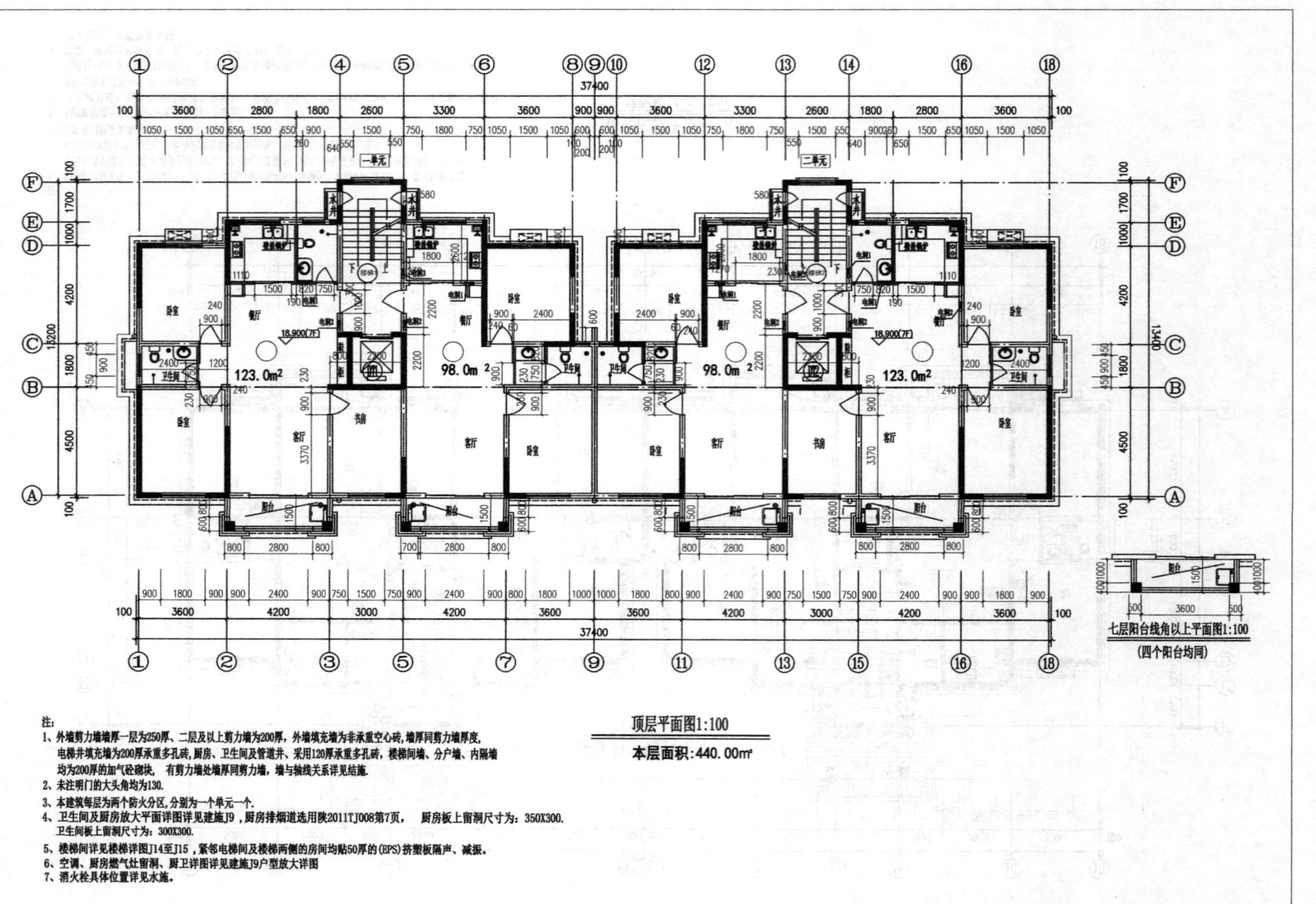
七层阳台线角以上平面图1:100
(四个阳台均同)
顶层平面图1:100
本层面积:440.00m²
注:
1、外墙剪力墙墙厚一层为250厚、二层及以上剪力墙为200厚，外墙填充墙为非承重空心砖,墙厚同剪力墙厚度,
电梯井填充墙为200厚承重多孔砖,厨房、卫生间及管道井、采用120厚承重多孔砖，楼梯间墙、分户墙、内隔墙
均为200厚的加气砼砌块，有剪力墙处墙厚同剪力墙，墙与轴线关系详见结施.
2、未注明门的大头角均为130.
3、本建筑每层为两个防火分区,分别为一个单元一个.
4、卫生间及厨房放大平面详图详见建施J9，厨房排烟道选用陕2011TJ008第7页，厨房板上留洞尺寸为：350X300.
卫生间板上留洞尺寸为：300X300.
5、楼梯间详见楼梯详图J14至J15，紧邻电梯间及楼梯两侧的房间均贴50厚的(EPS)挤塑板隔声、减振.
6、空调、厨房燃气灶留洞、厨卫详图详见建施J9户型放大详图
7、消火栓具体位置详见水施.

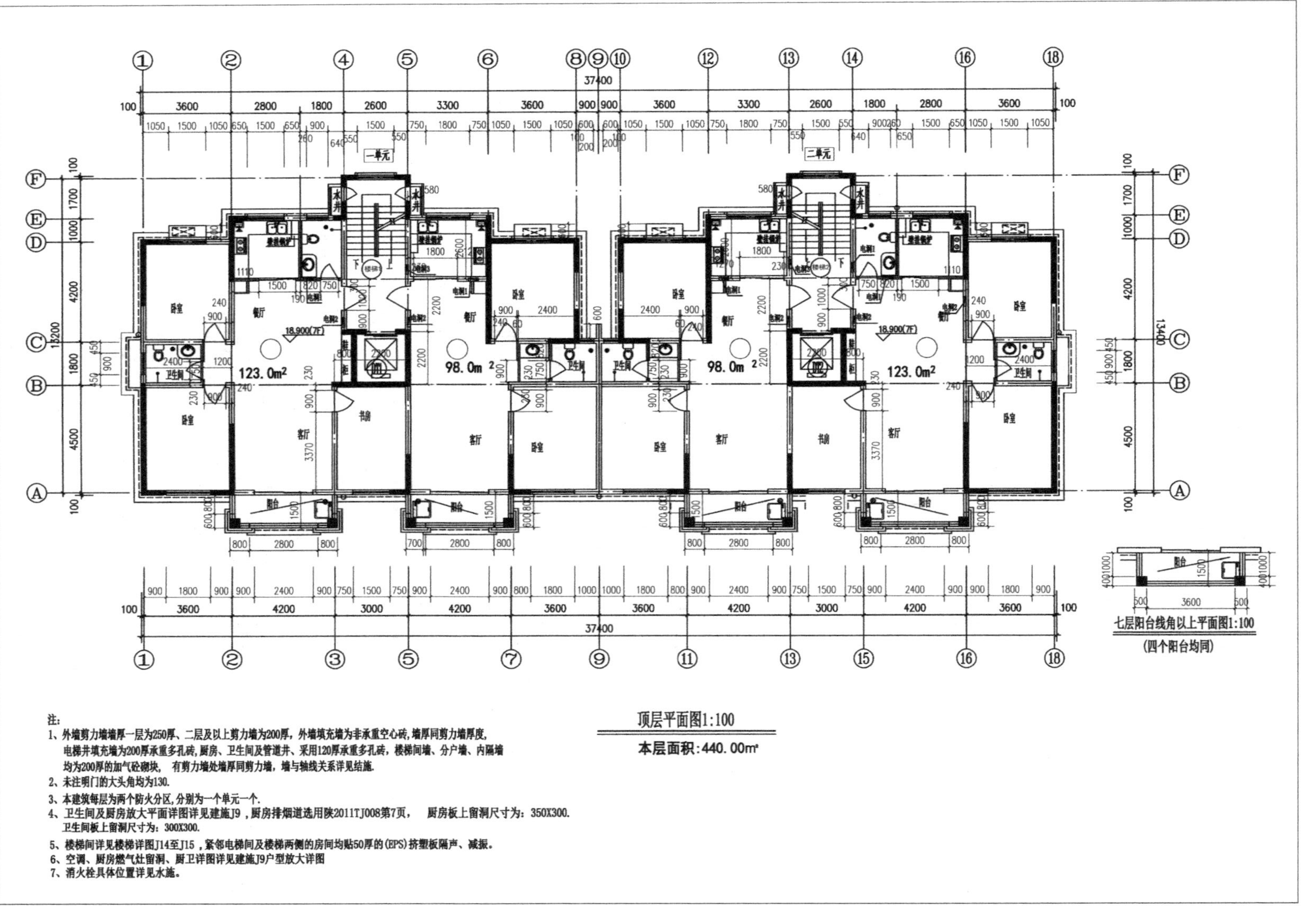
七层阳台线角以上平面图1:100
(四个阳台均同)
一单元
二单元
卧室
餐厅
客厅
书房
卫生间
阳台
水井
123.0m²
98.0m²
18.900(7F)
37400
13400
13200
注:
1、外墙剪力墙墙厚一层为250厚、二层及以上剪力墙为200厚，外墙填充墙为非承重空心砖,墙厚同剪力墙厚度,
电梯井填充墙为200厚承重多孔砖,厨房、卫生间及管道井、采用120厚承重多孔砖，楼梯间墙、分户墙、内隔墙
均为200厚的加气砼砌块， 有剪力墙处墙厚同剪力墙，墙与轴线关系详见结施.
2、未注明门的大头角均为130.
3、本建筑每层为两个防火分区,分别为一个单元一个.
4、卫生间及厨房放大平面详图详见建施J9，厨房排烟道选用陕2011TJ008第7页， 厨房板上留洞尺寸为：350X300.
卫生间板上留洞尺寸为：300X300.
5、楼梯间详见楼梯详图J14至J15，紧邻电梯间及楼梯两侧的房间均贴50厚的(EPS)挤塑板隔声、减振。
6、空调、厨房燃气灶留洞、厨卫详图详见建施J9户型放大详图
7、消火栓具体位置详见水施。
顶层平面图1:100
本层面积:440.00m²

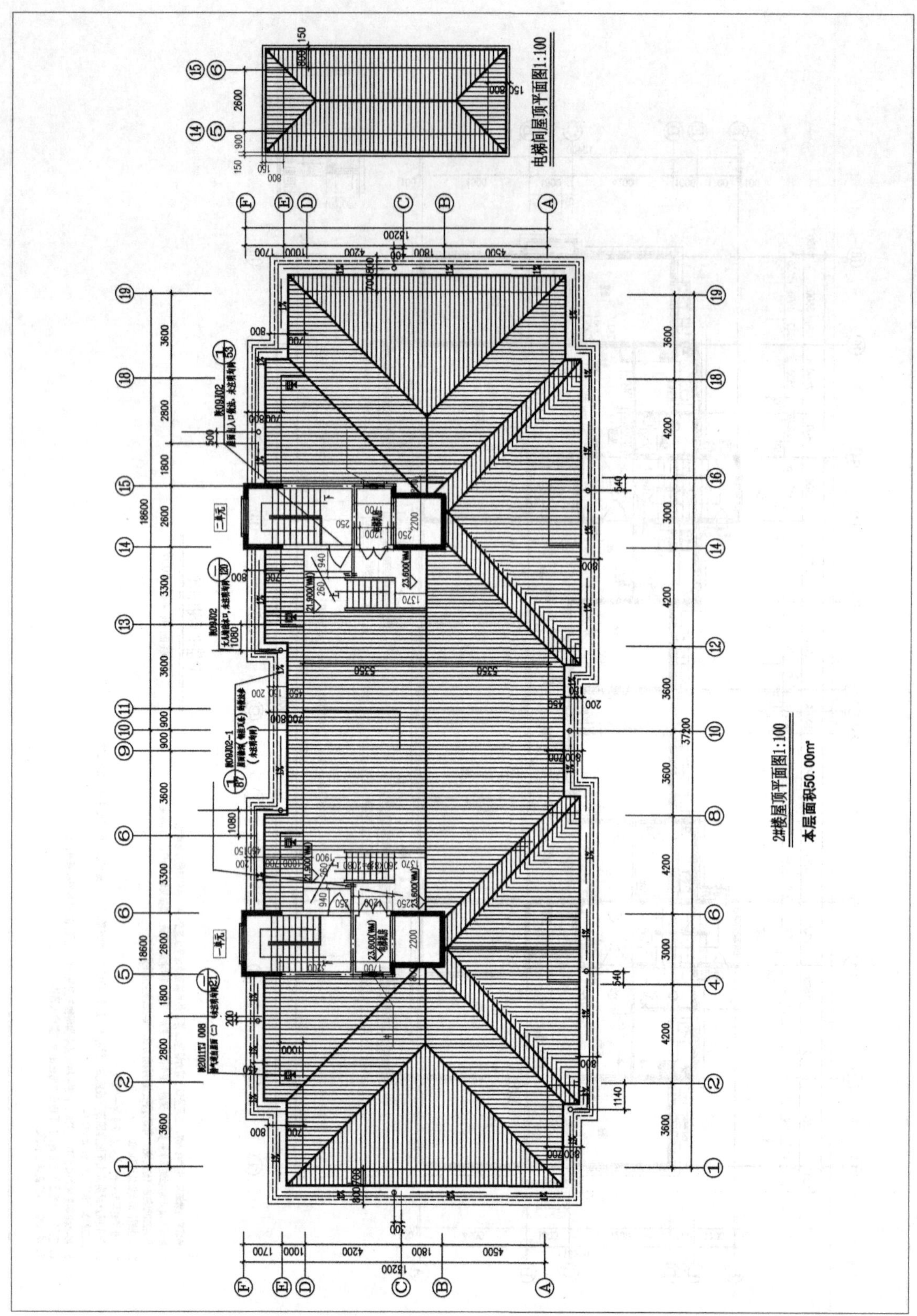
电梯间屋顶平面图1:100
2#楼屋顶平面图1:100
本层面积50.00m²

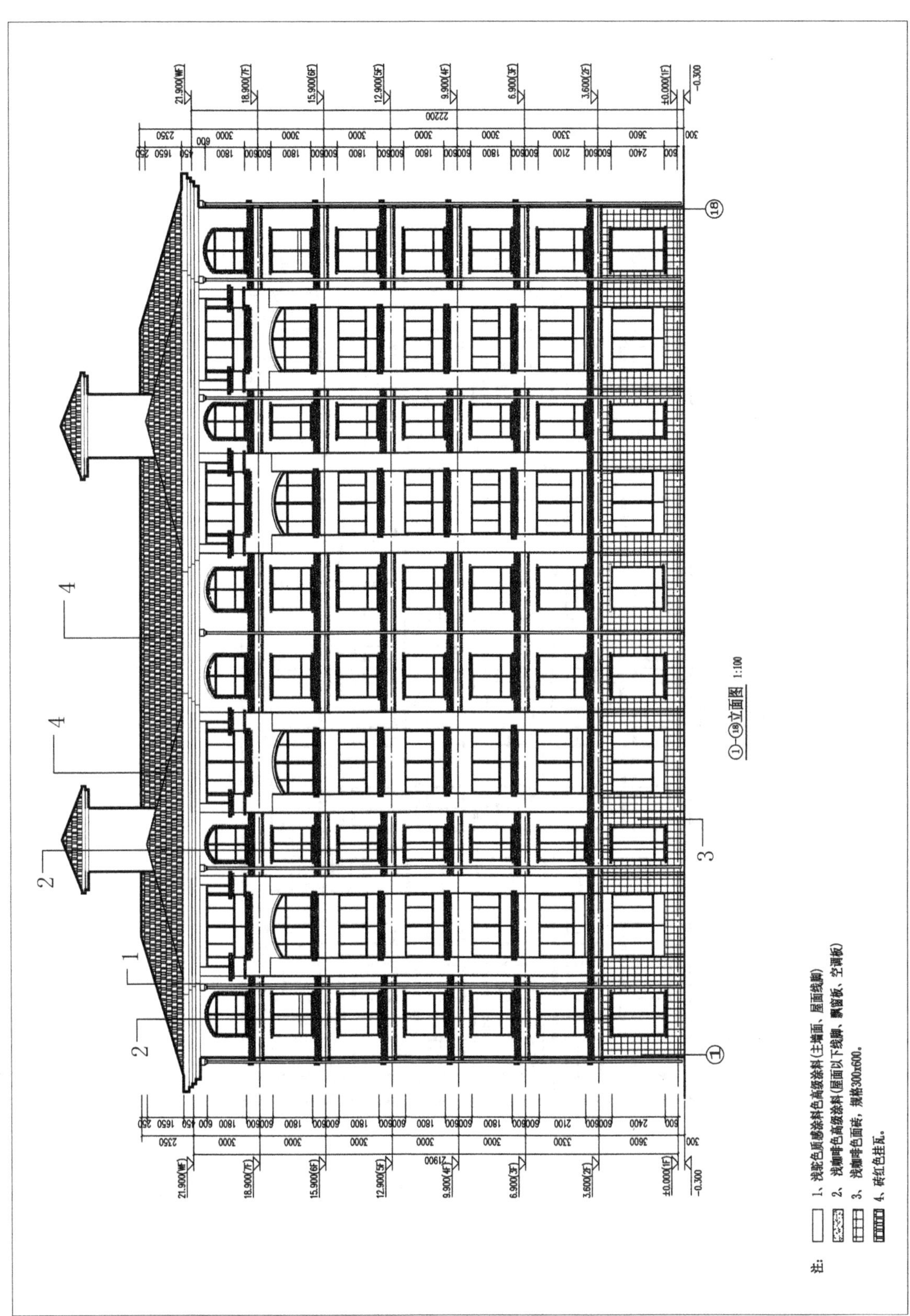
①—⑱立面图 1:100
注：
1、浅驼色质感涂料色高级涂料(主墙面、屋面线脚)
2、浅咖啡色高级涂料(屋面以下线脚、飘窗板、空调板)
3、浅咖啡色面砖，规格300x600。
4、砖红色挂瓦。
21.900(屋面)
18.900(7F)
15.900(6F)
12.900(5F)
9.900(4F)
6.900(3F)
3.600(2F)
±0.000(1F)
-0.300
22200

⑱—①立面图 1:100

注：1、浅驼色质感涂料色高级涂料(主墙面、屋面线脚)
2、浅咖啡色高级涂料(屋面以下线脚、飘窗板、空调板)
3、浅咖啡色面砖，规格300x600。
4、砖红色挂瓦。

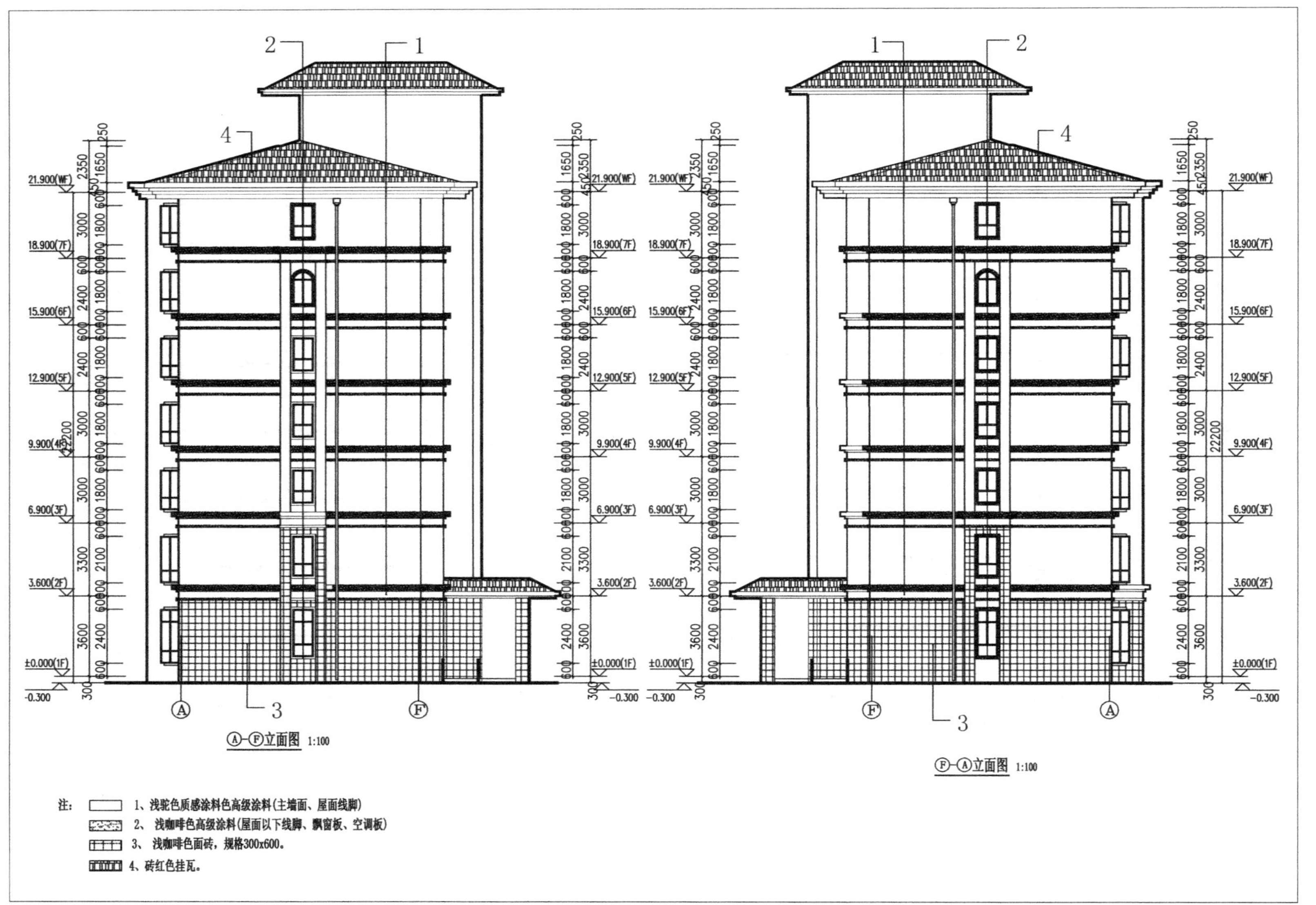
Ⓐ-Ⓕ立面图 1:100
Ⓕ-Ⓐ立面图 1:100
注：
1、浅驼色质感涂料色高级涂料(主墙面、屋面线脚)
2、浅咖啡色高级涂料(屋面以下线脚、飘窗板、空调板)
3、浅咖啡色面砖，规格300x600。
4、砖红色挂瓦。

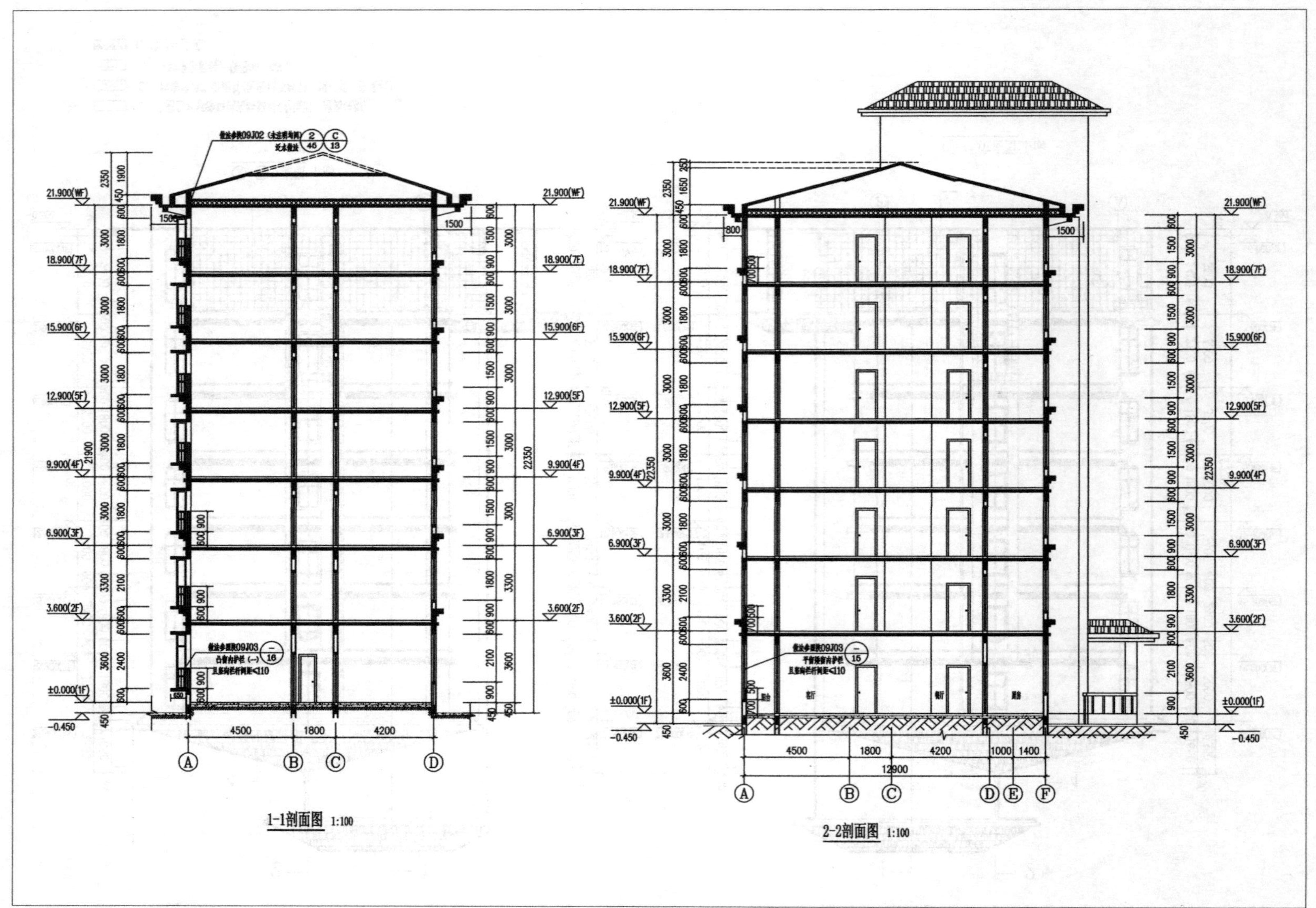

1-1剖面图 1:100

2-2剖面图 1:100

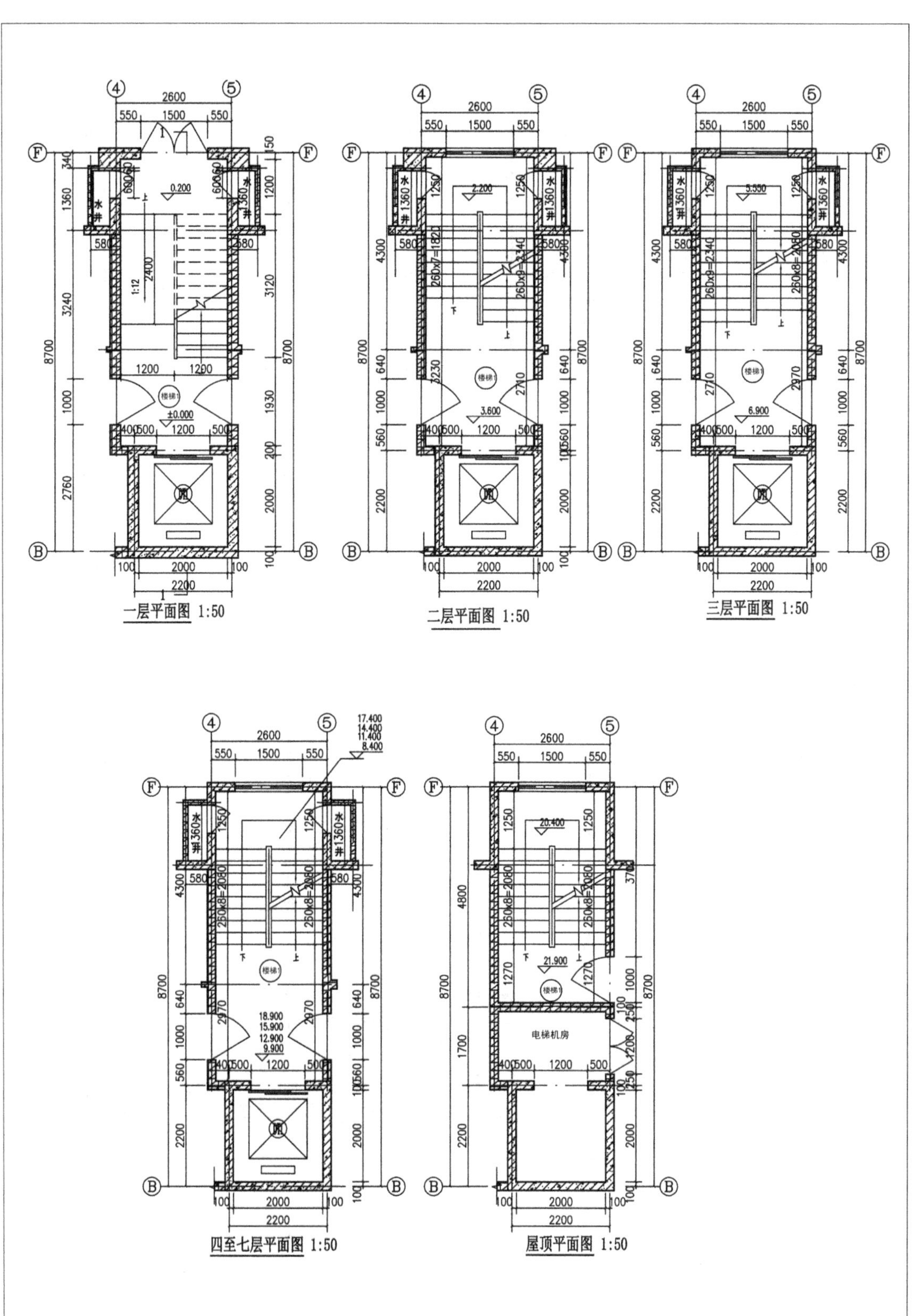
一层平面图 1:50
二层平面图 1:50
三层平面图 1:50
四至七层平面图 1:50
屋顶平面图 1:50
电梯机房
水井
楼梯1

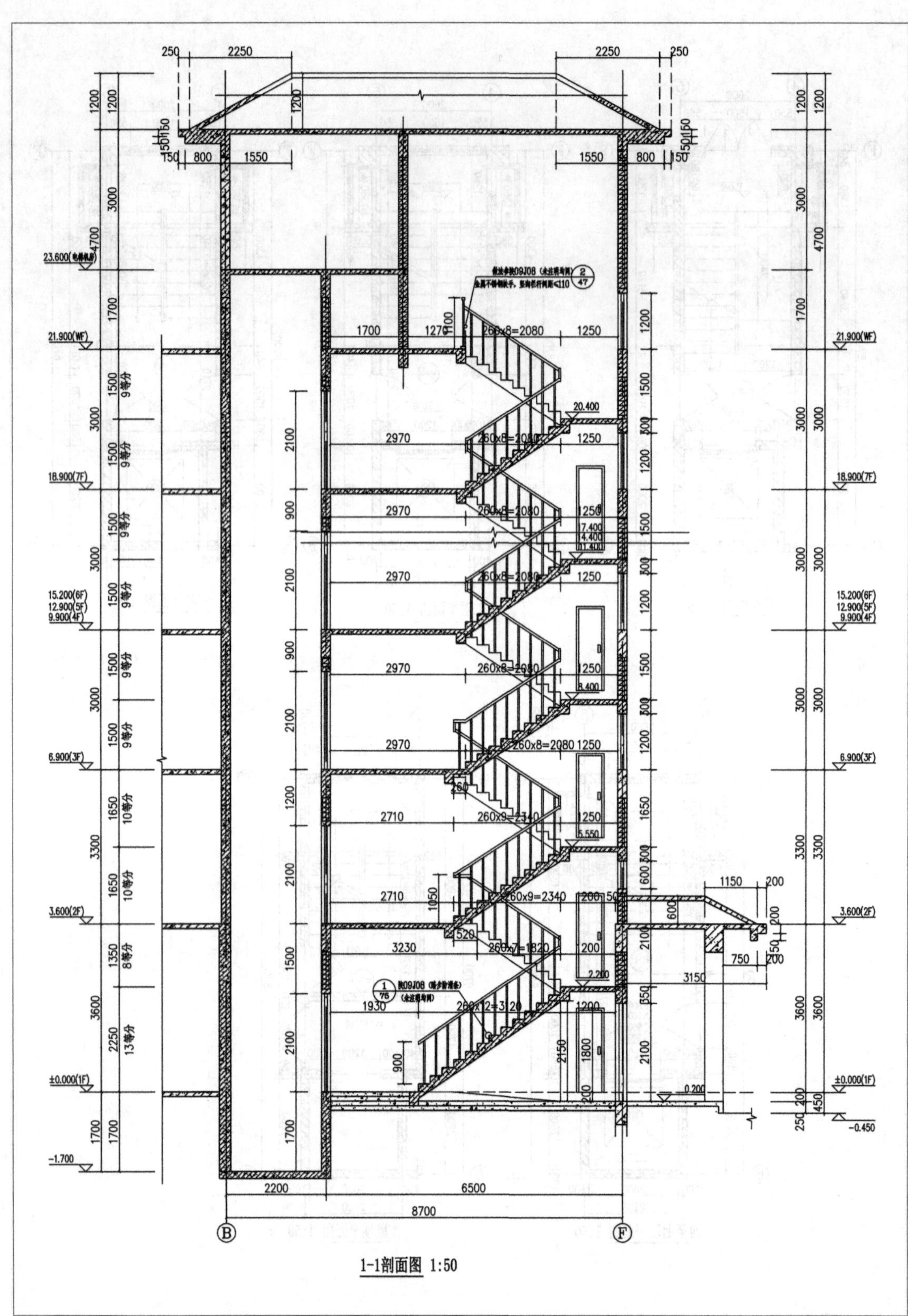

1-1剖面图 1:50

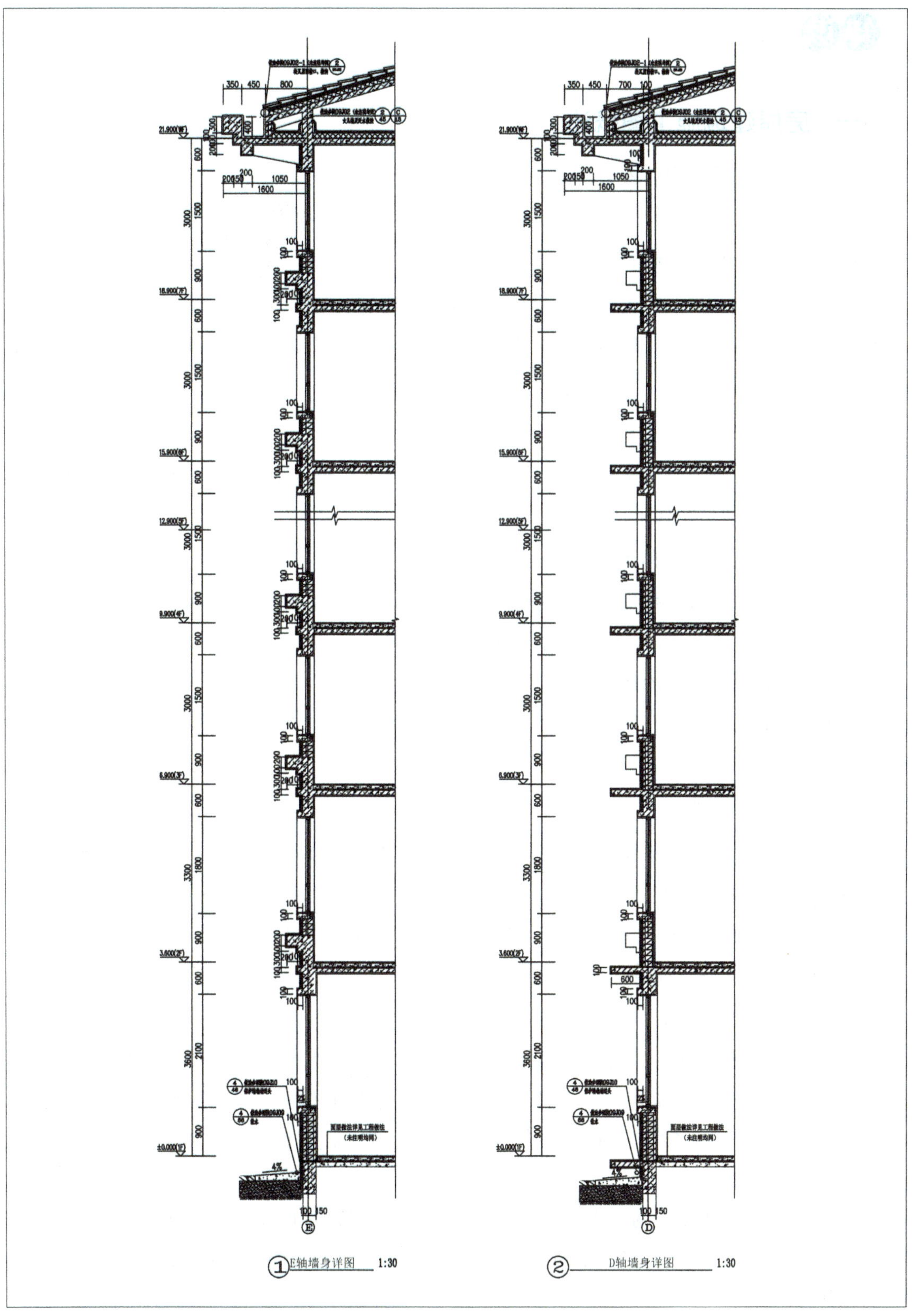

①E轴墙身详图　1:30
②D轴墙身详图　1:30

知识链接

一、房屋建筑施工图概述

(一)房屋建筑施工图的内容

房屋建筑施工图按照专业不同可以分为建筑施工图、结构施工图、设备施工图三类。

1.建筑施工图（简称建施）

建筑施工图主要表示房屋的建筑设计内容，比如建筑物的规划位置、外部构造、内部形状、内外装修、细节构造等，主要包括建筑总平面图、建筑平面图、建筑立面图、建筑剖面图、建筑详图等。

2.结构施工图（简称结施）

结构施工图主要表示房屋结构设计内容，如建筑承重结构构件的布置、构件形状和大小，所用材料及构造等，包括结构平面图和构件详图。

3.设备施工图（简称设施）

设备施工图主要表示建筑物内各专用管线和设备的布置及构造情况，包括给水排水、采暖、电气照明及弱电等设备线路的平面布置图和系统图等。

(二)房屋建筑施工图的形成

房屋建筑施工图纸是在设计阶段产生的。设计阶段一般又分为初步设计阶段和施工图设计阶段。

1.初步设计阶段

初步设计阶段是根据建设方提出的设计任务和要求，进行调查研究、搜集资料，从而提出设计方案。内容包括：简略的总平面图及房屋的平、立、剖面图。设计方案的技术经济指标；设计概算和设计说明等。初步设计的工程图和相关文件只是在提供研究方案和供审批时使用，不能作为施工的依据，所以也经常被称为方案图。

2.施工图设计阶段

施工图设计的主要任务是满足工程施工各项具体的技术要求，提供一切准确和可靠的建造信息作为施工依据，其内容包括：用于指导施工的所有专业施工图、详图、说明、计算书及整个工程的施工预算书等。全套施工图将为施工安装、编制预算、准备材料、设备和非标准构配件提供完整、准确的图纸依据。

对于大型的、技术复杂的工程项目也可采用三个设计阶段，即在初步设计基础上增加一个技术设计阶段，以统一协调建筑、结构、设备和工种间的主要技术问题，为施工图设计提供更为详细的资料。

(三)房屋建筑施工图的形阅读

(1)正确掌握绘制正投影的原理和利用投影表达形体的工程视图方法;

(2)熟记施工图中的常用图例、符号、线型尺寸和比例的意义;

(3)了解房屋的组成构造等基本情况。阅读时首先根据图纸目录检查和了解一套工程图纸有多少类别和相应的数量。按照“建施”“结施”“设施”的顺序进行识图。

二、施工总说明、建筑总平面图的识读

(一)施工图首页

首页图是建筑施工图的第一页,它的内容一般包括图纸目录、设计说明、建筑做法说明、门窗表等。

1.图纸目录

图纸目录(图 5.1.2)是为了便于阅读者对整套图样有一个大概的了解,并在需要时可以方便而且迅速地查找图纸。它包括图纸名称、张数和编号等。

工程设计图纸目录

工程名称:××车间办公楼

序号	图号	图　名	备注
01	建施01	底层平面图	
02	建施02	二层平面图	
03	建施03	屋顶平面图	
04	建施04	南立面图	
05	建施05	北立面图	
06	建施06	西立面图、东立面图	
07	建施07	1—1剖面图	
08	结施01	基础平面图	
09	结施02	基础详图	
10	结施03	二层结构平面图	
11	结施04	屋顶结构平面图	
12	结施05	GJ1(GJ2)详图	
13	结施06	楼梯详图	
14	结施07	结构详图	

图 5.1.2　图纸目录

2.设计说明

设计说明(图 5.1.3)是工程的概况和总设计要求的说明。内容包括:工程概况、工程设计依据、工程设计标准、主要的施工要求和技术经济指标、建筑用料说明等。

建筑施工图设计说明

一. 主要设计依据
1. 上级主管部门的批文。
2. 当地规划部门的批复，建筑红线及规划要求。
3. 现行国家主要有关标准及规范。
4. 建设单位提供的设计任务书。
5. 国家和地方政府其它相关节能设计，节能产品，节能材料的规定
二、设计范围
三、工程概况
1. 工程名称
2. 建设单位
3. 建设地点
4. 占地面积
5. 建筑总面积
6. 建筑层数
7. 建筑高度
8. 建筑合理使用年限
9. 建筑耐火等级
10. 抗震设防烈度
11. 屋面防水等级
12. 结构类型
13. 建筑类别
四、总图建筑定位及竖向设计
五、尺寸标注
六、墙体
七、门窗
八、留孔、预埋，砖砌风管及管道井的处理
九、防水、防潮

3. 建筑做法说明

建筑做法说明是对工程的细部构造及要求加以说明。内容包括：楼地面、内外墙、散水、台阶等部位的构造做法和装修做法。工程做法表见表 5.1.1，门窗表见表 5.1.2。

表 5.1.1 工程做法表

分类	编号	名称	工程作法	使用部位
屋面	屋 1	不上人保温屋面（自上而下）	1. 20 厚 1∶2水泥砂浆保护层	用于不上人屋面 12.100 标高处
			2. 干铺无纺聚酯纤维布一层	
			3. 70 厚泡沫玻璃(燃烧性能 A 1)	
			4. 3mm 厚 APP 防水卷材防水层,四周翻起 300 高	
			5. 1.5mm 厚合成高分子防水涂膜一道	
			6. 20 厚(最薄处) 1∶2水泥砂浆找乎兼找纵坡	
			7. 1∶8水泥加气混凝土碎料找坡(最薄处 30 厚)	
			8. 现浇钢筋混凝土结构自防水屋面,表面扫干净	
	屋 2	檐沟	1. 1.5mm 厚合成高分子防水涂膜一道,1. 3mm 厚 APP 防水卷材防水层(自带铝箔保护层)	用于檐沟
			2. 30 厚泡沫玻璃(燃烧性能 A1)	
			3. 20 厚(最薄处)1∶2水泥砂浆找乎兼找纵坡	
			4. 现浇钢筋混凝土结构自防水屋面,表面扫干净	
	屋 3	雨篷	1. 3mm 厚 APP 防水卷材防水层(自带保护层)	用于雨篷
			2. 最薄处 20 厚 1∶3水泥砂浆找坡	
			3. 现浇钢筋混凝土屋面板,表面扫干净	
楼面	楼 1	水泥砂浆抹面搓毛楼面	1. 现浇钢筋混凝土楼板(纯水泥浆一道)	用于除卫生间楼梯间外所有房间
			2. 素水泥浆结合层一道(内掺建筑胶)	
			4. 20 厚 1∶2.5 水泥砂浆抹面(面层材料另定)	
	楼 2	防滑地砖楼面	1. 钢筋混凝土梁板底刷混凝土界面剂 JCTA－400	用于卫生间等用水房间楼面
			2. 1.2 厚水泥基防水涂料一道	
			3. 素水泥浆结合层	
			4. 15 厚 1∶3水泥砂浆找平层	
			5. 15 厚 1∶2水泥砂浆结合层	
			6. 防滑地砖面层(离缝法素水泥浆勾缝)	
	楼 3	花岗岩楼面	1. 钢筋混凝土梁板底刷混凝土界面剂 JCTA－400	用于楼梯及楼梯间入口
			2. 素水泥浆结合层一道	
			3. 20 厚 1∶3干硬性水泥砂浆	
			4. 1.3 厚水泥胶结合层	
			5. 20 厚花岗岩贴面,中国黑花岗岩走边(立边及侧面磨双边);素水泥浆擦缝	

表 5.1.2　门窗表

种类	门窗编号	洞口尺寸（包括混凝土窗框）	数量				采用图集	附注
			一层	二层	三层	合计		
门	M0821	800×2100		2	2	4		成品木门样式甲方定制
	M1221			3	3	6		成品木门样式甲方定制
	M1521	1500×2100	2			2		成品木门样式甲方定制
	M1524	1500×2400	1			1		成品木门样式甲方定制
	M3624	3600×2400	1			1		12 号钢化玻璃无框地弹簧门（分割详大样）
窗	C0921	900×2100	2	2	2	6	分割详大样	普通铝合金玻璃窗
	C1221	1200×2100	1	1	1	3	分割详大样	
	C2121	2100×2100	2	3	3	8	分割详大样	
	C2421	2400×2100		3	3	6	分割详大样	
	C2424	2400×2400		2	2	4	分割详大样	
	C2428	2400×2800	2			2	分割详大样	
	C3618	3680×1800	2			2	分割详大样	
	C—1	1500×11500		1		1	分割详大样	
	C6021	6000×2100	1			1	分割详大样	

说明：

1. 铝合金门窗须由专业生产厂家按国家标准进行二次设计，经本院认可后方可施工
2. 未注明门窗扇开启方式的均为固定门窗
3. 窗台高度低于 900 的窗需加设防护栏杆至 900 高，做法详见墙身大样
4. 所有门窗尺寸及数量均应与实际核对后方可定货

4. 门窗表

为了方便加工和安装门和窗，应编制门窗表，内容包括：门窗编号、类型、尺寸、数量及说明。门窗表是工程施工、结算所必须的表格。

（二）建筑总平面图

建筑总平面图（图 5.1.4）是将拟建工程附近一定范围内的建筑物、构筑物及其自然状况，用水平投影方法和相应的图例画出的图样。主要是表示新建房屋的位置、朝向，与原有建筑物的关系，周围道路、绿化布置及地形地貌等内容。

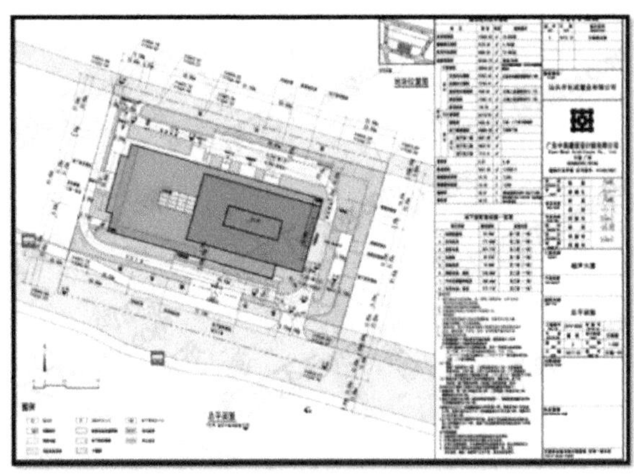

图 5.1.4 建筑总平面图

1.总平面图图示内容

总平面图上图示可表示拟建建筑、已建建筑、待建建筑、道路、地形、还有风玫瑰图(图 5.1.5)。

风玫瑰图(图 5.1.6)也是建筑总平面图上常用的图例。它用于反映建筑场地范围内常年主导风向(用实线表示)和六、七、八三个月的主导风向(虚线表示),共有 16 个方向,图中实线表示全年的风向频率,虚线表示夏季(六、七、八三个月)的风向频率。注意:风向是从折线顶端向中心吹的。风向频率是在一定的时间内某一方向出现风向的次数占总观察次数的百分比。

名称	图例	备注	名称	图例	备注
新建筑物	6	①需要时，可用▲表示出入口，可在图形内右上角用点或数字表示层数 ②建筑物外用粗实线表示	新建的道路	R9 150.00	“R9”表示道路转弯半径为9m，“150.00”为路面中心控制点标高，“0.6”表示0.6%的纵向坡度，“101.00”表示变坡点间距离
原有建筑物		用细实线表示	原有道路		
计划扩建的预留地或建筑物		用中粗虚线表示	计划扩建的道路		
拆除的建筑物		用细实线表示	围墙及大门		上图为实体性质的围墙，下面为通透性质的围墙，仅表示围墙时不画大门
填挖边坡		①边坡较长时，可在一端或两端局部表示	坐标	X105.00 Y425.00	上图表示测量坐标
护坡				A105.00 B425.00	下图表示建筑坐标
室内标高		②下边线为虚线时表示填方	室外标高	▼143.00●143.00	室外标高也可采用等高线表示

图 5.1.5 总平面图常用图例

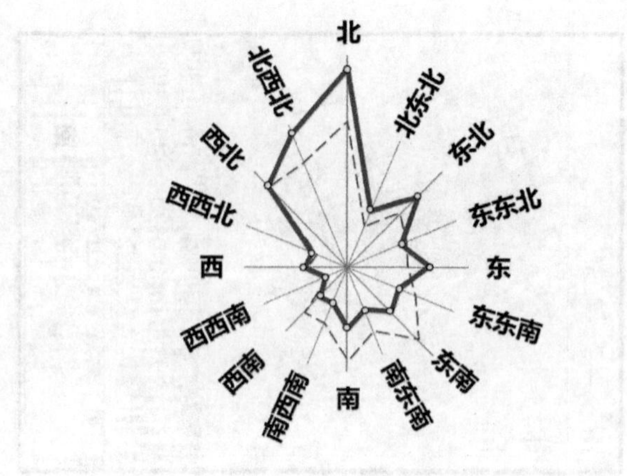

图 5.1.6　风玫瑰图

2. 总平面图的建筑定位

(1)测量坐标。X 为南北方向轴线，X 的增量在 X 轴线上；Y 为东西方向轴线，Y 的增量在 Y 轴线上。测量坐标网交叉处画成十字线。

(2)建筑坐标。当建筑物、构筑物平面两方向与测量坐标网不平行时常用。A 轴相当于测量坐标中的 X 轴，B 轴相当于测量坐标中的 Y 轴，选适当位置作坐标原点(图 5.1.7)。画垂直的细实线。若同一总平面图上有测量和建筑两种坐标系统，应注两种坐标的换算公式。

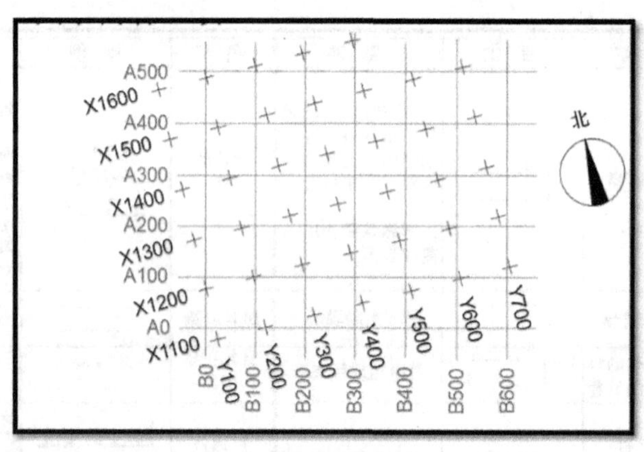

图 5.1.7　坐标图

注意总平面图中标高及全部尺寸均以“米”为单位，标注至小数点后两位(图 5.1.8)。

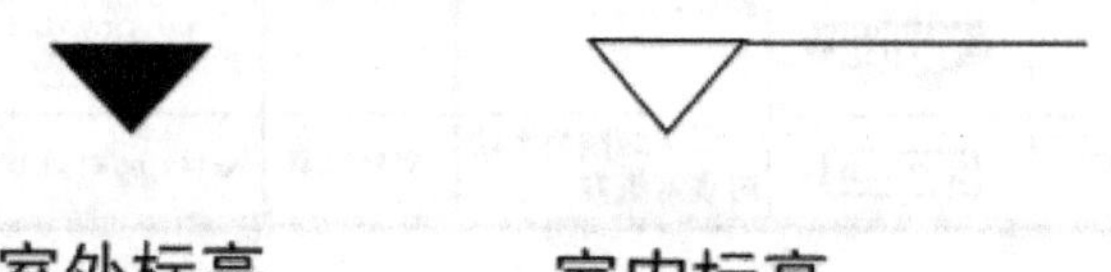

图 5.1.8　标高标记

3. 总平面图识图总结

(1)建筑物的名称、数量、层数、室内外地面标高,建筑的朝向等。

(2)新建建筑的位置。一般有三种定位方式:第一种是根据与原有建筑物的距离来定位;第二种是利用建筑物与周围道路之间的距离来定位;第三种是利用测量坐标或施工坐标来确定。

(3)新建的道路、绿化场地、管线的布置等。因总平面反映区域较大,故一般多采用较小的比例。

(4)指北针、风玫瑰频率图、周围的地形地貌等(图 5.1.9)。

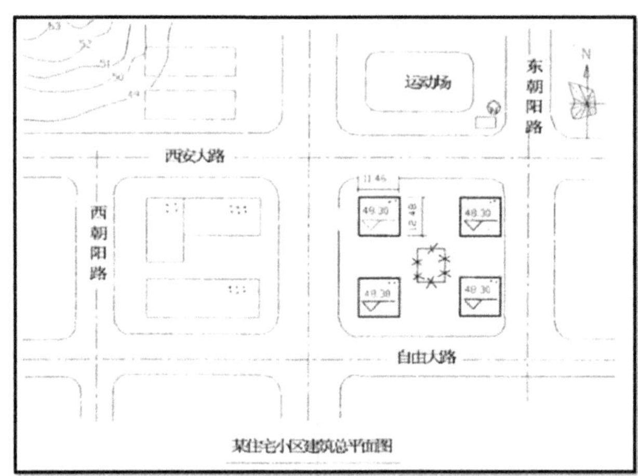

图 5.1.9　总平面图示例

(三)建筑平面图

建筑平面图,简称平面图,它是假想用水平剖切平面(通常离本层楼、地面约 1.2m,在上行的第一个梯段内)将建筑剖开成若干段,并将其用正投影法投射到 H 面的剖面图,即为相应层平面图(图 5.1.10)。各层平面图只是相应“段”的水平投影。

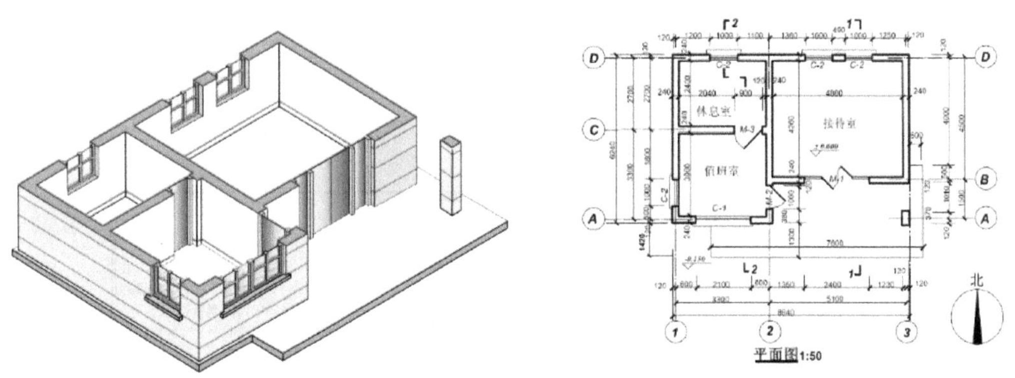

图 5.1.10　建筑平面图的形成

为了反映不同楼层的建筑内部情况，每隔一段就用一个水平面剖切建筑，形成不同楼层的平面图形。若中间各层平面组合、结构布置、构造情况等完全相同，就只画一个具有代表性的平面图，即“标准层平面图”。底层平面图，除图示本层的房间布置及墙、柱、门窗等构配件的位置、尺寸以外，还要图示与本建筑有关的台阶、散水、花池及垃圾箱等的水平外形图。

二层或标准层平面图，除图示本层的房间布置及墙、柱、门窗等构配件的位置、尺寸以外，二层还要图示下面一层的雨篷、窗楣等构件水平外形图。屋顶平面图，图示屋面上天窗、水箱、铁爬梯、通风道、女儿墙、变形缝等的位置以及采用标准图集的代号、屋面排水分区、排水方向、坡度、雨水口的位置、尺寸等内容。

1. 建筑平面图常用图例及标注符号

根据《房屋建筑制图统一标准》规定，在平面图中常用图 5.1.11 中的图例表示平面内容。并采用标注符号(图 5.1.12)对图示内容进一步说明。

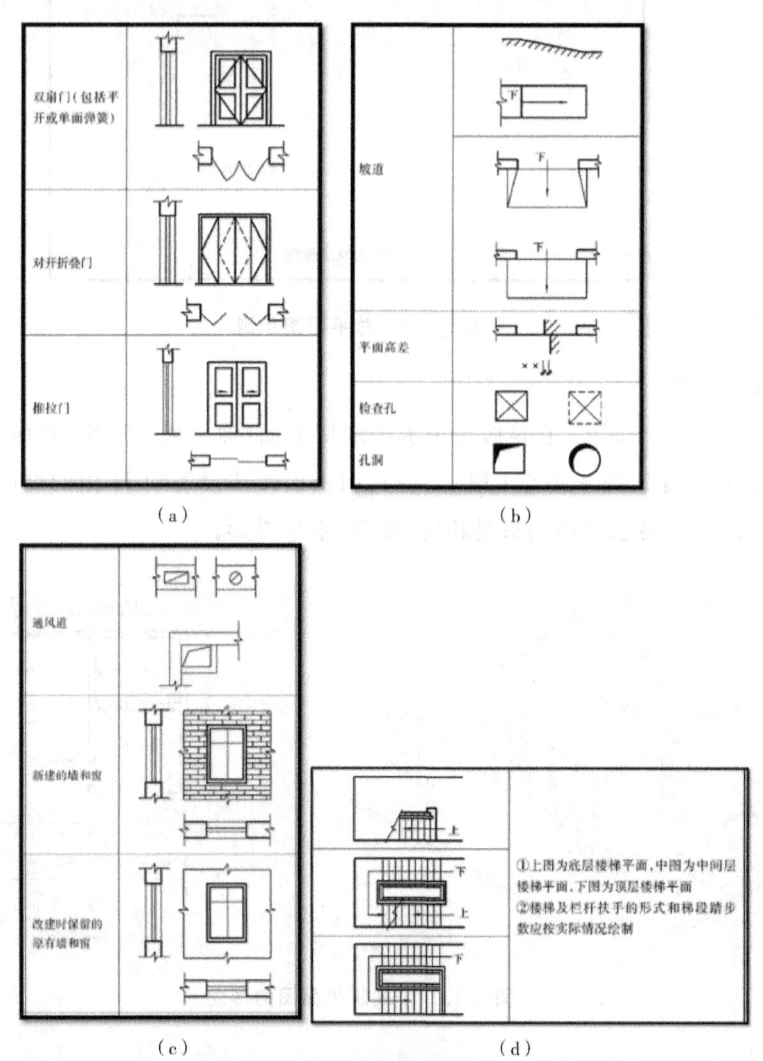

图 5.1.11　平面图常用图例

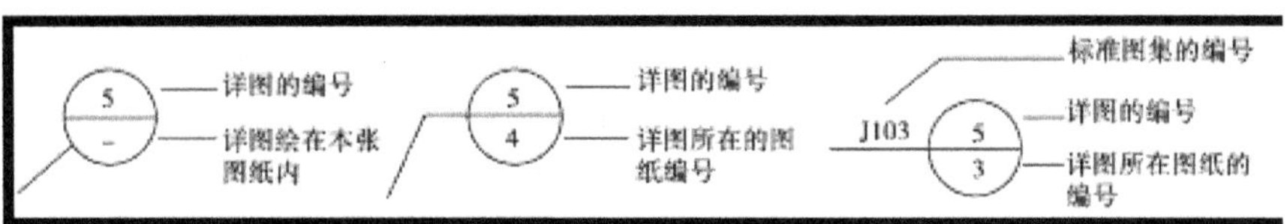

（a）详图标记

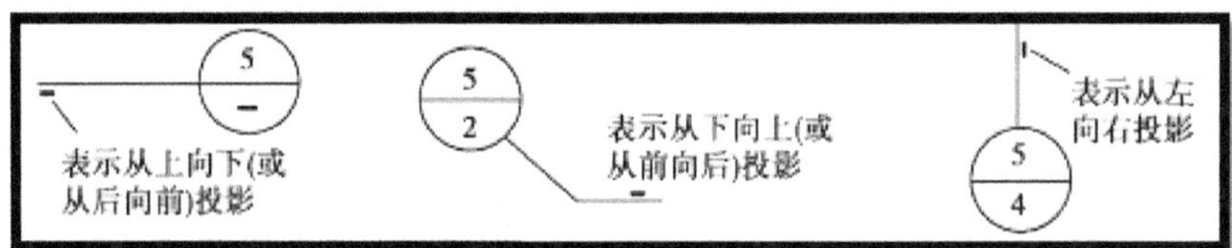

（b）剖切详图标记

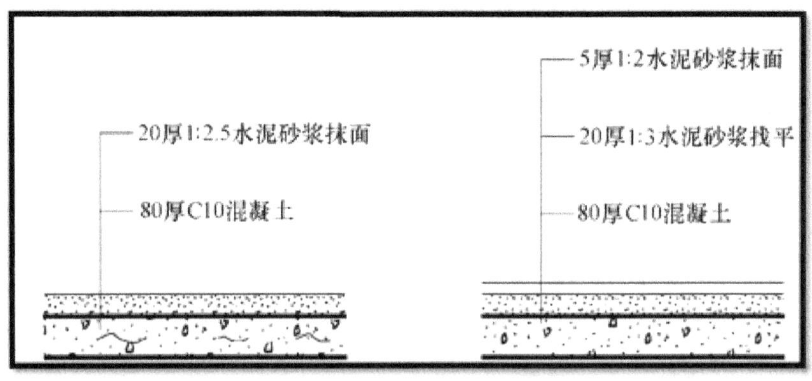

（c）多层次构造标注

（d）文字引出说明

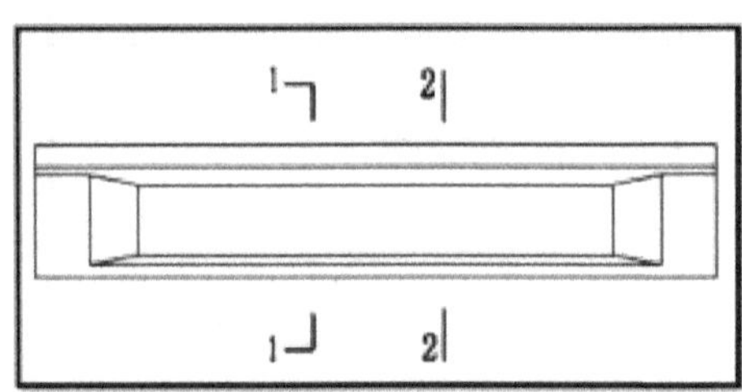

（e）剖、断面符号

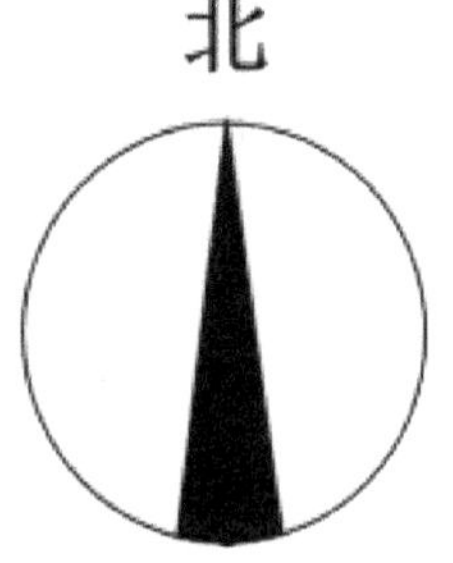

（f）指北针

图 5.1.12 平面图常用标注符号

2. 建筑平面尺寸标注

平面图的尺寸标注主要有两类，一是平面尺寸(图 5.1.13)，用定位轴线来标注；另一个是标高(图 5.1.14)。虽然平面图上只能反映长和宽，但是对平面图的高度也要通过标高符号来标记。

轴线是用来确定主要承重构件(墙、柱、梁)位置及尺寸标注的基准。横向或横墙编号为阿拉伯数字，从左到右；竖向或纵墙编号用拉丁字母，自下而上。注意 I、O、Z 不得作轴线编号以免和数字 0、1、2 混淆。

平面图的外部尺寸一般分三道尺寸：最外面一道是外包尺寸，表示建筑物的总长度和总宽度；中间一道是轴线间距，表示房间的开间和进深；最里面的一道是细部尺寸，表示门窗洞口、孔洞、墙体等详细尺寸。在平面图内还注有内部尺寸，标明室内的门窗洞、孔洞、墙体及固定设备的大小和位置。在首层平面图上还需要标注室外台阶、花池和散水等局部尺寸。

在各层平面图上还应标注相应楼层楼地面的相对标高(装修后的完成面标高)。一般规定，首层地面的标高为±0.000。底层应标注室外地坪等标高。

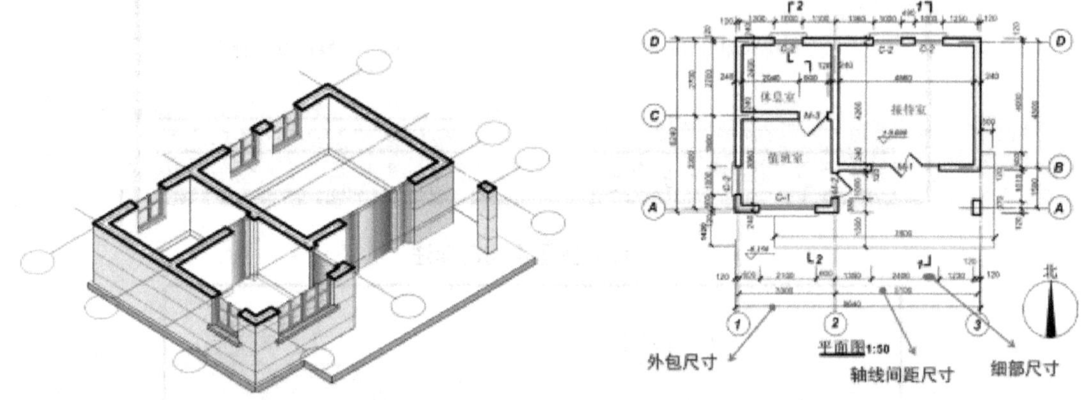

图 5.1.13　平面图尺寸标注

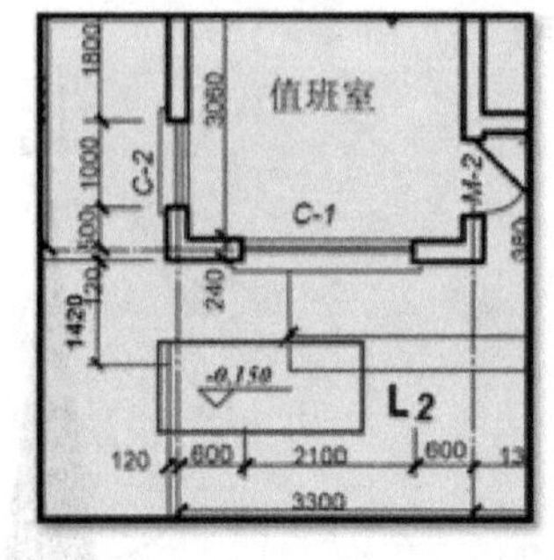

图 5.1.14　平面图标高标注

3.建筑平面图识图总结

(1)底层平面图识图时应先阅读图纸比例，根据指北针确定建筑朝向。由最外侧尺寸线读出建筑的总长和总宽，认清建筑的横向、纵向以及附加定位轴线位置。根据尺寸标注，确定平面图内各房间的开间、进深尺寸，以及门窗的宽度。确定建筑的出入口位置及个数。注意门窗编号及开启方向。注意建筑内部洁具、设备、家具的细节布置。最后阅读建筑室内外标高，重点注意特殊使用房间，如卫生间、阳台、淋浴房等房间的地面标高。注意剖切符号所在的位置，以及详图索引和剖切索引符号标记的节点和相应的图纸位置。

(2)楼层平面图应首先明确是否与底层平面图功能布局出现明显的变化。二层在出入口上方一般设有雨篷，注意雨篷的尺寸信息。注意不同楼层楼梯构件平面表达的变化。

(3)屋顶平面图首先要阅读清楚屋面的类型、排水方法、排水方向及坡度，以及天沟、檐口等构件的信息。还有屋面上的女儿墙、雨水管、上人孔、钢爬梯、水箱等构配件的位置及尺寸信息。屋面结构复杂时，还需要结合建筑标准图集明确具体做法信息。

(四)建筑立面图

用正投影法将建筑各侧面投射到基本投影面形成的图形称为建筑立面图。一般建筑物都有前、后、左、右四个面。所以一般建筑的立面图也有四个。

1.建筑立面图命名

表示建筑物正立面特征的正投影图称为正立面图；表示建筑物背立面特征的正投影图称为背立面图；表示建筑物侧面特征的正投影图称为侧立面图，侧立面图又分左侧立面图和右侧立面图。但通常也按房屋的朝向来命名，如南立面图、北立面图、东立面图、西立面图等。立面图名称(图 5.1.15)也可按建筑立面图两端定位轴线编号来确定，编号应与建筑平面图该立面两端的轴线编号一致，以便与建筑平面图对照阅读，从中确认立面的方位。如 3～25 立面图比例应与建筑平面图所用比例一致。一般常见比例有 1:50、1:100、1:200 等。

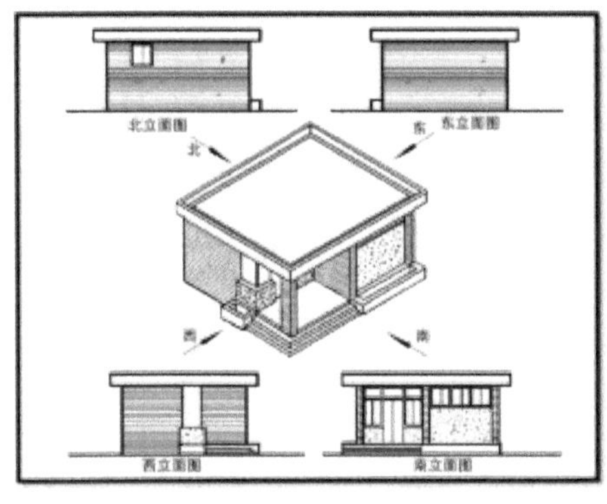

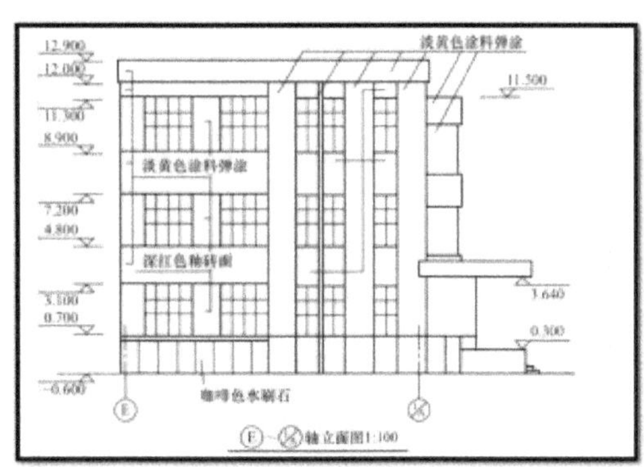

图 5.1.15　立面图的命名

2.建筑立面图尺寸及图示内容

为使建筑立面图清晰和美观，一般立面图的外形轮廓线用粗线表示(图 5.1.16)；室外地坪线用特粗实线表示；门窗、阳台、雨篷等主要部分的轮廓线用中粗实线表示；其他如门窗扇(图 5.1.17)、墙面分格线等均用细实线表示。

沿立面图高度方向标注三道尺寸，即细部尺寸、层高及总高度。

细部尺寸　最里面一道是细部尺寸，表示室内外地面高差、防潮层位置、窗下墙高度、门窗洞口高度、洞口顶面到上一层楼面的高度、女儿墙或挑檐板高度。

层高尺寸　中间一道表示层高尺寸，即上下相邻两层楼地面之间的距离。

总高度　最外面一道表示建筑物总高，即从建筑物室外地坪至女儿墙(或至檐口)的距离。

标高标注房屋主要部位的相对标高，如室外地坪、室内地面、各层楼面、檐口、女儿墙、雨篷等。

由于立面图的比例小，因此立面图上的门窗应按图例立面式样表示，并画出开启方向。开启线以人站在门窗外侧看，细实线表示外开，细虚线表示内开，线条相关一侧为合页安装边。相同类型的门窗只画出一两个完整图形，其余的只需画出单线图。

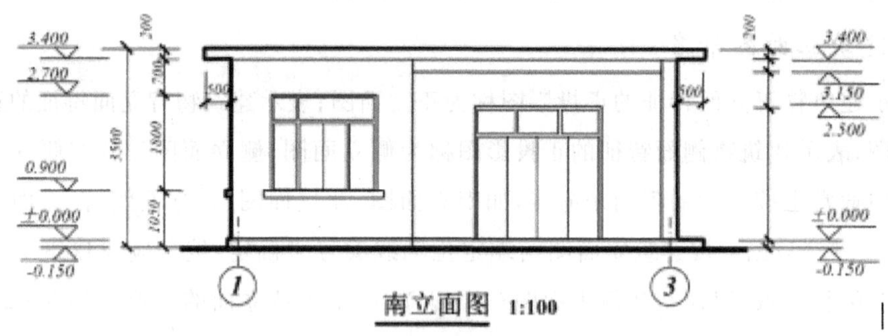

图 5.1.16　立面图

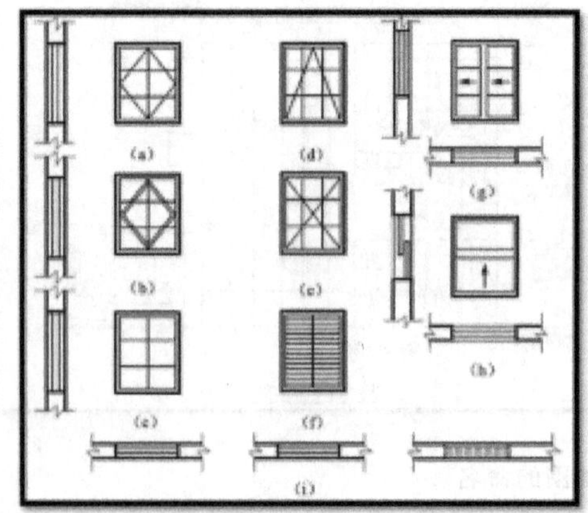

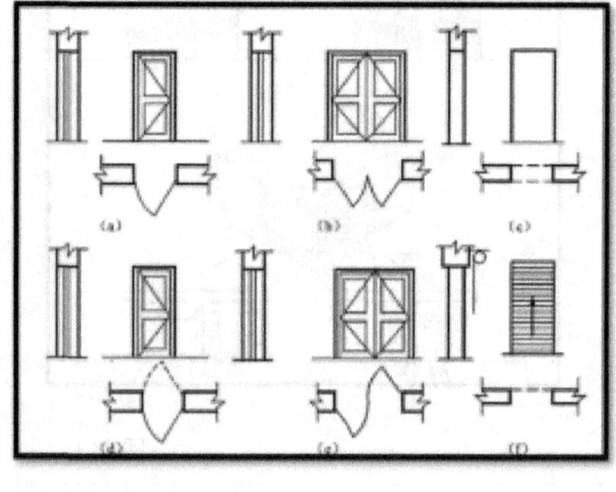

图 5.1.17　立面门窗图例

3. 建筑立面图识图总结

(1)识读建筑外形可见的轮廓及门窗、台阶、雨篷、阳台、雨水管等的位置和形状。

(2)注意阅读文字说明的建筑外墙、窗台、勒脚檐口等墙面的做法及饰面分格。

(3)阅读建筑物两端或分段的定位轴线及尺寸标注。

(4)读懂建筑立面的竖向标高。着重室内外地面、台阶、门窗洞口、檐口、雨篷、水箱、屋顶、女儿墙等部位的标高标注。

(五)建筑剖面图

建筑剖面图是假想一个正立投影面或侧立投影面的平行面将房屋剖切开,移去剖切平面与观察者之间的部分,将剩下部分按正投影的原理投射到与剖切平面平行的投影面上,得到的图形称为剖面图(图 5.1.18)。

剖切位置一般选择在房屋构造比较复杂和典型的部位,并且通过墙体上门、窗洞。若为楼房,应选择在楼梯间、层高不同、层数不同的部位,剖切位置符号应在底层平面图中标出。所以要阅读剖面图,首先应该在平面图上找到剖切符号,确定剖切位置,如果没有剖切位置的标注,剖面图就没有意义了。不同的剖切位置,带来的剖切视图内容可能不一样。

1. 剖面图制图规则

剖面图的比例一般常用 1∶50、1∶100、1∶200 等,与平面图和立面图的比例一致。剖面图两端的轴线,被剖切到的墙、柱应标注轴线号进行定位。剖面图上也有图示图例,比如门窗,表达的方法与平面图和立面图是一样的。被剖切到的构件需要做材料填充,填充图例是由国家制图标准来统一规定的。

剖面图形外部标注高度方向的三道尺寸,即总高尺寸、定位尺寸(层高)和细部尺寸三种尺寸,以及墙段、洞口等高度尺寸。室外地坪、楼地面、阳台、檐口、女儿墙、台阶、平台等处的标高。剖面图的命名要与底层平面图上的剖切符号一致。

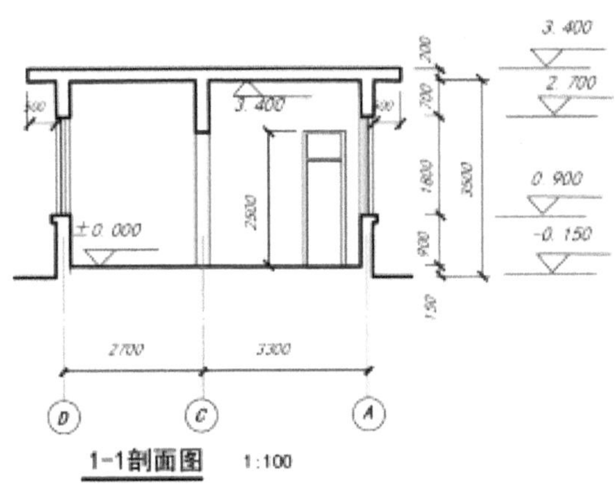

图 5.1.18　剖面图

建筑剖面图的主要内容:①表示房屋内部的分层、分隔情况;②反映屋顶及屋面保温隔热情况;③表示房屋高度方向的尺寸及标高,包括每层楼地面的标高及外墙门窗洞口的标高等;④标明索引符号。

2. 剖面图识图举例

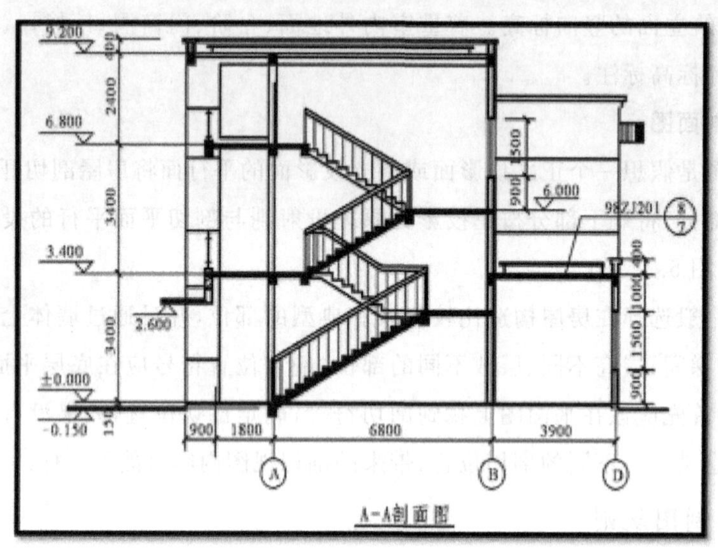

图 5.1.19　剖面图举例 1

A-A 剖面图(图 5.1.19),楼体左侧由下而上标注了室外地坪高度－0.150 米,一层地面标高 0.000,二层地面标高 3.400 米,三层地面标高 6.800 米,屋顶标高 9.200 米。本栋楼一层、二层层高为 3.4 米,三层层高为 2.4 米。屋面女儿墙高度为 0.4 米,雨篷板底标高为 2.6 米。水平方向尺寸可以看出,A～B 轴之间表示的楼梯间的进深为 6.8 米,B～D 轴之间房屋的进深为 3.9 米。右侧竖向尺寸,从下而上表达了:一层房间窗台高度为 0.9 米,窗户高度为 1.5 米,二层中间平台标高为 6.000 米,楼梯间窗台高度为 0.9 米,窗高为 1.5 米。由详图索引符号可知,一层屋面具体做法详见图集 98ZJ201,第七页的第八个大样图。除了尺寸数据,剖面图给我们表达了建筑沿 A～B 轴方向房屋的内部情况。

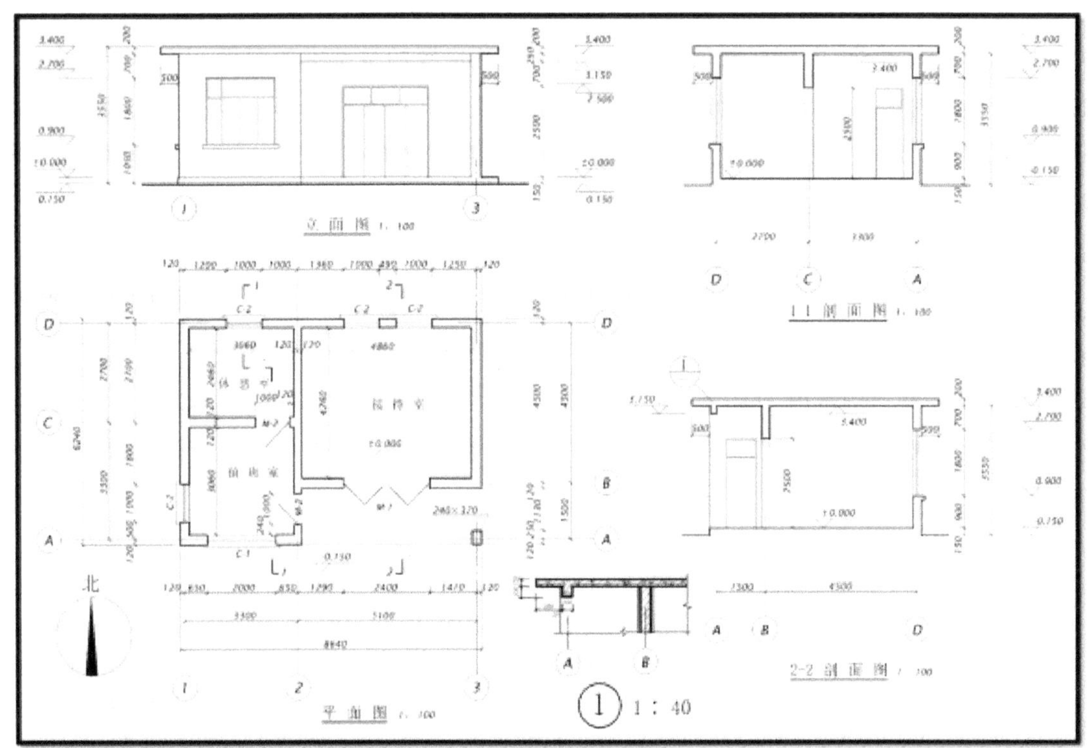

图 5.1.20　剖面图举例 2

图 5.1.20 有两个剖切面，分别是 1－1 剖面和 2－2 剖面。剖面图的名称是根据平面上的剖切符号确定的，在平面上可以看到 1－1 剖切标记，和 2－2 剖切标记。1－1 剖面是阶梯剖，一层的地面标高为±0.000 米，C1、C2 的窗台高度为 0.9 米，窗户高度为 1.8 米，屋面板下端标高为 3.4 米，板厚为 200 毫米，所以屋顶标高 3.6 米。M2 的高度为 2.5 米。屋面挑檐宽度为 0.5 米。A～C 轴为值班室，进深 3.3 米，D～C 轴为休息室，进深 2.7 米。

2－2 剖切面剖视方向和 1－1 正好相反。2－2 剖面图的轴线从左向右依次是 A 轴、B 轴、D 轴。A～B 轴之间的 M2 在 1－1 剖面图反映过，高度 2.5 米。B 轴上剖开的门是 M1，接待室的入户门，高度 2.5 米，用细线表示。接待室的进深是 4.5 米，室外地坪标高、一层地面标高还有层高和 1－1 剖面图反映的信息是一致的。

4. 剖面图识读总结

(1)竖向注意被剖切面剖到以及投影显示的墙、柱等构件信息及定位轴线。水平构件有楼地层、屋顶、阳台、散水、雨篷等，注意它们的构造做法。

(2)屋顶、楼地面做法以及墙柱装饰做法等，还需要阅读图纸中相关的文字说明。

(3)仔细阅读建筑各部位的标高和高度标注尺寸。例如室外地坪、勒脚、窗台、门窗顶、檐口、女儿墙、屋面等处的高度尺寸。

(六)建筑详图

建筑平面图、立面图、剖面图是建筑施工图中表达房屋的最基本的图样，由于其比例小，无法把所有详细内容表达清楚。建筑详图可以用较大比例详尽表达局部的详细构造，如形状、尺寸大小、材料和做法(图 5.1.21)。也可以说，建筑详图是建筑平、立、剖面图放大的补充图样。就民用建筑而言，应绘制建筑详图的部位很多，如不同部位的外墙详图、楼体间详图、卫生间、厨房等室内固定设备布置的详图。

建筑详图的表达方法应根据建筑构配件或建筑细部的复杂程度而定，可使用正投影视图、剖面图和断面图的图示方法进行表达。建筑详图应做到图形清晰、尺寸标注齐全、文字注释详尽，建筑详图绘制比例常用 1:10、1:20、1:50 等大比例。详图与平、立、剖面图的关系是用索引符号联系的。我们之前已经学习过，索引符号有详图索引符号、局部剖切索引符号和详图符号三种。

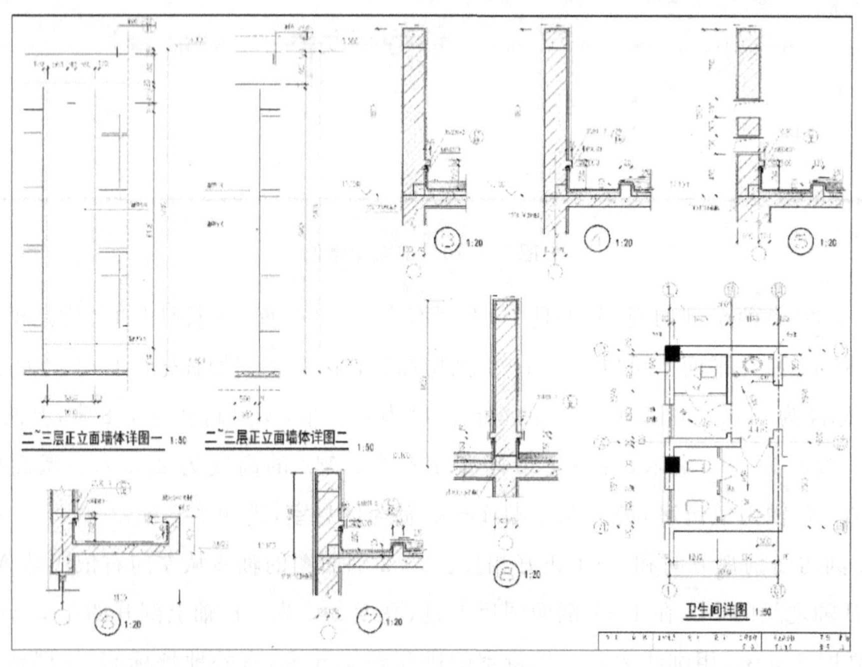

图 5.1.21　建筑详图

1. 墙身详图

墙身详图(图 5.1.22)就是房屋建筑的外墙身剖面详图，主要用以表达：外墙的墙脚、窗台、过梁、墙顶以及外墙与室内外地坪、楼面、屋面的连接关系；门窗洞口、底层窗下墙、窗间墙、檐口、女儿墙等的高度；室内外地坪、防潮层、门窗洞口的上下口、檐口、墙顶及各层楼面、屋面的标高；屋面、楼面、地面的多层次构造；立面装修和墙身防水、防潮要求，及墙体各部位的线脚、窗台、窗楣、檐口、勒脚、散水的尺寸、材料和做法等内容。

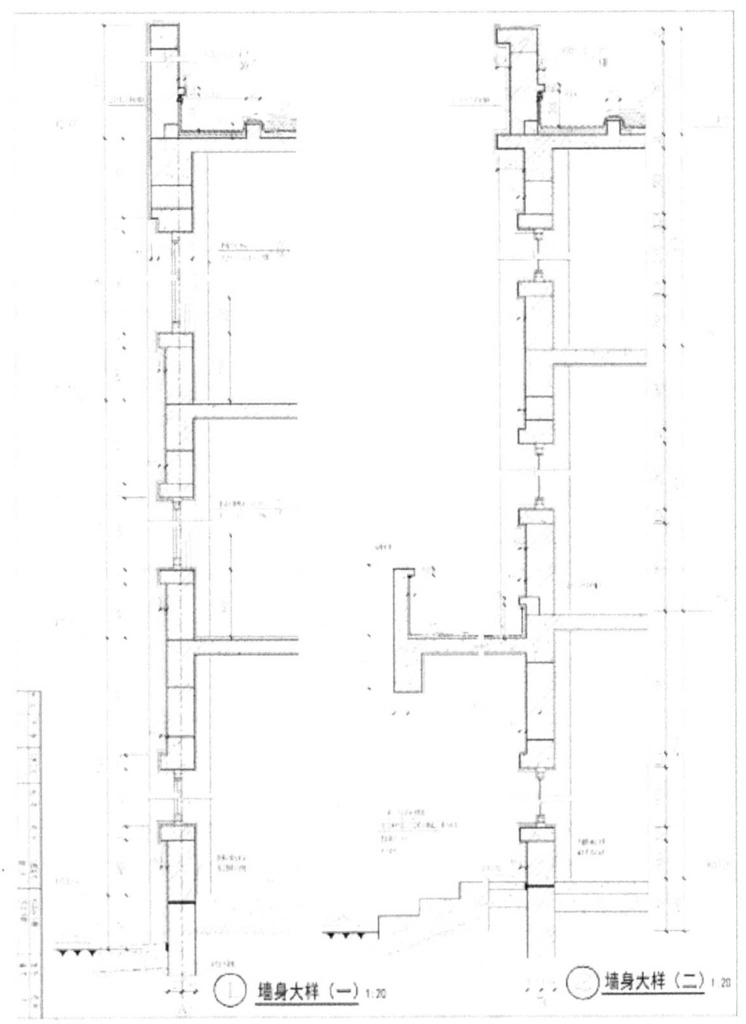

图 5.1.22　墙身详图

墙身详图(图 5.1.23)首先要弄明白该墙身剖面图是哪条轴上的墙。详图用分层标注法表达散水、地面和楼面、屋面的构造做法。

当外墙高度较大，图纸上限可能都绘制不下，可以将相同的图示内容用双折断线打断，缩短图示长度。但是，尺寸标高还要按实际标注。

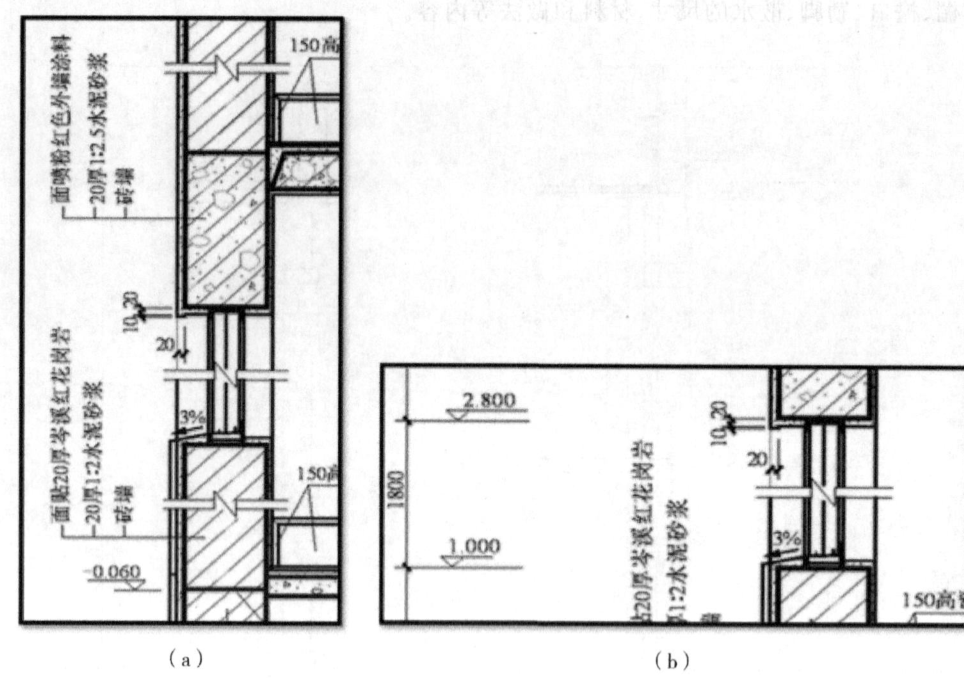

（a）　　　　（b）

图 5.1.23　墙身详图(二)

2.楼梯详图

楼梯一般由楼梯段、平台、栏杆(栏板)和扶手三部分组成(图 5.1.24)。楼梯段指两平台之间的倾斜构件。它由斜梁或板及若干踏步组成,踏步分踏面和踢面。平台指两楼梯段之间的水平构件。根据位置不同又有楼层平台和中间平台之分,中间平台又称为休息平台。

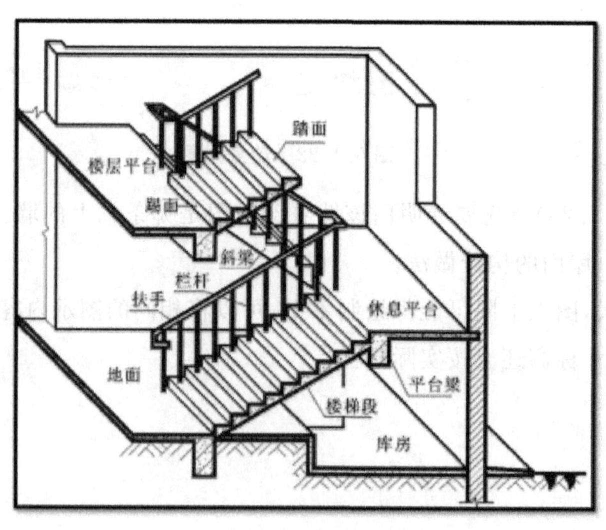

图 5.1.24　楼梯组成

楼梯详图一般包含三部分内容，即楼梯平面图、楼梯剖面图和栏杆、扶手详图等（图 5.1.25）。

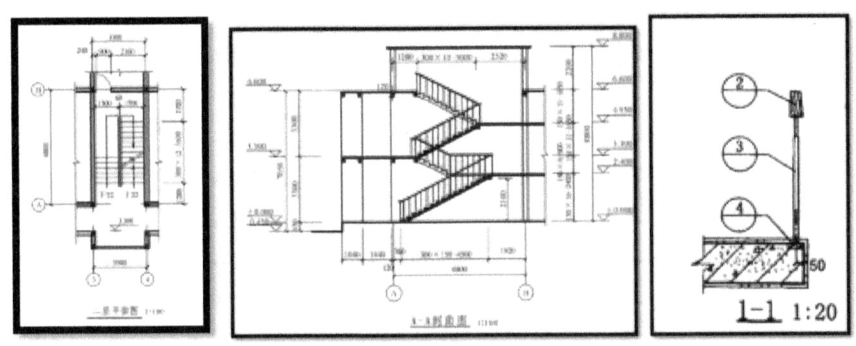

图 5.1.25 **楼梯详图组成**

楼梯平面图上要查明轴线编号，了解楼梯在建筑中的平面位置和上下方向，楼梯各部位的尺寸。包括楼梯间的大小、楼梯段的大小、踏面的宽度、休息平台的平面尺寸等。楼梯平面图的比例一般较大，常用 1∶50。一层楼梯平面图是用平行于 *H* 面的平面，从高度为 1.2m 附近将楼梯剖开，下半部向 H 面投影产生的，所以只能看到少数几个踏步的情况。在楼梯一层平面图一般做剖切标记，用剖面图来表达高度方向的情况（图 5.1.26）。

如果几个楼梯平面内容基本一致，那就可以用一个标准层平面代替，用标高标注清楚所代表的平面。标准层还是从楼面以上 1.2m 处，用一个平行于 *H* 面的水平剖切面剖切楼梯，上半部不要，下半部向 *H* 面投影。所以在标准层，楼层向上和向下的梯段都能看到。顶层楼梯平面图梯段方向只能向下。

楼梯剖面图主要表达楼梯间和楼梯踏步以及楼梯扶手、休息平台高度方向的尺寸信息。剖面图中填充的梯段代表被剖切到的梯段。根据正投影的特征，梯段平面投影图个数比剖面投影图个数少 1，在识读时应注意。

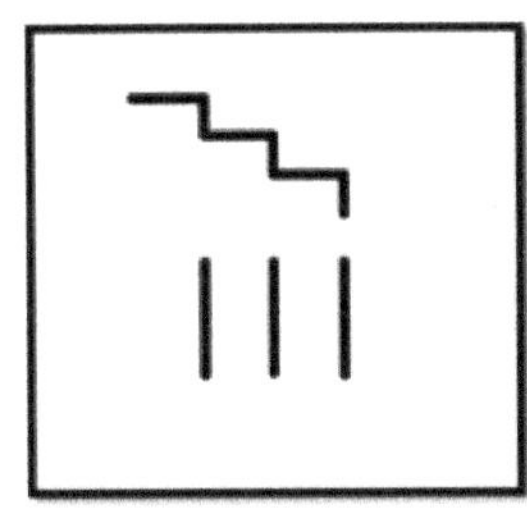

图 5.1.26 **楼梯个数平、剖面差异示意**

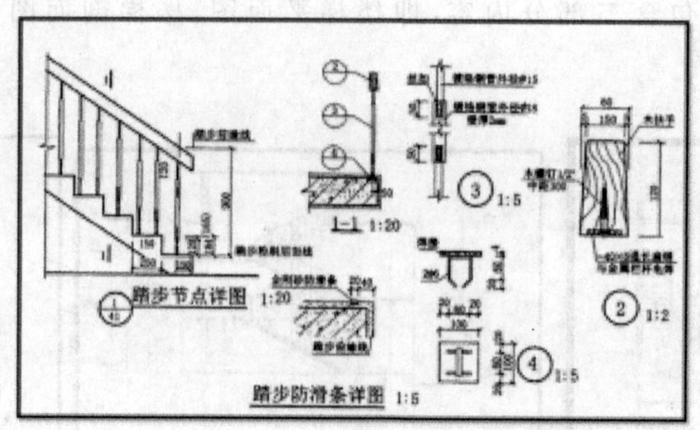

图 5.1.27　楼梯扶手、踏步详图

楼梯踏步做法，以及栏杆扶手的做法详图（图 5.1.27），一般需要单独以更大的比例绘制。读图时应看清比例，注意尺寸，掌握好细节的构造处理。